Internationales Wörterbuch der Lederwirtschaft

Deutsch — Englisch — Französisch — Spanisch — Italienisch — Russisch

von **Walter Freudenberg**
im Auftrage der Internationalen Gerbervereinigung, London
Unveränderter Nachdruck der zweiten Auflage 1951

International Dictionary of the Leather and Allied Trades

German — English — French — Spanish — Italian

by **Walter Freudenberg**
on behalf of the International Council of Tanners, London
Unchanged reprint of the second edition 1951

Dictionnaire International des Cuirs et Peaux et de leurs Dérivés

Allemand — Anglais — Français — Espagnol — Italien

par **Walter Freudenberg**
au nom du Conseil International des Tanneurs, Londres
Réimpression inchangée de la deuxième édition 1951

Vocabulario Internacional de la Industria y del Comercio de Cueros

Alemán — Inglés — Francés — Español — Italiano

por **Walter Freudenberg**
por encargo del Consejo Internacional de Curtidores, Londres
Reimpresión invariada de la segunda edición 1951

Vocabolario Internazionale dell' Industria e del Commercio del Cuoio

Tedesco — Inglese — Francese — Spagnolo — Italiano

di **Walter Freudenberg**
per incarico del Consiglio Internazionale dei Conciatori, Londra
Ristampa invariata della seconda edizione 1951

Международный кожевенно-технический словарь

на немецком — английском — французском — испанском
итальянском — русском языках

Вальтер Фрейденберг
Соответствует изданию 1951 г.

Springer-Verlag Berlin Heidelberg GmbH 1968

Originally published by Springer-Verlag Berlin in 1951.
Softcover reprint of the hardcover 2nd edition 1951

Library of Congress Catalog Card Number 51—5803

ISBN 978-3-662-23470-9 ISBN 978-3-662-25533-9 (eBook)
DOI 10.1007/978-3-662-25533-9

Titelnummer 0264

Vorwort zur ersten Auflage.

Auf den Tagungen der Internationalen Gerbervereinigung stellte sich in allen Ländern das Bedürfnis heraus nach einem ausführlicheren Wörterbuch der Lederherstellung als solche bisher vorlagen. Ich wurde mit der Bearbeitung betraut und lege die Arbeit nunmehr vor.

Mitgearbeitet haben an den Fachausdrücken und Übersetzungen in erster Linie die Herren P. W. WILSON von der Internationalen Gerbervereinigung, London, und WILHELM HOFFMANN, Buenos Aires, jetzt Berlin, des weiteren die Herren JULES BLUM, Paris, GIANNI BETTO, Mailand, G. TAINTURIER, Bordeaux, ERICO ROLLIER, Mailand, J. M. DE URQUIJO, Madrid, HANS BUDER, Lausanne, HERBERT AMMER, Reutlingen. Der Teil Schuhherstellung wurde von der MASCHINENFABRIK MOENUS A.-G., Frankfurt a. M., der Teil Chemikalien von der I. G. FARBENINDUSTRIE A.-G., Frankfurt a. M., bearbeitet. Die Zusammenstellung der Schuharten und Schuhmaschinen besorgte Herr Direktor ALOIS STÜTZ, Leiter der Fachschule der Deutschen Schuhindustrie, Pirmasens. Das Kapitel Portefeuille- und Lederwaren wurde von Herrn Dr. LEONHARDT, Offenbach, aufgestellt. Ein Teil des Wortmaterials wurde mit Erlaubnis des Herrn Professors Doktor J. PAESSLER einer früheren Arbeit der Herren Professor Dr. PAESSLER und R. LAUFFMANN entnommen. Auch diesen Herren sei an dieser Stelle herzlich gedankt.

Das Wörterbuch ist in seinem ersten Teil fachlich geordnet und somit für alle Fachleute, für die es in erster Linie bestimmt ist, leicht verständlich. Zur Erleichterung des Auffindens der Übersetzungen und für Nichtfachleute wurde im zweiten Teil des Buches das ganze Wortverzeichnis in den 5 Sprachen nochmals alphabetisch geordnet mit jeweiliger Angabe der Seitenzahl und Wortnummer.

Bei der Aufstellung des Wörterbuches haben sich insofern Schwierigkeiten ergeben, als manche Begriffe sich in den einzelnen Ländern und Gegenden nicht ganz decken und die Bezeichnungen für viele Dinge auf dem Gebiet der Lederindustrie abweichend sind. Die vorliegende Arbeit soll dazu beitragen, feste Begriffsbestimmungen zu schaffen und solche international festzulegen. Es wurde dabei weitgehend den in Wissenschaft und Praxis verwendeten Fachausdrücken Rechnung getragen.

Eine philologisch-wissenschaftliche Überprüfung ist nicht erfolgt. Häufig sind handelsübliche Fachausdrücke sprachwissenschaftlich nicht einwandfrei. Ich mußte mich in diesen Fällen nicht an den wissenschaftlich richtigen, sondern an den fachlich üblichen Ausdruck halten.

Für die Bekanntgabe von Irrtümern und Anregungen für weitere Fachwörter und Übersetzungen bin ich stets dankbar.

Allen Mitarbeitern an diesem Wörterbuch gleichzeitig im Namen der Internationalen Gerbervereinigung herzlichen Dank. Besonderer Dank gebührt meiner unermüdlichen Mitarbeiterin, Fräulein KUHLMANN, die nach nun mehr als dreijähriger Arbeit das Buch in der jetzigen Form mit mir unseren Berufsgenossen vorlegt.

Weinheim (Baden), Mai 1936. **Walter Freudenberg.**

Preface first edition.

At the meetings of the International Council of Tanners the need has frequently been expressed for a more detailed dictionary of the leather trades than those which have been available hitherto. I was entrusted with the work of compiling this dictionary, and now offer the result of my labours.

Mr. P. W. WILSON of the International Council of Tanners, London, Mr. WILHELM HOFFMANN, late of Buenos Aires, now of Berlin, Mr. JULES BLUM, Paris, Mr. GIANNI BETTO, Milan, Mr. GASTON TAINTURIER, Bordeaux, Mr. ERICO ROLLIER, Milan, Mr. J. M. DE URQUIJO, Madrid, Mr. HANS BUDER, Lausanne, and Mr. HERBERT AMMER, Reutlingen, have been prominently concerned in the work of translating the technical expressions. The section relating to shoe manufacture was dealt with by the MASCHINENFABRIK MOENUS A.-G., Frankfurt-on-Main, and the chemical section by the I. G. FARBENINDUSTRIE A.-G., Frankfurt-on-Main. The classification of the different varieties of shoes and of shoe machinery was undertaken by Mr. ALOIS STÜTZ, director of the Fachschule der Deutschen Schuhindustrie, Pirmasens. The leather goods section was compiled by Dr. LEONHARDT, Offenbach. Part of the material has been taken, by permission of Professor J. PAESSLER, from an earlier work published by himself and Mr. R. LAUFFMANN. Grateful thanks are here rendered to these gentlemen.

The first part of the dictionary is grouped in accordance with the various divisions of the trade, and will therefore be easily handled by those technical members of the trade for whom it is primarily intended. In order to facilitate reference to the translations for those without technical knowledge, the whole of the expressions have been repeated in alphabetical order in the five languages in the second part of the book with an indication of the number of the page and of the definition.

In compiling the dictionary difficulties have been experienced in that many expressions do not quite correspond in different countries and localities, and the descriptions of many articles used in the leather industry vary considerably. It is hoped that the present work will help to standardise the definitions and to secure their international adoption. In this connection careful account has been taken of the various technical expressions used in the laboratory and in the trade.

The work has not been revised by a philologist. To a large extent technical expressions which are in general use in trade circles are not philologically free from objection. In such cases I have felt compelled to adhere to the customary trade term at the expense of philological exactitude.

I shall always be grateful for a notification of errors and suggestions regarding further technical expressions and translations.

In the name of the International Council of Tanners I heartily thank all those who have co-operated with me in the compilation of this dictionary. My special thanks are due to my indefatigable colleague, Fräulein KUHLMANN, who after more than three years of labour is now able, with me, to offer the book to the trade in its present form.

Weinheim (Baden), May 1936. **Walter Freudenberg.**

Préface première édition.

Aux réunions du Conseil International des Tanneurs on a trouvé qu'il était nécessaire d'avoir pour l'industrie du cuir un vocabulaire plus détaillé que ceux qui ont été édités à ce jour. Je présente maintenant ce travail dont on m'avait chargé.

Ont collaboré avec moi pour les termes professionnels et leur traduction: en premier lieu, MM. P. W. WILSON du Conseil International des Tanneurs à Londres, WILHELM HOFFMANN à Buenos Ayres, actuellement à Berlin, d'autre part MM. JULES BLUM à Paris, GIANNI BETTO à Milan, G. TAINTURIER à Bordeaux, ERICO ROLLIER à Milan, J. M. DE URQUIJO à Madrid, HANS BUDER à Lausanne, HERBERT AMMER à Reutlingen. La partie Fabrication de la Chaussure a été soignée par la MASCHINENFABRIK MOENUS A.-G. de Francfort-sur-le-Main; la partie Chimie par la I. G. FARBENINDUSTRIE A-G. de Francfort-sur-le-Main. Le groupage des différentes sortes de chaussures et de machines pour chaussures a été effectué par les soins de M. le Directeur ALOIS STÜTZ de l'École Professionnelle de l'Industrie Allemande de Chaussures, Pirmasens. Le chapitre articles de voyage et articles divers en cuirs a été mis au point par M. Docteur LEONHARDT, Offenbach. Une partie des mots a été extraite avec l'autorisation du professeur Dr. J. PAESSLER, d'un ancien ouvrage des professeurs Dr. PAESSLER et R. LAUFFMANN. Que ces Messieurs trouvent ici l'expression de notre reconnaissance.

Le dictionnaire a été classé dans sa première partie par ordre technique. Comme ce vocabulaire s'adresse en premier lieu aux techniciens, ils pourront ainsi le consulter facilement. Pour ceux qui ne le sont pas et pour leur faciliter la recherche des traductions, on a classé dans la deuxième partie tous les termes du vocabulaire, dans les cinq langues, par ordre alphabétique en indiquant pour chacun d'eux la page et le numéro du mot.

Lors de la mise au point de ce dictionnaire, certaines difficultés se sont présentées du fait que beaucoup d'expressions ont une signification différente dans le domaine du cuir selon les pays ou les régions. Le présent ouvrage doit contribuer à trouver le sens exact des mots qui peuvent être employés pour l'usage international. Il a été tenu compte dans la mesure du possible des expressions professionnelles employées scientifiquement et pratiquement.

Une vérification philolo-scientifique n'a pas eu lieu. Souvent les expressions professionnelles ne sont pas correctes philologiquement. J'ai dû m'en tenir dans ces cas non pas aux expressions exactes au point de vue philologie, mais à celles qui sont employées couramment dans notre branche.

Je serai toujours reconnaissant à toutes les personnes qui voudront bien me signaler les erreurs éventuelles ou me faire connaître d'autres termes techniques ou traductions.

A tous ceux qui ont aidé à la rédaction de cet ouvrage, j'adresse ici personnellement et au nom du Conseil International des Tanneurs, mes sincères remerciements. Que ces remerciements s'adressent tout particulièrement à ma collaboratrice infatigable Mademoiselle KUHLMANN, qui après plus de 3 ans de travail, présente maintenant avec moi ce livre sous cette forme à nos collègues.

Weinheim (Baden), mai 1936. **Walter Freudenberg.**

Prólogo del Autor primera edición.

En las reuniones del Consejo Internacional de Curtidores se hizo sentir para todos los países interesados la necesidad de un vocabulario más explicativo de los que aparecieron hasta ahora, tratando minuciosamente todo lo que tiene relación a la industria de cueros. Se me confió la ejecución de tal trabajo, que me permito presentar hoy.

En calidad de colaboradores en esta obra y de sus traducciones prestaron su concurso: referente a los términos técnicos, en primer lugar los Sres. P. W. WILSON del Consejo Internacional de Curtidores a Londres y WILHELM HOFFMANN a Buenos Aires, ahora a Berlín; además los Sres. JULES BLUM a Paris, GIANNI BETTO a Milán, GASTON TAINTURIER a Bordeaux, ERICO ROLLIER a Milán, J. M. DE URQUIJO a Madrid, HANS BUDER a Lausanne y HERBERT AMMER a Reutlingen. La sección «fabricación de calzado» ha sido tratada por la MASCHINENFABRIK MOENUS A.-G., y la de la química por la I. G. FARBENINDUSTRIE A.-G., ambas a Francoforte d. M. — Los términos técnicos en «la composición del calzado y las máquinas para la fabricación de calzado» se debe al Señor ALOIS STÜTZ, Director de la Escuela Técnica de la Industria de Calzado a Pirmasens. La sección «portafolios y artículos de cueros» ha sido compuesta por el Sr. Dr. LEONHARDT a Offenbach. Una parte de las palabras técnicas proviene de una obra de los Sres. Profesor Dr. J. PAESSLER y R. LAUFFMANN, de la cual aprovechose con la autorisación de los autores, por la cual quiero expresar en este lugar mis más profundos agradecimientos a estos Señores.

La primera parte del vocabulario representa la clasificación de las palabras en secciones técnicas. De tal arreglo aprovecharán los interesados del ramo, a los cuales en primer lugar la obra está destinada. Para facilitar también a los laicos el encuentro de las palabras buscadas y su traducción, en la segunda parte del libro se indica de nuevo todas las palabras en los cinco idiomas, esta vez por orden alfabético con nómina de páginas y número respectivo de cada palabra.

Reparo especial se puso en descartar dificultades en la significación de palabras que no siempre enuncian conceptos análogos en las diferentes regiones de una misma habla y en cuya interpretación muchas veces se presentan divergencias. La obra ha de contribuir a establecer términos concretos ateniendose a las palabras técnicas más usadas que nos ofrecen ciencia y práctica.

Este vocabulario carece de una revisión filológico-científica. Aunque las palabras muchas veces no expresan corrección lingüística, yo tuve atenerme no a indicaciones idiomático-precisadas sino a los términos técnicos comerciales por ser ellos de uso común.

Siempre estaré agradecido de todas noticias para subsanar errores en la presente publicación como también de todas sugestiones para la mejora y amplificación de este vocabulario.

En nombre del Consejo Internacional de Curtidores doy mis más expresivas gracias a todos mis colaboradores y en especial a mi ayudante, la Señorita Kuhlmann, la cual después de un trabajo infatigable de más de 3 años, presenta conmigo la obra en su forma actual a los Señores Colegas de nuestro oficio.

Weinheim (Baden), mayo 1936. **Walter Freudenberg.**

Prefazione prima edizione.

Alle riunioni del Consiglio Internazionale dei Conciatori si è verificata nei diversi paesi la necessità di un vocabolario dei termini tecnici dell'industria del cuoio, che sia più completo di quelli già esistenti. L'incarico venne affidato a me ed ecco che presento il lavoro compiuto.

Hanno collaborato ai termini tecnici ed alle traduzioni in prima linea i sigg. P. W. Wilson del Consiglio Internazionale dei Conciatori, Londra, Wilhelm Hoffmann, Buenos Aires, adesso Berlino, inoltre i sigg. Jules Blum, Parigi, Gianni Betto, Milano, G. Tainturier, Bordeaux, Erico Rollier, Milano, J. M. de Urquijo, Madrid, Hans Buder, Lausanne, Herbert Ammer, Reutlingen. La parte riguardante l'industria calzaturificia venne elaborata dalla Maschinenfabrik Moenus A.-G., Frankfurt a. Main e la parte dei prodotti chimici dalla I. G. Farbenindustrie A.-G., Frankfurt a. Main. La disposizione dei diversi tipi di calzature e delle macchine per lavorare scarpe venne fatta dal sig. direttore Alois Stütz, direttore della Scuola Professionale dell'Industria Calzaturificia Tedesca, Pirmasens. Il capitolo portafogli ed articoli di cuoio è stato elaborato dal sig. Dr. Leonhardt, Offenbach. Parte dei vocaboli è stata estratta col consenso del sig. prof. dott. J. Paessler da un lavoro precedente dei sigg. prof. dott. Paessler e R. Lauffmann, ai quali ringrazio sentitamente.

La prima parte del vocabolario è compilata secondo l'ordine tecnico ed è cosí ben chiara e comprensibile ai competenti, ai quali esso è dedicato in primo luogo. Per facilitare la ricerca delle traduzioni e specialmente per gli incompetenti, nella seconda parte del libro l'indice completo nelle 5 lingue è compilato secondo l'ordine alfabetico con rispettiva indicazione della pagina e del numero d'ordine del vocabolo.

Nella compilazione del vocabolario si sono incontrate delle difficoltà in quanto che nei diversi paesi e nelle diverse contrade alcune definizioni non corrispondono fra di loro e in molti casi i termini tecnici sono contraddittori. Il lavoro qui presente ha per scopo di fondare dei termini fissi, che dovranno essere applicati in tutti i paesi. Si è tenuto largamente conto dei termini tecnici in uso nella scienza e nella pratica.

Una verifica di carattere filologico-scientifico non è stata fatta. Spesse volte i termini tecnici usuali non sono esatti dal punto di vista filologico. Io mi dovetti attenere in questi casi al termine usato nella pratica e non a quello scientificamente esatto.

Sarò sempre riconoscente per osservazioni riguardo all'esattezza del vocabolario e per il suggerimento di altri termini e traduzioni.

Ringrazio, anche in nome del Consiglio Internazionale dei Conciatori, a tutti i collaboratori di questo vocabolario e specialmente alla mia collaboratrice instancabile, signa Kuhlmann, la quale dopo un paziente lavoro di più di tre anni presenta, insieme con me, questo volume nella forma attuale ai nostri colleghi.

Weinheim (Baden), Maggio 1936. **Walter Freudenberg.**

Предисловие к первому изданию.

На собраниях Международного Союза Кожевников было найдено, что для кожевенной промышленности необходим более подробный словарь, чем те, которые существовали до сего времени. Мне было поручено проведение этого труда, который я теперь и представляю.

При изыскании специальных терминов и их переводе со мной сотрудничали в первую очередь П. В. ВИЛЬСОН, член Международного Союза Кожевников, Лондон, и ВИЛЬГЕЛЬМ ГОФФМАНН из Буэнос-Айреса, проживающий ныне в Берлине, кроме того, ЮЛИЙ БЛЮМ, Париж, ЖИАННИ БЕТТО, Милан, Ж. ТАНТЮРЬЕ, Бордо, ЭРИКО РОЛЬЕ, Милан, Ж. М. де УРКИЛЖО, Мадрид, Ганс БУДЕР, Лозанна, ГЕРБЕРТ АММЕР, Рейтлинген. Отдел фабрикации обуви был разработан машинной фабрикой МЕНУС, Акц. О-во, Франкфурт на Майне, отдел химикалий-ф-мой И. Г. ФАРБЕН-ИНДУСТРИ, Акц. О-во, Франкфурт на Майне. Директор специальной школы немецкой обувной промышленности в Пирмазенсе г-н АЛОИЗ ШТЮТЦ составил виды обуви и обувные машины. Отдел портфельных и других кожаных изделий был составлен д-ром ЛЕОНГАРДТОМ, Оффенбах. Некоторые слова были взяты, с разрешения проф. д-ра ПЕСЛЕРА, из прежнего труда проф. д-ра ПЕСЛЕРА и Р. ЛАУФМАННА, за что вышеназванным приношу сердечную благодарность.

Так как этот словарь в первую очередь предназначен для специалистов, то, чтобы облегчить пользование им, первая часть его расположена в порядке специальном. Для облегчения отыскания терминов для неспециалистов во второй части книги все термины классифицированы на 6-ти языках в алфавитном порядке, с указанием страниц и нумерации слов.

Во время составления словаря встречались некоторые затруднения, поскольку многие выражения в кожевенном деле имеют разное значение в зависимости от страны и даже от местности. Настоящий труд должен помочь найти точный смысл слов и ввести их в международное пользование. По мере возможности мы считались со специальными выражениями, употребляемыми в науке и на практике.

Научно-филологическая проверка не имела места. Часто специальные выражения, принятые в торговле, филологически не безупречны. В таких случаях я принужден был держаться не выражений, требуемых филологией, а тех, которые постоянно употребляются в нашей отрасли промышленности.

За указания на ошибки и сообщение дальнейших специальных выражений и переводов я всегда благодарен.

Всем тем, кто помог мне в настоящем труде, приношу, как лично от себя, так и от имени Международного Союза Кожевников, искреннюю благодарность. Особую благодарность приношу моей неутомимой сотруднице, госпоже КУЛЬМАНН, которая после более, чем трехлетней работы вместе со мной, представляет эту книгу в настоящем виде нашим коллегам.

Вейнгейм (Баден), май 1936 г. ВАЛЬТЕР ФРЕЙДЕНБЕРГ.

Vorwort zur zweiten Auflage.

Die erste Auflage des Internationalen Wörterbuches der Lederwirtschaft, die 1936 erschien, war wenige Jahre später völlig vergriffen, der beste Beweis, daß die Arbeit einem Bedürfnis entsprochen hat und in Fachkreisen anerkannt wurde. Nur der Krieg hatte eine längst fällige Neuauflage verzögert. Die vorliegende Ausgabe ist die erste Veröffentlichung der Internationalen Gerbervereinigung nach dem Kriege und enthält eine Reihe von Ergänzungen, Verbesserungen und Vereinfachungen. Gleichzeitig wurde der für Deutschland bestimmten Ausgabe ein russischer Teil beigefügt. Es war nicht möglich, alle Ergänzungen in den verschiedenen Ländern durch Sachverständige prüfen zu lassen, wie dies bei der ersten Ausgabe der Fall war. Jedoch wurden spracherfahrene Fachleute in Deutschland befragt, so daß wir hoffen, daß Fehler vermieden wurden.

Besonders schwierig gestaltete sich die russische Ausgabe, bei der einige Fachausdrücke nicht übersetzt werden konnten. Wenn einem Benutzer des Buches fehlende russische Wörter bekannt sein sollten, wären wir für deren Mitteilung dankbar.

Allen Mitarbeitern, die ich diesmal nicht einzeln nennen möchte, für ihre Bemühungen herzlichen Dank. Die Zusammenstellung des Buches erfolgte auch diesmal wieder durch meine langjährige Mitarbeiterin, Fräulein KUHLMANN, Weinheim, der an dieser Stelle besonderer Dank gesagt sein soll.

Weinheim, Juni 1950. **Walter Freudenberg.**

Preface second edition.

The first edition of the International Dictionary of the Leather and Allied Trades, published in 1936, was completely sold out within a couple of years or so, clearly proving that the Dictionary was a necessity and appreciated by those in the leather industry. Had it not been for the war a new edition would have been issued years ago. The present edition is the first publication of the International Council of Tanners after the war, and contains a series of additions, improvements and simplifications. On this occasion a Russian translation has been added to the edition of the book printed for circulation in Germany. It has not been possible to have all the additions verified by experts in the different countries as was the case in the first edition. Experts in the different languages in Germany have been consulted, however, and we hope that errors have been avoided.

The Russian version presented particular difficulties, and for some special terms no translations could be obtained. If any reader can help in connection with missing Russian words the Editor will be grateful for information.

I am indebted to so many for co-operation in the compilation of this edition that I will not name them individually. I wish to express, however, my special thanks to my collaborator for many years past, Fräulein KUHLMANN of Weinheim, on whom the bulk of the work for the compilation of the book has fallen.

Weinheim, June 1950. **Walter Freudenberg.**

Préface deuxième édition.

Parue en 1936, la première édition du Dictionnaire International des Cuirs et Peaux et de leurs Dérivés a été épuisée en quelques années. Ceci prouve mieux que tout autre l'intérêt que cet ouvrage a suscité auprès de l'industrie du cuir et que la réédition correspond à une nécessité qui jusqu'à ce jour a été retardée par la guerre. La nouvelle publication présentée actuellement au commerce est la première d'après-guerre du Conseil International des Tanneurs et comprend toute une série de suppléments, amendements et simplifications. En plus, l'édition destinée à l'usage de l'industrie allemande a été complétée d'une traduction en russe. Dans l'impossibilité de faire vérifier toutes les additions par des experts linguistiques dans les différents pays, nous avons pris l'avis des personnes connaissant à fond les langues en Allemagne, afin de réduire des erreurs toujours possible au minimum.

Surtout la partie russe présentait de très grandes difficultés et pour quelques termes techniques la traduction correspondante n'a pu être obtenue. Nos remerciements anticipés vont à tous ceux pouvant nous signaler des termes russes manquant dans ce dictionnaire.

A tous mes collaborateurs de la rédaction de cette nouvelle édition dont je ne peux citer tous les noms je dis merci. Le gros du travail incombait cette fois aussi à ma collaboratrice de longue date, Mademoiselle KUHLMANN de Weinheim, Je tiens à lui adresser particulièrement mes remerciements.

Weinheim, juin 1950. **Walter Freudenberg.**

Prólogo del Autor segunda edición.

La primera edición del Diccionario Internacional para la Industria Manufacturera del Cuero y Comercio que apareció en **1936** se agotó por completo a los pocos años de emitida, siendo este hecho prueba elocuente de que la obra en cuestión llenó una necesidad existente y de que ha sido aceptada y aprobada por los círculos interesados del ramo. A las consecuencias de la guerra se debe la demora que sufrió la publicación de la nueva edición que hace tiempo venia haciendo falta. La presente edición es la primera publicación emitida por el Consejo Internacional de Curtidores después de la guerra, aumentada por algunas adiciones, perfeccionamientos y simplificaciones. A la vez le fué agregada a la edición destinada para Alemania una sección en idioma ruso. No ha sido posible someter a peritaje de los círculos interesados en los distintos paises todos los aumentos contenidos en este nuevo tomo, como se procedió con la primera edición. Encambio fueron consultados expertos del ramo, versados en los respectivos idiomas y en tal virtud suponemos haber suprimido cualquier evento de malinterpretación y de errores fundamentales.

La edición en idioma ruso se nos dificultó extraordinariamente no habiendo sido posible obtener la traducción de algunos términos técnicos. Mucho hé de agradecer de los interesados por la sección rusa me favorezcan enviandome los términos técnicos omitidos en ella.

Finalmente me permito agradecer cordialmente a todas las personas que contribuyeron a la preparación de esta nueva edición con su solicita cooperación, absteniendome por esta vez de nombrarlas individualmente. La composición del presente tomo fué como la del anterior a cargo de mi colaboradora que me asiste por muchos años, la señorita KUHLMANN, Weinheim, haciendole presente en este lugar la expresión de mi muy especial agradecimiento.

Weinheim, en junio de 1950. **Walter Freudenberg.**

Prefazione seconda edizione.

La prima edizione del Vocabolario Internazionale dell'Industria e del Commercio del Cuoio pubblicata nel **1936** fu esaurita completamente pochi anni dopo la sua pubblicazione, segno sicuro che quest'opera fu approvata dai competenti e rispondeva ad un bisogno generale. Una nuova edizione, da molto tempo prevista, fu ritardata a causa della guerra. La presente edizione, la prima pubblicazione del Consiglio Internazionale dei Conciatori del dopoguerra, comprende una serie di complementi, correzioni e semplificazioni. Si aggiunse inoltre una parte russa alla edizione tedesca. Non riuscì possibile di far verificare tutte le modifiche da esperti dei rispettivi paesi come fu il caso riguardo alla prima edizione. Tuttavia la consultazione di esperti tedeschi di lingue estere ci fa sperare che sbagli siano stati evitati.

La compilazione della parte russa riuscì particolarmente difficile e si dovette rinunciare alla traduzione di alcuni termini tecnici. Saremmo riconoscenti a tutti i lettori che siano in grado di contribuire al perfezionamento della parte russa.

Ringrazio tutti i collaboratori i cui nomi non vorrei elencare uno ad uno questa volta. La compilazione del libro fu eseguita di nuovo dalla mia collaboratrice esperta, signorina KUHLMANN, Weinheim, alla quale vanno i nostri ringraziamenti più sentiti.

Weinheim, Giugno 1950.

Walter Freudenberg.

Предисловие ко второму изданию.

Вышедшее в 1936 г. первое издание международного кожевенно-технического словаря было уже через несколько лет совершенно распродано, что лучше всего доказало необходимость в подобном труде, и что было признано в кругах специалистов. Сделавшееся уже давно необходимым новое издание было задержано только войной. Предлагаемое издание является первым послевоенным трудом Международного Союза Кожевников и содержит ряд дополнений, поправок и упрощений. К назначенному для Германии изданию одновременно прибавлена русская часть. Исследование всех добавлений при помощи специалистов различных стран, как это было сделано в первом издании, оказалось невозможным. Однако мы обращались к знающим соответствующие языки специалистам в Германии и надеемся, что нам удалось избежать ошибок.

Особенно трудным оказалось русское издание, в котором некоторые специальные выражения не могли быть переведены. Если бы пользующемуся словарем недостающие русские слова оказались известными, мы были бы благодарны за соответствующие сообщения.

Всех сотрудников, которых на этот раз я не хотел бы назвать в отдельности, я сердечно благодарю за их труды. Составление словаря, также и на этот раз, было проведено моей многолетней сотрудницей, г-жей Кульманн (Вейнгейм), которой я здесь должен выразить свою особую благодарность.

Вейнгейм, июнь 1950 г.

ВАЛЬТЕР ФРЕЙДЕНБЕРГ.

Inhaltsverzeichnis.

Contents.

Table de matières.

Indice.

Indice.

Russische Übersetzung siehe Seite 178
Russian translation see page 178
Traduction russe voir page 178
Traducción rusa véase pagina 178
Traduzione russa vedi pagina. 178
Русский перевод см. стр. 178

I.*

01 Häute und Felle
Hides and skins
Cuirs et peaux
Cueros y pieles
Cuoi e pelli

1.

02 Häute- und Fellarten
Varieties of hides and skins
Genres des cuirs et peaux bruts
Variedades de cueros y pieles
Generi di cuoi e pelli

03 Kalbfelle — calfskins — peaux de veaux — becerros, terneros — vitelli

04 Saugkälber — sucking calves — veaux de lait — mamones — vitelli (vitellini) da latte

05 Nüchterne — deacons — veaux de course, jeunes veaux dépouillés „à terme" — becerros recién nacidos y faenados luego (cueros muy delgados, sin cuerpo de poca substancia) — sottopesi

06 totgeborene Kalbfelle — still-born calfskins — veaux mort-nés — barrigas (cueros del feto de pelo raso) — morticini, malnati

07 Ungeborene, Schärflinge, Schürflinge, Unreife — unborn, slunks — avortons, mort-nés — nonatos (cueros del becerro no nacido, sacado del cuerpo de la madre) — nati morti, aborti

08 Mastfelle — veal skins — veaux moyens et lourds, peaux de veaux gras, veaux gros — vaquillonas — vitelloni

09 Pittlinge (Kipse) — kips — broutards, génisses — becerros, terneros — erbaroli, erbivori

10 Fresser — kips — broutards, noirchons — vaquillonas, novillitos — erbaroli

11 Grasfresser — grassers — broutards — becerrones — erbaroli, erbivori

12 Strohbeißer (Strohfresser) — runners, buttermilks — broutards — vaquillonas, novillitos, becerros grandes — erbaroli

13 Fresser, Grasfresser, Raupen, Strohfresser = Übergang vom Milchkalb zum grasfressenden Rind in den leichten Gewichten — kips, grassers, runners, buttermilks = transition from sucking calf to grass eating cattle in the light weights — broutards, noirchons = transition du veau de lait au broutard mangeant l'herbe dans les poids légers — vaquillonas, novillitos, becerrones = el mamón ya desarrollado entrando en la clase de reses de pasto — erbaroli, erbivori = passaggio dal vitello da latte al manzo che mangia l'erba nei pesi leggieri

14 Pittlinge, Kipse, Zwicker, Pinken = dasselbe, etwas älter und besser genährt — grassers = the same as the preceding in the heavier weights — broutards = le même dans les poids plus lourds — becerros grandes, terneros = el mismo animal más crecido y de más grosor — erbaroli = lo stesso nei pesi maggiori

15 überschwere Kipse — overweights (kips) — broutards lourds, extra-lourds — pesados — erbaroli pesanti

16 Häute — hides — cuirs — cueros — cuoi

17 Zahmhäute — domestic hides, native hides — cuirs indigènes — pieles domésticas (indígenas) — pelli di macello (indigene)

18 Wildhäute — overseas hides, exotic hides — cuirs exotiques — cueros de ultramar (coloniales), pieles exóticas — pelli esotiche

19 leichte Häute — extremes, light hides — cuirs légers — vaquillonas — pelli leggere

20 Färsen, Rinder, Kalbinen (örtlich verschiedene Bezeichnungen für Häute von jungen Rindern, die noch nicht gekalbt haben) — heifers — génisses, vachettes — novillitos, vaquillonas, vaquitas, hembras — scottone, sorane, annecchie, giovenche

21 Kühe — cows — vaches — vacas — vacche

22 leichte Kühe — buffs — vaches légères, vachettes — vaquillas, vaquillonas, vaquitas — vacche leggere

23 Ochsen — oxen (in Nordamerika steers) — bœufs — bueyes — buoi

---

* Reihenfolge der Sprachen: Deutsch — Englisch — Französisch — Spanisch — Italienisch.
Order of the languages: German — English — French — Spanish — Italian.
Ordre des langues: Allemand — Anglais — Français — Espagnol — Italien.
Orden de las lenguas: Alemán — Inglés — Francés — Español — Italiano.
Ordine delle lingue: Tedesco — Inglese — Francese — Spagnolo — Italiano.

01 junge Ochsen — bullocks — bouvillons — novillos — giovenchi, manzi

02 Bullen (Stiere, Farren) — bulls — taureaux — toros, torunos — tori

03 Jungstiere, junge Stiere — young steers — taurillons — novillos, torillos — tori giovani

04 Schwarzschecken — black and white skins — tacheté blanc noir — pieles blancas y negras — mantello nero pezzato

05 Rotschecken — red and white skins — tacheté rouge blanc — pieles rojas y blancas, tobiano colorado, blanco y colorado — mantello rosso pezzato

06 Abdeckerhäute (in Abdeckereien abgezogene Häute und Felle) — renderers (hides and skins flayed in renderers' establishments) — équarrissage (cuirs et peaux dépouillés par l'équarrisseur) — caídos, mortecinos (cueros y pieles sacados en los mataderos que se ocupan de la colección de animales caídos) — sardigna (cuoi e pelli scorticati [scuoiati] dallo scorticatore)

07 Bauernfelle, Landfelle (Schlachtung und Notschlachtung auf Bauernhöfen) — casualty calf, chance calfskins (slaughtered on peasants' farms) — veaux de campagne (abattage chez le fermier ou l'équarrisseur) — campos (matanza deficiente, de estancia) — vitelli di campagna (macellazione fatta dal fattore, macellazione di fortuna)

08 Sterblinge (Häute und Felle von totem Vieh) — fallen calfskins, fallen hides, murrain hides (hides and skins of deceased cattle) — crevaille, ramassaille, mortaille (cuirs et peaux de bétail crevé) — de epidemia, mortecinos (cueros y pieles de animales caídos) — morticini (cuoi e pelli di bestiame morto)

09 ostindische Kipse — East Indian kips — kips des Indes — calcutas patinadas, kips de India — vacchette dell'India Orientale

10 Kommissariat-Kipse (dem Namen nach Kipse aus Regierungsschlachthäusern, tatsächlich nur Sortimentsbegriff für besonders gute Agrakipse) — commissariat slaughtered kips (the name infers that these kips come from government slaughterhouses, in reality it is only a designation for particularly good quality Agra kips) — kips commissariat (suivant leur nom ces peaux proviennent des abattoirs du gouvernement, en réalité, il ne s'agit que de kips d'Agra de très bonne qualité) — pieles de comisariato de India (denominación de cueros de los mataderos oficiales en las Indias británicas, significando calidad superior en la provincia de Agra) — pelli commissariato dell'India (denominazione di un assortimento di pelli Indiane)

11 Kipshäute vom gefallenen Tier — dead kips — crevailles des Indes — mortecinos de la India — pelli di animali morti dell'India (vacchette)

12 Packerfelle — packer skins — cuirs de packers — cueros packers — cuoi packers

13 Büffel — buffaloes — buffles — bufalos — pelli di bufalo

14 Roßhäute — horse hides — cuirs de chevaux — pieles de caballos — pelli di cavalli

15 Hals (Teil der Roßhaut oberhalb Hinterbein bis zum Kopf) — front (part of the horse hide from the hind legs to the head) — devant (de cheval) (partie des cuirs de chevaux allant de la rosette jusqu'à la tête) — frente, parte delantera, pescuezo, cuello (en cueros de potros parte entre patas posteriores y la cabeza) — spalle (collo) (parte della pelle di cavallo dalla zampa posteriore alla testa)

16 Schild (Hinterbeine und Kruppe der Roßhaut) — butt (hind legs and crupper of the horse hide) — culée (pattes de derrière et croupe des cuirs de chevaux) — culata de potros (parte trasera del cuero de potros) — culatta della pelle del cavallo (zampe posteriori e groppone delle pelli di cavallo)

17 Spiegel (von Natur kerniger Teil der Roßschilder, der im fertigen Leder spiegelartig glänzt) — shell (part of the butt which is stout by nature and shiny like a mirror in tanned condition) — miroir (partie de la culée qui de nature est forte et brillante comme un miroir dans l'état tanné) — culata de potro, anca (parte de la culata de potro mostrando gran brillo en estado curtido) — il groppone (la culatta) del cavallo (parte della culatta che è naturalmente forte e che, conciata, è brillante come uno specchio)

18 Krawatte (schmaler Hautstreifen zwischen Hals und Schild) — cravat (small strip of skin between neck and butt) — cravat (bande étroite de la peau entre collet et culée) — corbata (parte del cuero separando las espaldas de la culata) — (striscia stretta della pelle fra le spalle e la culatta)

19 Mähne, Kamm — mane — crinière — crines — criniera

20 Roßhaar — horse hair — crins de cheval — crin de los caballos — crino

21 Halbroß, Jährlinge — yearlings, small horse hides — petits chevaux, poneys — pieles de potrancas, caballos medianos — cavallini, puledri

22 Fohlen — colts, foalskins — poulains — pieles de (potros) potrillos — puledri

01 Maulesel, Maultiere — mules — mules, mulets — mulas — muli
02 Esel — donkeys, asses — ânes — burros, asnos — asini
03 Ziegenfelle — goat skins — peaux de chèvres — pieles de cabras — pelli di capra
04 Heberlinge (Haferfresser, junge Ziegen, die von der Milchnahrung zum Trokkenfutter übergegangen sind) — heifer goatskins (young goats which are passing from the milk stage to oats and other dry food) — chevrettes (jeunes chèvres mangeant l'avoine et l'herbe sèche remplaçant le lait) — cabrillonas, cabritas (cabritas ya comiendo pasto) — mascolotto, agliastro (caprette mangianti l'avena e che sono passate dal latte al nutrimento secco)
05 Zickel, Kitzen — kids — chevreaux — cabritas — capretti
06 Schuhkitz — kidskins for shoe uppers — broutards — cabritillas — caprettoni
07 Geißfelle (Mutterziegen) — goat skins — peaux de chèvres — pieles de cabras — pelli di capra
08 Böcke — bucks — boucs — chivos — becchi, caproni
09 Schnittböcke — cut bucks — boucs châtrés — cabrones — becchi castrati
10 Schaffelle — sheep pelts — peaux de moutons — pieles lanares (de ovejas, de carneros) — montoni, pelli ovine
11 Vlies — fleece — toison — vellón — vello, tosone
12 Lammfelle — lamb skins — peaux d'agneaux, moutonnets — corderos, borreguitos, borregos — agnelli
13 Sauglämmer — sucking lambs — agneaux de lait — lechazos — agnelli di latte
14 Forschen (3—4 Wochen altes Sauglamm) — lambskins up to 4 weeks old — agneaux de lait — corderitos mamones de un mes m. o m. — agnelline
15 Schmaschen (ungeborene und neugeborene Lämmer) — unborn lamb skins, slunks — agneaux mortnés — corderitos — fraioni, agnelli morticini, malnati, crepatini
16 Wollschaffelle — woolled sheepskins, wool skins — laineux, moutons lainés ou en laine — lanares, pieles de oveja con lana — montoni lanuti
17 Halbwollschaffelle — half-woolled sheepskins — peaux de moutons demilaine — cueros de media lana — mezza lana
18 entwollte Schaffelle — dewoolled sheepskins — peaux de moutons délainées — cueros pelados (deslanados) — pelli di pecore delanate
19 geschorene Lammfelle, Scherlinge — shearlings — peaux d'agneaux rasons — pelados, ovejas esquiladas — agnelli tosoni, tosoni
20 geschorene Schaffelle — shearlings — moutons rasons ou tondus — ovejas esquiladas — montoni tosi, rasoni
21 Schaf, Mutterschaf — ewe — brebis — oveja — pecora
22 Hammel — wether — mouton — carnero — montone
23 Widder — ram — bélier — carnero, carnero macho — ariete
24 indisches Haarschaffell (Bastard) — bastard — bâtard (mouton des Indes aux poils gros au lieu de laine) — cuero del cordero bastardo de las Indias — pelle bastarda (incrociata) (montone con pelo invece di lana)
25 gepickelte Schafblößen — pickled sheep pelts — moutons picklés — pieles de lanares peladas, pickladas, pelados picklados — pelli di pecore delanate e picklate
26 Cuirots (getrocknete Schafblößen, die [wie in Südfrankreich üblich] durch Schwitzen entwollt sind) — cuirots (dried sheep pelts which have been dewoolled by sweating as is customary in Southern France) — cuirots (peaux de moutons sèches délainées à l'échauffe comme il est d'usage en France méridionale) — cuirots (cueros de carneros secos a los cuales [como de uso en la Francia del Sur] se quitó la lana por medio del calor) — cuirots (pelli di pecore secche delanate a riscaldo com'è in uso nella Francia meridionale)
27 enthaarte Haut — unhaired hide — peau délainée — pelado — pelle depilata
28 Fleischspalt — flesh split (flesher) — chair, croûte — costra de carne — croste delle pelli ovine spaccate
29 Narbenspalt — grain split (skiver) — fleur — flor de la piel — fiore delle pelli ovine spaccate (skivers)
30 Langschwanzschaffelle — long tailed sheep skins — peaux de moutons à large queue — lanares de cola larga — montoni a coda lunga
31 Fettschwanzschaffelle — fat tailed sheep skins — peaux de moutons à queue grasse — lanares de cola grasa — montoni a coda grassa
32 Ziegenhäute in Rockform zusammengenäht — goat skin coats — peaux de chèvres en chape — cabras cosidas en forma de saco — pelli di capra a sacco
33 Zickelfelle in Kreuzform zusammengenäht — kid crosses — chevreaux cousus en croix — cabrillonas cosidas en forma de cruz — pelli di capretto a croce
34 Schaffelle in Rockform zusammengenäht — sheepskin coats — peaux de moutons en chape — pieles lanares cosidas en forma de saco — pelli di montone a sacco
35 Schaffelle in Kreuzform zusammengenäht — sheep crosses — agneaux cousus en croix — pieles lanares cosidas en forma de cruz — pelli di montone a croce

01 Seronen (Teile von Rindhäuten, meist aus dem Rücken stammend, die als Umhüllung der aus Mittelamerika importierten Tabak- und Erzballen dienen) — serons (parts of cattle hides, mostly taken from the back, which have been used as coverings for tobacco and metal bales imported from Central America) — surons (parties de peaux provenant généralement du dos et ayant servi de couvertures pour les ballots de tabac et de minerais importés de l'Amérique Centrale) — serones (parte del lomo de un cuero vacuno, utilizada para embalar tabacos finos y metales provenientes de la América Central) — seroni, parti di pelli bovine (parte della pelle generalmente proveniente dal dorso, e che ha servito da copertura per le balle di tabacco e di minerali importate dall'America Centrale)

02 Sammelname für Pelzfelle von Schafen und Ziegen — Persians — astrakans — persianos — persiani, astracani

03 Schweinshäute, Schweinehäute — pig skins, hog skins — peaux de cochon — cueros de cerdo, chanchos — pelli di porco

04 Wildschweinfelle — boar skins — peaux de sanglier — pieles de jabalí — pelli di cinghiale

05 Zebu — zebu — zébu — cebú — zebù

06 Wildfelle, Wilddecken — deerskins — sauvagines — pieles de ciervo — pelli di cervo

07 Hirsch — stag, hart, hind, deer — cerf, biche — ciervo — cervo

08 Reh — roe — chevreuil — corza, gama — capriolo

09 Gemse — chamois — chamois — gamuza — camoscio

10 Elch, Elentier — elk — élan — anta, alce — alce

11 Renntier — reindeer — renne — reno — renna

12 Gazelle — gazelle, gazel — gazelle — gacela — gazzella

13 Antilope — antelope — antilope — antílope — antilope

14 Känguruh — kangaroo — kanguroo, kangourou — canguro — canguru

15 Strauß — ostrich — autruche — avestruz — struzzo

16 Fuchs — fox — renard — zorro — volpe

17 Wolf — wolf — loup — lobo — lupo

18 Katze — cat — chat — gato — gatto

19 Hase — hare — lièvre — liebre — lepre

20 Winterhase — winter hare — lièvre d'hiver — liebre blanco (de invierno) — biancone, lepre bianca

21 Sommerhase — summer hare — lièvre d'été — liebre de verano — lepre d'estate

22 Kaninfell — rabbit skin — peau de lapin — piel de conejo — pelle di coniglio

23 Iltis — skunk — putois — veso — puzzola

24 Luchs — lynx — lynx — lince — lince

25 Dachs — badger — blaireau — tejón — tasso

26 Nerz — mink — vison — marta del Canadá — martora del Canadá

27 Marder — marten — martre — marta — martora

28 Hausmarder, Steinmarder — stone-marten — fouine — garduña — faina

29 Biber — beaver — castor — castor — castoro

30 Maulwurf — mole — taupe — topo — talpa

31 Fischotter — otter — loutre — nutria — lontra

32 Wiesel — weasel — belette — comadreja — donnola, mustella

33 Murmeltier — marmot — — marmotte — marmota — marmotta

34 Eichhorn — squirrel — écureuil — ardilla — scoiattolo

35 Kamel — camel — chameau — camello — cammello

36 Zebra — zebra — zèbre — cebra — zebra

37 Dickhäuterfelle — hides and skins of pachydermata — cuirs de pachydermes — cueros y pieles de paquidermos — pelli di pachiderma

38 Elefant — elephant — éléphant — elefante — elefante

39 Seehundsfelle, Robbenfelle — seal skins — peaux de phoques — pieles de focas — pelli di foca

40 Walroß — walrus — morse, cheval marin — caballo marino, morso — tricheco

41 Walroßhäute — walrus hides — cuirs de morses — cueros de caballos marinos, de morsos, pieles de caballos de mar — pelli di tricheco

42 Robbe — seal — phoque — foca — foca

43 Seelöwe — sea lion — lion marin — leon marino — leone marino

44 Nilpferd — hippopotamus — hippopotame — hipopótamo — ippopotamo, cavallo marino

45 Reptilhäute, Kriechtierhäute — reptile skins — peaux de reptiles — pieles de reptiles — pelli di rettile

46 Alligator — alligator — alligator — aligador, yagaré, caimán — alligatore

47 Krokodil — crocodile — crocodile — cocodrilo, caimán — coccodrillo

48 Eidechse — lizard — lézard — lagarto, lisardo — lucertola, ramarro

49 Chamäleon — chameleon — caméléon — camaleón — camaleonte

50 Schlange — snake — serpent — serpiente — serpente

51 Riesenschlange — boa (constrictor), python — boa, serpent python — boa, boa constrictor, pitón — boa, boa constrictor, serpente boa, pitone

52 Wasserschlange — watersnake (karung) — Karung de Java — serpiente acuática, hidrofis — serpente d'acqua

01 Fischhäute — fish skins — peaux de poissons — pieles de pescado — pelli di pesce
02 Haifisch — shark — requin, squale, roussette — tiburón — pescecane, squalo
03 Menschenhaut — human skin — peau humaine — piel humana — pelle dell'uomo
04 Pelzwerk, Rauchware, Rauchwerk — fur — fourrure, pelleterie — pieles silvestres, peletería, piel — pelliccia
05 Pelzfelle — fur skins — sauvagines — pieles silvestres — selvaggina
06 Viehbestand — live-stock — cheptel — existencias en ganado (de ganado) — disponibilità di bestiame, popolazione bovina
07 Viehhaltung — cattle rearing — élevage de bétail — ganadería — allevamento di bestiame
08 Viehzüchter, Viehhalter — cattle breeder, stockowner, live-stock raiser — éleveur de bétail — ganadero, haciendado — allevatore di bestiame
09 Viehhändler — cattle dealer — marchand de bestiaux — negociante de ganado — negoziante di bestiame
10 Viehmakler — cattle broker — courtier en bétail (commissionnaire) — corredor en ganado, consignatario — mediatore di bestiame
11 Viehrasse — cattle breed — race de bétail — razas de ganado — razza di bestiame
12 Zuchttiere — breeding cattle — bêtes reproductrices — animales para casta (cría) — bestiame da far razza (da riproduzione)
13 Zugtiere — draught animals — bêtes de trait — bestias de tiro — animali da tiro
14 Milchvieh — milk cattle — bêtes laitières, bétail à lait — animales lecheros — bestiame di latte (lattaia)
15 Mastvieh — feeder cattle — bétail engraissé — animales que se ponen a engordar, ganado cebado — bestiame da ingrasso
16 Kreuzung — cross-breeding, interbreeding — croisement — cruza — incrocio
17 durchkreuzt — interbred, cross-bred — croisé — mestizo — incrociato
18 Weideland — pastureland, pasture — pâturage — pastos — pascolo
19 langhorniges Vieh — long horned cattle — bétail à longues cornes — ganado de astas largas, ganado criollo — bestiame a corna lunghe
20 kurzhorniges Vieh — short horned cattle — bétail à cornes courtes — ganado de astas chicas, shorthorn — bestiame a corna brevi
21 gehörntes Vieh — horned cattle — bêtes à cornes — animales de cuernos, reces vacunas — bestiame cornuto
22 enthorntes (hornloses) Vieh — dehorned cattle — bêtes sans cornes — animales sin cuernos, descornados — bestiame senza corna
23 Kleinvieh — small cattle (sheep, goats, pigs) — menu bétail (brebis, chèvres, cochons) — ganado menor (ovejas, cabras, cerdos) — bestie minute (montoni, capre, porci)

2.

24 Eigenschaften
Description and characteristics of hides
Caractère
Caracteristicas
Caratteristiche

25 einheimische Häute — native hides — cuirs et peaux indigènes — pieles indígenas — pelli indigene (nostrane, nazionali)
26 ausländische Häute — foreign hides — cuirs et peaux étrangers — pieles extranjeras — pelli estere, esotiche
27 einheimisch — home produced — indigène, du pays — criollo — indigeno
28 Inlandware — home produce — marchandise indigène — del país — prodotto nazionale
29 Wildhäute — overseas hides, imported hides — cuirs exotiques — pieles o cueros de ultramar, cueros exóticos — pelli esotiche
30 Kolonialhäute — colonial hides — cuirs des colonies — cueros coloniales — pelli d'oltre mare, pelli delle colonie
31 Gebirgshäute — mountain hides — cuirs de montagne — cueros de la sierra, serranos, pieles de montaña — pelli di montagna
32 Winterhäute — winter hides — cuirs d'hiver — cueros de pelo de invierno (de pelo entero), cueros de invierno — pelli invernali
33 Regenzeit — rainy season, wet season — saison pluvieuse — época de lluvia — stagione delle piogge
34 Häute der nassen Jahreszeit — wet season hides — peaux de la saison pluvieuse (humide) — cueros de la estación húmeda o lluviosa — pelli della stagione delle piogge (umida)
35 kurzes Sommerhaar — short summer hair — poil court d'été — pelo corto, pelo de verano — pelo corto d'estate
36 langes Winterhaar — long winter hair — poil long d'hiver — pelo largo, pelo de invierno — pelo lungo d'inverno
37 Winterhaar, Langhaar — winter hair — poil d'hiver, long poil — pelo de invierno, pelo largo — pelo d'inverno, pelo lungo
38 kleines Halbhaar — short medium hair — petit demi poil — medio pelo corto — pelo semilungo, mezzo pelo
39 Sommerhäute — summer hides — peaux d'été — veranos, cueros de pelo

raso, cueros de verano — pelli estive

01 regenlose Zeit — dry season — saison sèche — época de tiempo seco, temporada seca — stagione secca (asciutta)

02 Häute der trockenen Jahreszeit — dry season hides — peaux de la saison sèche — cueros de la temporada seca (de la estación seca) — pelli della stagione secca (asciutta)

03 Sommerhaar — summer hair — poil d'été — pelo de verano — pelo d'estate

04 ganz kurzes Haar, Rattenhaar — very short hair — poil ras — pelo raso — pelo corto (raso)

05 die Sommermonate (die Zeit, in der die Tiere kürzere Haare bzw. Wolle tragen) — short hair season — saison d'été — temporada de pelo corto y de la lana corta — pelli a pelo estivo, pelli estive

06 Stadtschlachtung — city slaughter — abattage de ville — mataderos, mataderos de ciudad — pelli di macello, macello di città

07 Schlachthaushaut — slaughtered hide, slaughterhouse hide — cuir d'abattoir, cuir de boucherie — cuero de matadero, piel de desuello — pelle di macello

08 Landschlachtung — country slaughter — abattage de campagne (de province) — matadero del campo — — macello di campagna

09 Landhaut — country hide — cuir de campagne — cuero del campo — pelle di campagna, pelle di paese

10 Schlachtperiode — period of slaughter — époque d'abattage — zafra, faena, período de matanzas — — stagione della macellazione

11 Gefälle — slaughter, production — abat, abattage — faena, matanza — produzione, raccolta

12 Criollo (Haut der spanisch-amerikanischen ursprünglichen Viehrasse) — criollo — créole — criollo — criollo

13 Mestizo (Haut der spanisch-amerikanischen ursprünglichen Viehrasse gekreuzt mit englischen Rindern) — mestizo — métis (croisé) — mestizo — meticcio (incrociato)

14 Shorthorn (Haut der hornlosen reinrassigen englischen Viehschläge) — shorthorn — shorthorn, petites cornes — shorthorn — shorthorn (razza a corna brevi)

15 einfarbig — single coloured — uni — de un solo color, unicolor — unicolore, mantello unito

16 scheckig — two-coloured — tacheté, pie, bariolé — de colores, pío — pezzato

17 fleckig, gefleckt — spotted — tacheté, moucheté — con manchas de color — macchiato, pezzato

18 zottiges Haar — shaggy hair — poil velu (frisé) — pelo velloso — pelo velloso

19 glattes, glänzendes Haar — smooth and glossy hair — poil lisse, lustré — pelo liso y brilloso — pelo liscio e lucido

20 rauhes Haar — coarse hair — poil grossier — pelo grueso — pelo rude, grossolano

21 dichtes, volles Haar — thick hair — poil dru — pelo lleno — pelo fitto

22 feinwollig — fine woolled — à laine fine — de lana fina — a lana fina

23 grobwollig — coarse woolled — à laine commune, grossière — de lana gruesa, de lana áspera — a lana ordinaria, ruvida

24 langwollig — long woolled — à laine longue — de lana larga, entera — a lana lunga

25 kurzwollig — short woolled — à laine courte — de lana corta — a lana corta

26 glatte Häute — smooth hides — peaux lisses — cueros lisos — mantelli lisci

27 glänzende Häute — glossy hides — peaux brillantes — cueros (pieles) de pelo vivo (de pelo lustre) — mantelli lucenti

28 gebadete Häute — bathed hides — peaux lavées — cueros lavados — pelli bagnate (lavate)

29 ungebadete Häute — unbathed hides — peaux non lavées — cueros sin lavar — pelli non bagnate (non lavate)

30 typgerecht, dem Muster entsprechend — true to type — conforme à l'échantillon — según muestra, conforme a la muestra — corrispondente a campione, come da campione

31 bullig, Bezeichnung für eine Haut, die im Bauch und Hals dick, im Rücken verhältnismäßig dünn ist — staggy, lumpy — de nature taureau (épaisse dans les flancs et le cou, mince dans le dos) — cuero desparejo en espesor — pelle di groppitezza irregolare

32 dick, rund — thick — épais, rond — espeso, compacto, grueso — groppito

33 dünn, platt, flach — thin, spready, empty — mince, plat — delgado, flojo — sottile, slanciato, magro, vuoto

34 schmierig — smeary — gras, muqueux — mocoso — unto

35 Schmutz, Unreinlichkeiten — dirt — crotte, immondices, souillure, impuretés — suciedad — sporcizia

36 schmutzig, beschmutzt — dirty — crotté, souillé, sale, mal soigné — sucio — sporco

37 Schaden — damage — dommage, préjudice, dégât — daño, defecto, avería — difetto

38 schadhaft, beschädigt — damaged, faulty — endommagé, abîmé, défectueux, avarié — defectuoso, dañado, averiado — difettato, avariato, difettoso

39 unbeschädigt — undamaged, sound, clear — sain, non endommagé — sano, sin defectos, limpio — sano, senza difetti, scevero di difetti

01 fleischige Häute — meaty hides — cuirs chargés de chair, cuirs charnus — cueros con excedente de carne — pelli carnose (cariche di carne)

02 verschnittene Felle — scored skins, cut skins — peaux coutelées — cueros rayados — pelli tagliate

03 schöner Narben — fine grain — belle fleur — grano lindo, fino — fiore fine, gentile

04 gut gestellt — of regular pattern — bien conformé — bien estaqueado — ben formato

05 gedrungen, voll, lederhaft — compact — bien fait, plein — lleno, compacto — groppito, pieno

06 Stellung der Haut — pattern, condition — type — forma, estaqueo — costruzione della pelle

07 gestockt, gedrungen — plump, stout — rond, nerveux, fort, portant, ramassé — fuerte, de nervio, lleno — groppito, raccolto

08 leer — poor — faible, creux, vide, maigre — vacío, flojo, débil — slanciato, debile di cuoio, magro, vuoto

09 grobnarbig — rough grained, coarse grained — à grain grossier, fleur grossière — de grano grueso, de flor gruesa — pelli a fiore ordinario

10 rauhnarbig — harsh-grained — à grain rugueux, fleur rugueuse — de grano áspero, ordinario — ruvido, aspro, duro, a grana ruvida

11 hartnarbig — hard grained — à grain dur, à fleur dure — de grano duro — duro di fiore

12 zart (vom Narben) — silky, fine grain — tendre, doux (grain, fleur) — fino, suave de la piel — delicato, elastico, soffice, morbido, tenero (di fiore)

13 Riß, Sprung — crack — craquelure — roturas, rajaduras, flor rota o rajada — screpolatura

14 Narbenbrüchigkeit — crackiness — fleur cassante (fragile) — característica de romperse la flor del cuero — fragilità del fiore

15 narbenbrüchig — cracked — à fleur cassante, à grain cassant — de flor quebrada (rota) — a fiore screpolato, screpolato di fiore

16 gebrochener Narben — broken grain — fleur cassée — flor quebrada, grano roto (quebrado) — fiore rotto

17 brüchiger Narben — brittle grain — grain cassant — grano quebrado o roto — fiore fragile

18 dicht, geschlossen (vom Narben) — close — ferme — cerrado, unido — chiuso, fermo

19 geschlossener Narben — close grain — fleur serrée, fleur adhérente — grano cerrado, compacto — fiore chiuso, fitto, compatto

20 Schwammigkeit, Lappigkeit — sponginess — nature spongieuse — esponjosidad, porosidad — spugnosità

21 schwammig, lose, locker — spongy, loose, flabby, flaccid — spongieux, mou, lâche, creux — esponjoso, flaco, flojo, sin nervio, aflojado — spugnoso, poroso, molle, floscio, fiacco, flaccido

22 weitbauchig — spready — étendu, flandreux, ventru — de mucha barriga o falda — slanciato, fiancoso

23 fleischig — meaty — chaireux, chargé de chair, charnu — carnoso — carnoso

24 Fleischseite — flesh side — côté chair, chair — parte de la carne — lato della carne

25 Haarseite — hair side — côté fleur, fleur — parte de pelo, de la flor — lato del pelo (del fiore)

26 gesund — sound — sain — sano — sano

27 frisch — fresh — frais, fraîche — fresco — fresco

28 Narbenfehler — grain defects — défauts de fleur — defectos en la flor, defectos del grano — difetti di fiore

29 hornig — horny — cailleux, corné, couvert de durillons — córneo, calloso — corneo, calloso

30 schrumpfig, runzelig — shrivelled, crumpled — plissé, ridé, raboteux, ratatiné, recroquevillé, rabougri — encogido, rugoso, arrugado — rugoso, grinzoso, piegato, raggrinzato

31 fettig — greasy — graisseux — grasiento — grasso, unto, untuoso

32 Körper, Kernigkeit — body — corps, croupon — cuerpo, nervio, consistencia de la piel — sostanza, groppitezza, corpo

33 Mastfalten — fat wrinkles — rides de graisse — rugas de grasa — rughe di grasso

34 rippig, faltig — ribby — ridé — arrugado — grinzoso, rugoso

35 gute Natur, kräftig beschaffen — good substance — bonne nature, rond — de buen cuerpo, de nervio, fuerte — di buona natura, natura forte

36 kräftig im Kern — butty — dossé — lleno, grueso, de mejor cuerpo — groppito, pieno nella groppa

37 durchscheinend — transparent — transparent — transparente — trasparente

38 gering, untergeordnet — inferior — inférieur — inferior — inferiore, scadente

39 unregelmäßig, ungleich — irregular — irrégulier — irregular, desparejo — irregolare

40 weich, locker — soft — mou — blando, flojo — molle, soffice, morbido

41 Entwertung, Minderwertigkeit — depreciation, devaluation — dépréciation, valeur inférieure, dévalorisation — desvalorisación, menosvalor — svalutazione, deprezzamento

42 Minderwert — inferiority, lower quality — moins-value — de menos valor, rebaja del precio — devalorizzazione

43 entwertet — depreciated — déprécié — desvalorizado — deprezzato, svalorizzato

01 Häuteverbesserung — hide improvement — amélioration de la peau — mejoramiento de los pieles — miglioramento delle pelli

3.

02 **Gewichte und Beschaffenheit (Konditionierung und deren Fehler)**

Weight, condition and defects of quality

Poids, conditionnement et ses défauts

Peso y condiciones (el condicionamiento y sus defectos)

Pesi e condizionatura (condizionatura ed i suoi difetti)

03 ungesalzene grüne Häute und Felle — unsalted raw hides, green hides and skins — cuirs et peaux verts (en poil, frais) — cueros crudos (verdes) — pelli gregge (crude, fresche)

04 gesalzene Häute und Felle — salted hides and skins — cuirs et peaux salés — pieles y cueros salados — pelli salate

05 lufttrockene Häute und Felle — air-dried hides and skins — cuirs et peaux secs — cueros secos, pieles secadas al aire — pelli secche, pelli essiccate all'aria

06 trocken gesalzene Häute und Felle (zuerst gesalzen und dann an der Luft getrocknet) — dry salted hides and skins (first salted and then dried in the open air) — cuirs et peaux salés secs (salés d'abord, puis séchés à l'air) — cueros salados secos (pieles y cueros, que después de haber sido salados, han sido secados al aire) — pelli salate secche (prima salate e poi seccate all'aria)

07 Gewicht — weight — poids — peso — peso

08 verwiegen — to weigh — peser — pesar — pesare

09 Verwiegung — weighing — pesage — pesar, constatar el peso — pesatura, ripesatura

10 Verwieger — weigher — peseur — pesador — pesatore

11 vereidigter Verwieger — sworn weigher — peseur assermenté — pesador jurado — pesatore giurato

12 berechnetes Gewicht — invoiced weight — poids facturé — peso facturado — peso fatturato

13 Grüngewicht (Gewicht d. frisch geschlachteten, abgetropften, ungesalzenen Haut) — green weight (weight of the hide which has just been flayed and drained but not yet salted) — poids frais (poids de la peau fraîchement dépouillée et égouttée mais pas encore salée) — peso fresco, peso verde (peso del cuero recien sacado del animal y escurrido, aun no salado) — peso coda o fresco, peso verde (peso della pelle appena scorticata e sgocciolata, ma non ancora salata)

14 Salzgewicht, salzfrei verwogen (Gewicht der durchgesalzenen Haut, welche durch entsprechenden Wasserverlust trockener und leichter geworden ist nach Entfernung des Salzes) — cured weight (weight of the thoroughly salted hide which by loss of water has become dryer and lighter after the salt has been removed) — poids repesé, poids salé (poids de la peau salée à fond qui par perte d'eau est devenue plus sèche et plus légère après enlèvement du sel) — peso en estado salado (peso del cuero en estado salado que por la pérdida de un cierto porcentaje de humedad en la salazón se presenta, una vez sacudida la sal, más liviano y más seco que en estado verde) — peso reale o salato (peso della pelle salata a fondo che per la perdita d'acqua è diventata più secca e più leggiera dopo toltone il sale)

15 Originalverschiffungsgewicht — original shipping weight — poids d'embarquement original — peso original de embarque — peso originale d'imbarco, peso riconosciuto all'imbarco

16 Gewichtszertifikat — weight certificate — certificat de pesage — romaneo, certificado de peso — certificato pesi

17 Verladegewicht, Abladegewicht, Verschiffungsgewicht — shipping weight — poids d'embarquement, poids d'expédition — peso de embarque — peso d'imbarco, peso di carico

18 ausgeliefertes Ankunftsgewicht — landed weight — poids délivré, poids d'arrivée — peso de desembarque — peso d'arrivo, peso di sbarco

19 Durchschnittsgewicht, Bogengewicht — average weight — raie, poids moyen — peso término medio — peso medio, peso in monte

20 Gewichtsgrenzen — weight limits — poids limites, poids extrêmes — pesos extremos, limites de peso — estremi di peso

21 Gewichtsabweichung — deviation in weight — différence de poids — diferencias, discrepancias en el peso, desviación del peso — deviazione nel peso, differenza di peso, fluttuazione di peso

22 Gewichtsvergütung — weight allowance — bonification de poids, réfaction de poids — bonificación, corrida — bonifico sul peso

23 Mindergewicht — short weight — manque de poids — falta de peso — calo di peso, mancanza di peso

24 Gewichtsverlust, Gewichtsabnahme — shrinkage, loss of weight — perte de poids, déchet — merma, pérdida de peso — calo-peso, perdita di peso

01 Einweichgewicht (Einarbeitungsgewicht) — soaking weight — poids repesé avant la mise en travail — peso antes del reverdecimiento — peso prima del rinverdimento

02 Weichgewicht — weight of the hide or skin after 24 hours' soaking and 12 hours' draining — poids après trempe, poids reverdi — peso de reblandecido, peso reverdecido — peso rinverdito, peso delle pelli inzuppate d'acqua

03 Blößengewicht (Weißgewicht) (Gewicht der Haut in der Gerberei nach Entfernung von Kopf, Beinen, Haaren usw., jedoch vor dem Spalten) — beamhouse weight, pelt weight, white weight (weight of the skin in the tannery after removal of the head, shanks, hair etc., but before splitting) — poids en tripe (poids de la peau dans la tannerie après enlèvement de tête, pattes, poils etc., mais avant la refente) — peso en tripa (peso de la piel después de sacar la cabeza, las patas, el pelo etc. pero antes de hendir) — peso delle pelli in trippa (peso della pelle nella conceria dopo averne tolto la testa, le zampe, il pelo ecc., ma prima di spaccarla)

04 Rendement, Ausbeute (Prozentsatz des Weich- oder des Blößengewichtes vom berechneten Gewicht) — yield, rendment (percentage of the soaking or beamhouse weight to the invoiced weight) — rendement (pourcentage du poids des peaux après trempe ou en tripe par rapport au poids facturé) — rendimiento (porcentaje del peso reverdido o del peso en tripa preso del peso facturado) — rendimento (percentuale del peso rinverdito o del peso della pelle in trippa riferito al peso fatturato)

05 Größe des Felles — size of the skin — taille de la peau — tamaño del cuero — grandezza della pelle

06 konservieren — to cure, to conserve, to preserve — conserver — conservar — conservare

07 Konservierung — cure, conservation, preservation — conservation — conservación — conservazione

08 Konservierungsmittel — preserving agent, curative agent — produit de conservation — materias de conservación — agente conservatore, materiale per conservare

09 ungeeignete Konservierung — inadequate curing — conservation inopportune — conservación no adecuada — conservazione inadatta

10 Salzung — salting — salage — salazón — salatura, salagione, salaggio

11 verspätete Salzung — delayed salting — salage tardif — salazón tardiva — salatura ritardata

12 Salz — salt — sel — sal — sale

13 Salzkorn — salt grain, granule of salt — particule de sel, grain de sel — grano de sal — granulo di sale, granello di sale

14 Steinsalz — rock salt — sel fossile, sel gemme, sel de mine — sal mineral, sal de roca (de piedra) — sale minerale, salgemma

15 Siedesalz — evaporated salt — sel de salines — sal de salina — sale di evaporazione

16 Seesalz — marine salt, sea salt — sel marin — sal marina — sale marino

17 Pfannensteine (beim Verdunsten der Salzlösung an der Pfanne angesetzte Verunreinigung) — pan residues, panscales (sediment which accumulates in the pan after evaporation of the salt solution) — sédiments (sédiments s'attachant à la poêle après évaporation de la saumure) — sal residua (sedimientos de sal en la evaporación) — sedimenti, incrostazioni (sedimento che si attacca alla caldaia dopo l'evaporazione della salamoia)

18 Gips — gypsum — gypse, plâtre — yeso, cal — gesso

19 fremde Bestandteile — foreign matters, impurities — matières étrangères — materias extranjeras, impurezas — materie estranee, corpi estranei

20 grobes Salz — coarse salt — gros sel — sal gruesa — sale grosso

21 feines Salz — fine salt — sel fin — sal fina — sale fino

22 gemahlenes Salz — ground salt — sel moulu — sal molida, sal fina — sale macinato

23 kristallisiertes Salz — crystalline salt — sel cristallisé — sal cristalizada — sale cristallizzato (cristallino)

24 Saline — salt works — saline — salina — salina

25 salzen — to salt — saler — salar — salare

26 nachsalzen — to resalt — resaler — resalar — risalare

27 Waschung — washing — lavage — el lavado — lavaggio

28 Salzlake — salt brine — saumure — salmuera, picklaje — salamoia

29 salzig — saline — salin, salé — salino, salado — salino

30 aufpökeln — to pickle — pickler — picklar — salamoiare, mettere sotto salamoia

31 einsalzen in Salzlake — to brine — saumurer (saler en bassin ou en saumure) — poner en salmuera — salare (mettere in salamoia), salare in vasca

32 Salzung in Salzbrühe — brining — saumurage (salage en saumure, en bassin) — salazón con salmuera — salatura in vasca

33 in Salzlake gesalzene Haut — brined hide — cuir salé en bassin — pieles y cueros tratados con salmuera — pelli salamoiate

34 in Salzlake gelaugt — wet brined — saumuré en

bassin — salmuerado — salato in salamoia
01 in Salzlake gelaugt und getrocknet — dry brined — saumuré en bassin et séché — salado seco — salato secco
02 gesättigte Salzlake — saturated brine — saumure saturée — salmuera saturada — salamoia satura (concentrata)
03 ungesättigte, schwache Salzlake — unsaturated brine — saumure trop faible — salmuera floja — salamoia non satura (diluita)
04 schmelzen, auflösen — to dissolve — fondre — derretir, desolver — sciogliere
05 kristallisieren — to crystallise — cristalliser — cristalizarse — cristallizzare
06 Salzkristall — salt crystal — cristal de sel — sal cristal — cristallo di sale
07 Salzdenaturierung — denaturation, denaturing of salt — dénaturation du sel — desnaturación de la sal — denaturazione del sale
08 denaturieren — to denature — dénaturer — desnaturar — denaturare
09 Denaturierungsmittel, Vergällungsmittel — denaturants, denaturing agents — dénaturants — desnaturantes — denaturanti, agenti di denaturazione
10 wasserfreie Soda (kalzinierte Soda) — calcined soda (anhydrous, free of water), soda ash — carbonate de soude déshydraté — carbonato de soda (sosa) — carbonato anidro di soda
11 Kristallsoda — sodium carbonate (crystallised), washing soda — soude cristallisée — soda cristalizada — soda cristalli
12 mit Naphthalin behandeln — to naphthalise, to sprinkle with naphthalene — traiter à la naphtaline — tratar con naftalina — naftalinizzare
13 Naphthalin — naphthalene — naphtaline — naftalina — naftalina
14 vermischen — to mix — mélanger — mezclar — mescolare
15 abtropfen — to drain — égoutter — escurrir, gotear — scolare, sgocciolare
16 das Abtropfen — draining — égouttage — escurrimiento — scolaggio, scolo
17 Blutserum, Blutwasser — blood serum — sérum sanguin — sero de sangre — siero di sangue
18 naß — wet — mouillé — húmedo, mojado — umido, bagnato
19 feucht — damp, moist, wet — humide, mouillé — húmedo — umido
20 Feuchtigkeit — moisture — humidité — humedad — umidità
21 wasserfrei — moisture-free, anhydrous — sans humidité, sans mouille — sin humedad — anidro, privo di umidità
22 trocken — dry — sec — seco — secco, asciutto
23 Trockenheit — dryness — siccité — el seco, sequedad — secchezza, siccità
24 trocknen — to dry — sécher — secar — disseccare, seccare
25 Salz ausschütteln — to shake out the salt — secouer le sel — sacudir la sal — scuotere il sale
26 fegen — to sweep — balayer — barrer (con escoba), limpiar — spazzare
27 Lattenrost — lattice-table — claie, chevalet d'égouttage, planche à claire-voie — mesa enrejada, caballete especial para sacudir cueros — graticcio, cavalletto per scolare le pelli
28 überschüssiges Salz, Salzüberschuß — excess salt, surcharge of salt — excès de sel, excédent de sel, surplus de sel — exceso de sal, excedente de sal, sal superflua — eccesso di sale
29 Rohhäutelager — raw hide store — magasin de cuirs verts (de cuirs bruts, de peaux en poils) — depósito de cueros crudos, almacén de pieles y cueros crudos — magazzino di pelli grezze, deposito di pelli
30 Böcke — horses — chevalets en dos d'âne — caballetes — cavalletti
31 stapeln, auf Stapel setzen, aufsetzen — to lay in pile, to pile, to bank, to stack — empiler, mettre en pile — apilar, poner en pila — impilare, collocare, mettere in pila
32 Aufsetzen — piling up — empilage — poner en pilas — impilaggio, impilatura
33 aufbewahren — to store — emmagasiner — almacenar — immagazzinare, conservare
34 Häutestapel — pile, stack — pile de cuir — pila — pila
35 kühlen — to cool — rafraîchir — refrescar — raffreddarsi
36 Partie — pack, lot — partie, lot — lote, partida — partita
37 oberste Haut (des Stapels) — top hide — peau du dessus (de la pile ou du paquet) — cuero de tapa, de cubierta, piel de encima — la prima pelle, la pelle superiore
38 unterste Haut (des Stapels) — bottom hide — peau du dessous (de la pile ou du paquet) — cuero del fondo de la pila, piel de abajo — la pelle inferiore
39 Eckhaut (des Stapels) — edge hide — peau du bord — tapa, cuero esquinal en la pila, piel de la orilla — la pelle d'angolo
40 Bündelung — bundling — ficelage — hacer atados (fardos) — legatura, impaccatura, imballaggio
41 bündeln — to bundle — ficeler, mettre en bottes (gerbes) — atar, enfardar — imballare, legare, fagottare
42 Bündel — bundle — paquet — atado, fardo — pacco
43 Fleischseite außen — flesh outside — chair en dehors, chair dehors — carne afuera — carne in fuori
44 Haarseite außen — hair outside — poil en dehors,

poil dehors — pelo afuera — pelo in fuori
01 sorgfältig behandelt — well treated — traité avec soin — cuidadosamente tratado — ben curato, ben trattato
02 gut konserviert, ausgesalzen, durchgesalzen — well cured, thoroughly cured — bien conservé, fortement salé, salé à fond — bien conservado, bien salado — ben conservato, ben salato
03 rein, sauber — clean — propre — limpio — pulito
04 Reinlichkeit, Sauberkeit — cleanliness — propreté — limpieza — pulizia
05 salzhart, salztrocken — hard cured, salt dried — peau salée très bien conditionnée — cuero salado endurecido por pérdida excesiva de humedad durante el transporte o en la pila — ben salato con calo regolare
06 schlecht konserviert — badly cured — de mauvaise conservation — mal conservado — mal conservato
07 halbgrün — half green — à moitié salé, presque frais — medio verde, medio fresco — mezzo fresco, mezzo verde
08 Konservierungsfehler — curing damage — défaut de conservation — defecto de conservación — difetto di conservazione
09 Verschlechterung — deterioration — détérioration — deterioración — deteriorazione, peggioramento
10 verschlechtern — to deteriorate — détériorer, abîmer — deteriorarse — deteriorare
11 glänzende, lebhafte, blanke Fleischseite — bright flesh — chair brillante, chair blanche — carne viva, sana y limpia, carne fresca — bianco di carne, carne lucida e chiara
12 glatte Fleischseite — level flesh — chair lisse — carne lisa — liscio di carne
13 saubere, weiße Fleischseite — clean white flesh — chair propre, blanche — carne limpia, blanca — pulito dalla parte della carne
14 schrumpflige Fleischseite — crumpled flesh — chair raboteuse, rugueuse — carne arrugada (encogida), capachos — scabro di carne, raggrinzito di carne
15 alte, matte Fleischseite — stale flesh — chair fatiguée, chair terne et vieille — carne vieja (decaída, sin nervio) — scuro di carne, vecchio di carne
16 glänzendes Haar — shining hair, bright hair — poil brillant — pelo liso (lúcido) — pelo lucido
17 trübes Haar — dead hair — poil mort, mat, terne — pelo muerto (pasado) — pelo morto
18 haarlässig, matt — hairslipped, slippy — lâchant le poil, échauffé — dejando el pelo, solapado — perdente il pelo, riscaldato
19 Haarlässigkeit — hairslippiness, hairslip — relâchement du poil, échauffe, échauffure — solapado — perdita del pelo
20 schmierig — smeary — gras, muqueux — mocoso — impastato, unto
21 Fäulnis, Zersetzung — putrefaction, rot, rottenness, decomposition, decay — pourriture, putréfaction — putrefacción, descomposición — putrefazione, decomposizione
22 zersetzen — to decompose — corrompre, décomposer — descomponerse — decomporre
23 faul, faulend, faulig — putrefactive, putrid — pourri, gâté, putride — pudrido, revenido, podrido, putrefacto — putrefatto, putrido, riscaldato, putrescente, putrefattivo
24 verstunkene Stelle — rotten spot — tache de pourriture, tache d'échauffe — mancha de putrefacción, parte podrida — parte putrefatta
25 angefault, verstunken — putrefied — putréfié, pourri — revenido, pudrido — putrefatto
26 faulen, verfaulen — to putrefy, to rot — pourrir — pudrirse — imputridire, putrefarsi
27 fäulnisfähig — putrescible — putrescible, susceptible de pourrir ou de se gâter — putrefactible, capaz de pudrirse — putrescibile
28 schwitzen — to sweat — transpirer — sudar — sudare
29 Gipsflecken — gypsum stains — taches de gypse — manchas de yeso en la curtiembre — macchie di gesso
30 stark ausgefleischt — scooped — fortement déviandé — rebajado, afeitado — vuoto, senza carne
31 gepökelt — pickled — picklé — piklado — piclato
32 Austrocknung — desiccation — dessiccation, séchage — el seco — essiccamento
33 Salzflecke — salt stains — taches de sel — manchas de sal — macchie di sale
34 salzfleckig — salt-stained — taché de sel — con manchas de sal — macchiato di sale
35 Salzfraß — bad salt stains — rongé par taches de sel, fortes taches de sel — corroido por manchas de sal, defectos de salazón prolongada — mangiature di sale
36 Salzgrübchen (durch Verwendung grober Salzkörner verursachte Druckgrübchen im Fell, in welchen sich Blut und Bakterien ansammeln und Salzflecke bilden) — salt pits (small cavities in the skin caused by the pressure of coarse salt grains, in which blood and bacteria collect and form salt stains) — fossettes de sel (cavités dans la peau causées par la pression de grains de sel trop gros. Le sang et les bactéries s'y amassent et forment des taches de sel) — hoyuelos de sal en el cuero (por el empleo de sal gruesa poco soluble se forman pequeñas hoyas o cavidades en el cuero, en las cuales se

estancan residuos de sangre y bacterios destructores del cuero y se forman las manchas de sal) — fossette di sale (piccole fossette nelle pelli, causate dalla pressione di grani di sale grossi nelle quali il sangue e i batteri si accumulano formando macchie di sale)

01 Bakterien — bacteria — bacilles, microbes — bacterios — batteri, bacilli

02 Bakterienwachstum — bacterial flora — flores microbiennes — flora bactérica — flora batterica, crescità dei batteri

03 Bakterienschaden — bacterial damage — avarie due aux bactéries — daño de bacterios, avería de bacterios — danneggiato dai batteri

04 Blutflecke — blood stains — taches de sang — manchas de sangre — macchie di sangue

05 rot und blau angelaufen — showing red and blue discoloration — avec coloration rouge et bleue — con descoloración roja y azul — diventato rosso o blu, colorazione rossa e blu

06 ziegelrote Verfärbung — pink discoloration, red heat — rougissement — descoloramiento de la carne por recalentamiento, tomando el cuero un color rojizo de ladrillo — arrossamento

07 lufttrocken — sun-dried, air-dried — sec, séché à l'air — secado al aire — disseccato all'aria

08 volltrocken — flint-dry — séché à fond — secado a fondo — perfettamente secco

09 gespeilt (das Ausspannen der Felle auf einem Brett oder Rahmen. Die Klauen werden mit einem Holzspan (Speil) gespannt. Im Gegensatz zum Trocknen, bei dem die Ware nur über eine Stange gehängt wird) — framed (applied to hides and skins which are stretched on a board or frame. The legs are stretched by means of a length of wood, as opposed to the method of drying by which the skins are merely hung over a pole) — cadrer (peau mise sur cadre et étirée et clouée) — (cueros armados en bastidores, las patas bien abiertas por medio de palitos, para secar uniformamente. Es un modo diferente de lo común de secar los cueros colgados sobre palos) — steccato (pelli crude distese su telai o su assi. Le zampe sono distese con stecche di legno, ciò per contrapposto alla merce essiccata semplicemente appendendola sopra un bastone)

10 gestreckte Stellung — stretched pattern — forme étirée, étendue — estirado, de estaqueo ancho — natura slanciata

11 halbgestreckt — half-stretched — demi-étiré, étiré en demi-longueur — medio estirado — mezzo slanciato

12 natürliche Form, natürliche Stellung — natural, regular pattern — forme naturelle — de estaqueo natural — forma naturale

13 Falte — fold, crease — pli, ride — pliegue, doblez, ruga — piega, piegatura

14 im Viereck gefaltet — square folded — plié en carré, plié en quatre — doblado en cuatro — piegato in quattro

15 buchförmig gefaltet — bookfolded — plié en portefeuille — plegado (petacas), doblado en dos — piegato a libro

16 über den Rücken gefaltet — folded along the back — plié par le dos, plié en deux — doblado por el lomo — piegato lungo la linea del dorso, piegato in due

17 saisontrocken — season-dry — sèche de saison — en estado seco según la estación — secco di stagione

18 sonntrocken — sun-dried — séché au soleil — secado al sol — seccato al sole

19 schattentrocken — shade dried — séché à l'ombre — secado en la sombra — seccato all'ombra

20 Trocknung — drying — séchage — sequío — essicamento

21 Trocknung auf Stangen — drying on poles — séchage sur perches — secado colgado — seccato su bastoni (pertiche)

22 Trocknung in Rahmen — drying on frames — séchage sur cadres — secar en bastidores — essiccazione su telaio

23 verderblich — perishable — périssable — corruptible — corruttibile

24 ranzig — rancid, rank — rance — rancio — rancido

25 weißer Schimmel — white mould — moisissure blanche — moho blanco — bianchetto

26 grüner Schimmel — green mould — moisissure verte — moho verde — muffa verdastra

27 schimmeln — to become mouldy — moisir, se couvrir de moisissure — enmohecerse — ammuffire

28 sporig — mouldy — moisi — mohoso, con moho — ammuffito

29 Trockenfäule — dry rot — pourriture sèche — putrefacción del cuero seco — putrefazione secca

30 trockenfaul — damaged in drying — pourri sec — podrido al secarse — putrefazione secca

31 trocken beschädigt — dry-damaged — avarié sec — averiado al secar — danno di essiccazione

32 Selbstspalten — blistering — séparation en deux parties (fleur et chair) d'une peau qui a été séchée trop vite (boursouflures) — ampollar (cueros ampollados, ampollas) — grana distaccata

33 Fettausschlag — fatty spew — cuirs gras, efflorescence, repoussage — oxidación — essudazione di grasso

34 verschmort — parched — percé de graisse — que-

mado por el sol, comido por el calor — bruciato

01 erhitzt — heated — échauffé — recalentado — riscaldato

02 Erhitzung — heating — échauffe, échauffure — recalentamiento — riscaldatura, riscaldamento

03 sich erhitzen — to heat — s'échauffer — recalentarse — riscaldarsi

04 verbrüht — scalded — échaudé — defectos causados por agua o vapor caliente — scottato

05 verbrennen — to burn, to scorch — brûler par le soleil — quemar — scottare, bruciare

06 sonnverbrannt — sunburnt, sunburned — brûlé par le soleil — quemado por el sol, quemado del sol — bruciato dal sole, cotto dal sole

07 geräuchert — smoke-dry — fumé, séché à la fumée — ahumado — affumicato

08 gefroren — frozen — gelé — helado — gelato

09 aufgetaut — thawed — dégelé — deshelado — sgelato

10 vergiften — to poison — empoisonner — envenenar (con arsénico) — arsenicare

11 arseniziert (mit Arsenlösung desinfiziert und dann an der Luft getrocknet — arsenic cured (disinfected with arsenic solution and afterwards dried in the open air) — arséniqué (désinfecté avec une solution arséniquée, puis séché à l'air) — arsenicado, tratado con disolución de arsénico (desinfectado con solución de arsénico y después puesto al aire para secar) — arsenicato secco (disinfettato con una soluzione di arsenico e poi seccato all'aria)

12 Desinfektion — disinfection — désinfection — desinfección — disinfezione

13 Desinfektionsmittel — disinfectant — désinfectant — desinfectante — disinfettante

14 Schutzmittel — preventative — préservatif — preservativo — preservativo

15 Salzstrichhäute (mit Salz, mitunter Kalk, Tonerde und anderem angestrichen und dann an der Luft getrocknet) — painted hides (covered with salt, sometimes with lime, clay and other material and afterwards dried in the open air) — peaux salées sèches, plâtrées (apprêt) (peaux salées écrues couvertes de sel, parfois de chaux, terre argileuse ou autres matières et puis séchées à l'air) — apresto de sal (cubiertos de sal, de yeso o de tierra y otras materias, después secado al aire) — patina di sale (coperto di sale, talvolta di calce, di terra argillosa o di altre materie e poi seccato all'aria)

16 belegte Kipse — plastered kips — kips plâtrés, apprêtés — calcutas patinadas, cubiertos — patinate, cuoi salati con terre saline

17 beschwert — weighted — chargé — cargado — adulterato di peso

18 mit erdiger Fleischseite — earthy on the flesh side — chair terreuse — de carne terrosa o arenosa — con lato carne terroso

19 schmutzige Fleischseite — muddy flesh — chair boueuse, sale — de carne sucia — carne sporca

20 schimmelige Fleischseite — musty on the flesh — chair moisie — de carne mohosa — lato carne ombreggiato

21 die Deckelfelle der Häuteballen — wrappers — peaux servant à l'emballage — tapas de los fardos de calcutas — coperta (pelli di coperta nelle balle)

22 Fleck — spot, stain — tache — mancha — macchia

23 fleckig — stained — taché, souillé — manchado, con manchas — macchiato

24 Farbflecken — paint marks — taches de couleur — marcas de pintura — macchie colorate

25 Pechflecken — tar stains — taches de goudron — manchas de alquitrán — macchie di catrame

26 Rostflecken, Eisenflecken — rust stains, iron stains — taches de rouille (de fer) — manchas de hierro — macchie di ruggine (di ferro)

27 fehlerfrei — without defects — sans défauts — sin defectos — senza difetti

28 leicht beschädigt — slightly damaged — légèrement abîmé (avarié) — con pequeños defectos, ligeramente (levemente) averiado — leggermente diffettoso (danneggiato)

29 schwer beschädigt — severely damaged — fortement abîmé (avarié) — con muchos defectos, muy averiado — gravemente (fortemente) diffettoso

30 Prima, Gute — firsts, primes, good hides, sounds — premier choix, bonne qualité — sanos — sani, prima scelta

31 Sekunda — seconds, cuts — deuxième choix — desechos (Frig. & Typ Frig. rechazo) — seconda scelta

32 Schuß, Tertia — thirds, rejects, faulty hides — troisième choix — maldesechos — terza scelta

33 Brack, Ausschuß — fourths, refuse, offal — écarts — inservibles — scarto

34 Brack-Brack — cull, glue — rebuts — garra — pelli di rifiuto

4.

35 Schlachtung und Schlachtfehler

Flaying and flaying defects

Abattage, défauts d'abattage

Matanza, desuello y sus defectos

Macellazione ed i suoi difetti

01 Schlachthaus — slaughterhouse — abattoir — matadero — macello
02 Gefrieranstalt, Kühlhaus — freezer, freezing establishment, frigorifico — frigorifique — frigorífico — stabilimento frigorifico
03 Kühlräume — refrigerated chambers — frigidaires — cámaras refrigeradoras, de refrigeración — frigorifero
04 Abkühlung — cooling, refrigeration — réfrigération, refroidissement — refrigeración — refrigeramento
05 Viehhof — stockyard — parc à bétail, marché au bétail — corrales — parco bestiame
06 Metzger — butcher — boucher — carnicero — macellatore, macellaio
07 Metzgerei — butchering trade — boucherie — carnicería — macelleria
08 Fleischerkeule, Holzbeil, schwerer Hammer, Schlegel — mallet — merlin, maillet — martillo — martello
09 Schlachtung — slaughter — abattage — matanza, faena, desuello — macellazione
10 schlachten — to slaughter — abattre — faenar, matar — macellare
11 Notschlachtung — immediate slaughter — abattage de nécessité — matar por emergencia — macello di necessità
12 Schwarzschlachtung — illegal slaughtering — abattage clandestin — matar clandestinamente — macello clandestino
13 abziehen, häuten — to flay, to skin, to take off — dépouiller, écorcher — desollar, despellejar — scuoiare
14 Abdeckerei — rendering establishment — équarrissage — matadero, donde se desuellan los animales caídos — luogo dove si scuoiano le pelli di bestiame morto
15 Abdecker, Schinder — renderer — équarrisseur — desollador de animales caídos, matarife — macellatore, scuoiatore
16 Tierkörper — carcass, carcase — carcasse, squelette d'animal — cuerpo del animal — carcassa
17 Abzug — flaying, take off — abattage, dépouillement, dépouille, écorchage, dépouillage — desuello, descarne — scuoiatura, macellazione, spoglia
18 Abzug von Hand — hand flaying — dépouille au couteau — sacar el cuero a mano, desuello a mano — scuoiatura a mano
19 mechanischer Abzug (Abschlachten mit mechanisch bewegtem Messer und Schutzvorrichtung gegen Schnitte) — mechanical flaying (flaying with a mechanically operated knife) — dépouille mécanique (dépouille au couteau de sûreté) — desuello mecánico (desuello efectuado con un cuchillo movido mecanicamente provisto de un aparato para evidar los cortes y los tajos en el cuero) — scuoiatura meccanica (apparecchio per la scuoiatura meccanica)
20 Abziehen mit Messer — flaying with a knife — dépouille au couteau — desollar con cuchillo — scuoiare col coltello
21 Abziehen mit Ellbogen ohne Messer — elbow flaying — dépouille au coude sans couteau — sacar a codo, desollar por medio del codo sin cuchillo — scuoiare col gomito
22 mit der Faust ausstoßen — to punch off with the fist, to flay with the fist — dépouiller au poing — sacar a golpes de puño — scuoiare col pugno
23 Ausschlagen mit Hilfe von Hammer, Rehfuß und dergleichen — hammer flaying — dépouille au maillet, à l'os, etc. — desollar a maceta o martillo — scuoiare col martello o coll'aiuto dell'osso
24 Kullen — pulled skins, cased skins (unopened) — dépouille en manchon (en sac) — cueros y pieles en sacos, en bolsa (sacados sin abrir) — scuoiatura a sacco
25 aufschneiden, aufschlitzen (die Haut) — to rip, to slash — parfendre, pourfendre — abrir, desbarrigar — spaccare, squartare, aprire
26 Aufschneiden, Aufschlitzen, Trennungsschnitt, Öffnungsschnitt — ripping cut, opening cut — parfente, pourfente — abertura, abrir, corte, tajo inicial — taglio di apertura, taglio iniziale, taglio dell'animale per lo scortico
27 schlecht aufgeschnitten — incorrectly ripped — mal parfendu, mal ouvert — mal abierto — male aperto
28 guter Abzug — good flay — bonne dépouille — buen desuello — buona spoglia, ben scuoiato, scortico ben curato
29 schlecht abgezogen, verschlachtet — badly flayed, mis-shaped — mal dépouillé, échancré — mal desollado — mal scuoiato
30 abkühlen — to cool — refroidir — refrescar — raffreddare
31 beschneiden — to trim, to square — couper — desgarrar, recortar — squadrare, rifilare
32 Beschnitt, Beschneiden — trimming — débordage — recorte — ritaglio
33 gut beschnittene Häute und Felle — closely trimmed hides and skins — cuirs et peaux bien débordés — cueros bien cortados — pelli ben rifilate
34 Entwollung — wool pulling, dewoolling — délainage — depilación — depilaggio della lana
35 Scherenschnitte — shearing cuts — ciselures — tajos de tijera (de esquila) — tagli di forbice
36 scherenschnittige Schaffelle — sheepskins cut in shearing — moutons ciselés, cisaillés — cueros de carneros con tajos de tijera — pelli di montone con tagli di forbice

01 Haarseite — hair side, grain side — fleur, côté fleur, côté poil — lado del pelo, parte del pelo — lato del pelo

02 Epidermis, Oberhaut — epidermis, cuticle — épiderme — epidermis, cutícula, capa superior — epidermide, cuticola

03 Aasseite — flesh side — côté chair — carne, lado de la carne — lato carne

04 Rücken — back — dos — lomo, dorso, espalda — dorso

05 Blutgefäß — blood vessel — vaisseau sanguin — vaso sanguífero, vaso arterial — vaso sanguigno

06 Kopf — head — tête — cabeza — testa

07 köpfig (Rundkopf) (ohne nähere Angaben rund geschlachtet, volle Backen, ohne Vormaul) — with head (round flaying without further designation, full cheeks without snouts) — à tête (sans indications précises dépouille ronde, tête entière sans museau) — con cabeza (sin más indicación, quijadas enteras, hocicos cortados) — con testa (senza indicazioni precise spoglia rotonda, guance intiere senza muso)

08 unköpfig (Kopf dicht hinter den Ohren geradlinig abgeschnitten) — headless (head cut off straight behind the ears) — sans tête (tête coupée exactement derrière les oreilles et en ligne droite) — sin cabeza (cabeza cortada en línea recta atrás de las orejas) — senza testa (testa tagliata in linea diritta dietro le orecchie)

09 Schlitzkopf (entweder zweiteilig von der Mitte der Stirn bis zur Nase oder dreiteilig durchgeschnitten von den Ohren bis zur Nase) — split head (either cut in two parts from the middle of the forehead to the nose or in three parts from the ears to the nose) — tête fendue (coupée en deux du milieu du front jusqu'au nez ou en trois des oreilles jusqu'au nez) — cabeza dividida (cortada en dos del centro del frente a la nariz, o en tres de las orejas a la nariz) — testa aperta in 2 o in 3 (tagliata in due dal centro della fronte fino al naso o in tre dalle orecchie al naso)

10 spitzköpfig — snipe headed — tête en pointe — cabeza puntada — a testa acuminata

11 backig (Kopf vom Vormaul bis hinter die Ohren U-förmig ausgeschnitten, so daß nur die Backen stehen bleiben) — with cheeks (head trimmed in the shape of the letter U from the snout to behind the ears, so that only the cheeks are left on) — joues (avec les bajoues) (tête coupée en forme d'U du museau jusque derrière les oreilles de sorte que seules les joues restent) — con quijadas, con hocicos (cabeza cortada en forma de U, del hocico hasta las orejas, quedando las quijadas solamente) — alette (testa tagliata in forma di „U" dal muso sin dietro le orecchie, di modo che restano soltanto le guance)

12 geschächtet, geschochten (jüdisch-ritueller Halsschnitt) — cut throat, kosher (Jewish ritual cut in the neck) — égorgé (égorgement selon le rite israélite) — degollado (degollar, desuello judío) — sgozzato, sgozzatura ebraica (taglio nel collo secondo il rito ebreo)

13 gestochen (im Gegensatz zu geschächtet) — stuck throat — saigné (par opposition à égorgé) — desnugado (matado con cuchillo en vez de degollar) — scannato, scannatura

14 Horn — horn — corne — asta — corno

15 ohne Horn — without horns — décorné, sans cornes — descornado, mocho — senza corna

16 leeres Horn — empty horn — corne évidée — asta vacía — tubo del corno

17 Hornschlauch, Hornpeddig — horn pith — cornillon (os dans l'intérieur de la corne) — macho de asta — embola

18 Stirnknochen — skull bone, frontal bone — os du crâne, os frontal — hueso de cráneo, hueso frontal (craneal) — osso del cranio, osso frontale

19 Ohrmuschel — ear — oreillons — oreja — orecchioni (barboni)

20 Ohrränder — ear borders — bordures des oreilles — bordes de la oreja — margine dell'orecchio

21 Vormaul, Schnauze (Lippe und Nase) — snout (lips and nose) — museau, mufle (lèvres et nez) — hocico (parte del cuero incluyendo hocicos y la nariz) — musale (labbro e naso)

22 Nase — nose — nez — nariz — naso

23 Nasenlöcher, Nüstern — nostrils — narines — narices — narici

24 Lefze — lip — babine — morro — labbro

25 Kinnbacke — jaw — mâchoire (ganache) — quijada — mascella

26 Hals — neck — collet — cuello, pescuezo — spalla, collo

27 Stirn der Haut — pate (of the hide) — front (du cuir) — frente (del cuero) — fronte (del cuoio)

28 Kehle — throat — gorge — garganta — gola

29 Schulter (an der Haut) — shoulder (of the hide) — collet (du cuir) — brazuelo (del cuero) — spalla (del cuoio)

30 Flǟme — flank — flanc — falda, flanco — fianco

31 Wamme, Wampe — dewlap — fanon — papada — giogaia

32 Euter — udder, dug — pis, tétine — ubre — mammella, capezzolo

33 Zitze — teat — mamelle, tetin — teta — tetta

34 Höcker — lump — bosse — jiba, joroba — gobba

01 Krupon, Croupon, Schild, Kernstück — butt, crop — croupon, noyau, culée (de cheval) — crupón, lomo — groppone
02 Seite, Hälfte der Haut — side — côté, moitié — medio cuero, hoja — schiappa, mezza
03 Seiten, Flanken, Bäuche (Avern) — flanks, bellies — flancs, ventres — faldas, verijas, barrigas, flancos — fianchi
04 Garnituren (Hälse und Bäuche) — offal (bellies and shoulders sold together) — dépouille complète — guarniciones (cuellos y faldas) — frazzame
05 Hechte (Kernstück mit Hals) — backs — dossets — medio crupón con una parte del cuello adherida — schiappe senza fianco (gropponi in mezze con collo attaccato)
06 crouponieren — to crop — crouponner — cruponar, cortar en crupones — gropponare
07 Crouponieren — cropping — crouponnage — hacer crupones — gropponaggio
08 Klauen — claws, shanks — pattes, pieds — patas, pezuñas, uñas — zampe, unghie, unghioli
09 kurzklauig (Beine durch das Knie abgeschnitten) — short shanked (legs cut off through the knee) — à pattes courtes (pattes coupées à hauteur du genou) — con patas cortas, patas cortadas, sin patas (patas cortadas atravesando la rodilla) — zampe corte (zampe tagliate al ginocchio)
10 langklauig (Beine oberhalb der Kieten abgeschnitten) — long shanked (legs cut off above the dewclaws) — à pattes longues (pattes coupées au-dessus des ergots) — con patas enteras, de patas largas, sin desgarrar (patas cortadas encima de los pichicos, sin pichicos) — zampe lunghe, con zampe (zampe tagliate al di sopra dello sperone)
11 mit Nägeln oder Kieten (Afterhufe) — with dewclaws — avec ergots, onglons — con pichicos — con unghioli
12 Knie — knee — genou — rodilla — ginocchio
13 Vorderbeine — forelegs — pattes de devant — piernas (patas) delanteras, manos — zampe anteriori
14 Hinterbeine — hind legs — pattes de derrière — piernas (patas) traseras — zampe posteriori
15 Flechsen, Sehnen (Fußsehnen) — sinews, tendons (sinews of the foot) — tendons (tendons du pied, de la patte) — tendones, nervios (tendones del pie) — nervi e tendini (tendini del piede)
16 Knorpel — cartilage, gristle — cartilage — cartílago — cartilagine
17 Knochen — bone — os — hueso — osso
18 Pansen — first stomach — panse — panza — erbiera
19 Hufe — hoofs — ongles, sabots — pezuñas, vasos, cascos — zoccoli, unghie
20 Schwanz, Schweif — switch, tail — queue — cola, rabo — coda
21 Schwanzwurzel — root of the tail — racine de la queue — cogote, raíz de la cola — radice della coda
22 Schweifbein — tail bone — queue pleine — rabo, hueso del rabo — osso di coda, codone, coda piena, osso caudale
23 leere Schwänze — hollow (empty, boneless) tails — — queues vides, sans nerf de queue — colas vacías, colas abiertas — code vuote, senza nervo di coda
24 vorstehendes Schweifbein — projecting tail bone — queue pleine jusque dans le cuir — extremo del rabo, parte anterior del rabo — nervo di coda sporgente
25 desgarriert (Köpfe, Beine, Schwanz, Euter usw. abgeschnitten) — trimmed, cut down (heads, shanks, tail, udder etc. cut off) — débordé, coupé (têtes, pattes, queues, tétines etc. coupées) — desgarrado (cabezas, patas, colas, tetas etc. cortadas) — sbordato, sgarrato (teste, zampe, code, mammelle ecc. tagliate)
26 Schweifhaare — tail hairs — crin de la queue — cerda, crines — crine (peli) della coda
27 Schweifquaste — tail tassel, tail tuft — émouchet, toupet de la queue — punta de la cola — ciuffo (fiocco) della coda
28 Drüsen — glands, follicles — glandes — glándulas — ghiandole
29 Schweißdrüsen — sudoriferous glands, sweat glands — glandes sudoripares — glándulas sudoríficas — ghiandole sudorifere
30 Fett-, Talgdrüsen — sebaceous glands, fat glands — glandes sébacées, glandes graisseuses — glándulas sebáceas — ghiandole sebacee
31 Haar — hair — poil — pelo — pelo
32 Haartasche — hair bulb — poches de poils, bulbes pileux — bulbos capilares — bulbo del pelo
33 Haarwurzel — hair root — racine des poils — raíz del pelo — radice del pelo
34 Lederhaut — corium — derme, corium — corion — il derma, corio
35 Hautsubstanz — hide substance — substance de la peau, substance dermique (cutanée) — substancia de la piel — sostanza della pelle
36 Narben — grain — fleur, grain — grano, flor — fiore, grana
37 Hautfaser — hide-fibre — fibre de la peau — fibra de la piel — fibra della pelle
38 faserig — fibrous — fibreux — fibroso — fibroso
39 Gewebe — tissue — tissu — tejido — tessuto
40 Zwischengewebesubstanz — intercellular substance — substance interfibrillaire — substancias intercelulares — sostanza intercellulare

01 Bindegewebesubstanz — collagen (connective tissue) — substance du tissu conjonctif, collagène — tejido conjuntivo (colagen), substancia adherente — sostanza connettiva
02 Bindegewebe — connective tissue — tissu conjonctif (fibreux) — tejido conjuntivo — tessuto connettivo
03 Fleisch, Aas — flesh — chair — carne — carne
04 Fett — fat, grease — graisse — gordura, grasa — grasso
05 Ader — vein — veine — vena — vena
06 aderig — veiny — veineux, veiné — con venas — venoso
07 Anhängsel (an der Haut) — appendages — matières étrangères — apéndices, carnaza, garra, materia extraña, adherencias — materia estranea, appendici
08 fehlerfrei — without defects — sans défaut — sin defectos — senza difetti
09 schnittfrei — free of cuts — sans coutelure — sin tajos, sin cortes — senza tagli
10 fehlerfreie Haut — clear hide — peau sans défaut — cuero sano (sin faltas), cuero limpio — pellame senza difetti
11 Loch — hole — trou — tajo abierto, agujero — buco
12 löcherig — holed, stabbed — troué — tajeado, agujereado — bucato
13 Kernloch (Loch innerhalb der Linie von Schultergrube senkrecht nach dem Schild) — hole in the butt (hole within the straight line from the pit of the shoulder to the butt) — trou dans le croupon (trou en dedans de la ligne allant du défaut de l'épaule verticalement à la culée) — tajo en el lomo (tajo abierto dentro de la línea que va de la espalda verticalmente a la culata) — buco nel groppone (buco al di dentro della linea che va dalla incavatura della spalla verticalmente alla culatta)
14 Randloch (Loch außerhalb der unter Kernloch bezeichneten Linie) — hole in the offal (hole outside the line of the butt) — trou sur les bords (trou en dehors de la ligne définie sous «trou dans le croupon») — tajo abierto en la falda (agujero en las garras) — buco nel fianco, sui bordi (buco al di fuori della linea definita sotto „buco nel groppone")
15 Schnitte — cuts — coutelures — tajos, cortes, rayas, puntazos — tagli
16 schnittig — scored, damaged by cuts — coutelé — tajeado, rayado — tagliato
17 Schächtschnitt — kosher cut — égorgement — deguello — sgozzatura
18 Metzgerschnitte, Fleischerschnitte — butcher cuts, gashes — coutelures (causées par le boucher) — tajos o puntazos causados por el desollador, acuchilladuras, cortes del carnicero — tagli fatti dal macellaio, rasure, tagli di scuoiatura, rigature di coltello
19 Ausheber (Kerbschnitt) (flache, mitunter ausrasierte Schnitte) — gouges (nicks, scores) (flat cuts, sometimes shaved out) — fleurage, évidage, emplacements évidés (coutelures plates parfois rasées, baisses) — la rebajada, rebajas, botones (cuero afeitado o rebajado) — scodelline, incavature, raschiature, abrasioni (tagli piatti talvolta rasati)
20 Pariser, Hamburger, flammierteSchnitte(lange, parallel laufende Ausheber in den Seiten) — gouges (long parallel gouges in the sides) — fleurage comme à Paris et Hambourg (fleurages longs et parallèles dans les flancs) — (cortes largos paralelos a los lados) — scarnature lunghe e profonde (tagli superficiali, lunghi e paralleli nei fianchi)
21 schneiden — to cut — couper — cortar, rayar — tagliare
22 fleischig — fleshy — chaireux, chargé en chair, charnu — carnoso — carnoso
23 brechen, springen — to crack — éclater, sauter — quebrar, romper — spaccare
24 Narbensprengung, Narbenbruch — cracking of the grain — éclatement de la fleur — quebraja (rotura) del grano — rottura (spaccatura) del fiore
25 Schragen — trestle — chevalet, tréteau — caballete — cavalletto
26 ausgefleischt, geschoren — fleshed — déviandé, écharné — descarnado — scarnato, senza carne

5.

27 Insektenfehler
Insect damage
Dommages occasionnés par les insectes
Daños causados por los insectos
Danni dovuti ad insetti

28 Dasselfliege — warble fly — varron, taon, hypoderma bovis — tábano, hypoderma bovis — tarolo, mosca del tarolo
29 Dasselfliegenplage — warble fly pest — plaie du varron, hypodermose bovine — plaga del hypoderma bovis (del tábano) — il flagello del tarolo
30 Dasselbeule — warble lump, grub boils — bosse du varron, kyste varronneux — tumor (bollo) producido por la larva del moscardón de buey, hinchazón de tábano — tumore dovuto al tarolo
31 Dassellarve (Engerling) — warble, grub, larva of the warble fly — varron — larva del moscardón de buey (del tábano) — tarolo, larva
32 Dassellarvenloch — warble hole — trou causé par le varron, varron percé

— agujero de la larva del moscardón de buey, la ura (en la América del Sud) — buco del tarolo, bucato dal tarolo, tarolo aperto

01 mit Dassellarven (Engerlingen) behaftete Haut — warbled hide, grubby hide — cuir varronné — cuero con larvas del moscardón de buey, cuero perforado por larvas del moscardón de buey — pelle tarolata, pelle passata dai taroli, pelle con taroli

02 Puppe — chrysalis, pupa, nymph — chrysalide, nymphe — crisálida, ninfa — crisalide, ninfa

03 abdasseln — to dewarble, to remove the larvae of the warble fly from the cattle — dévarronner, enlever des bestiaux les larves du taon — deslarvar, sacar larvas — starolare, togliere i taroli

04 Bremse — gadfly — taon, œstre — moscardón de buey, tábano — estro

05 Pferdebremse — botfly — taon — tábano — estro del cavallo

06 Zeckenschaden — tick marks — défaut de la peau provenant des tiques — garrapata — danno prodotto dalle zecche

07 Zecke — tick — tique — garrapata — zecca

08 zeckenschadhaft — ticky — tiqué — dañado por la garrapata, averiado por la garrapata — danneggiato dalle zecche

09 zeckenbehaftet — tick-infested, ticky — tiqué — con garrapata, recargado de garrapata — infestato dalle zecche

10 Texasfieber (Erkrankung durch Zecken) — Texas fever — fièvre du Texas — fiebre del Texas — febbre del Texas

11 Ausrottung, Vertilgung — extermination — extermination — exterminación — esterminio

12 Vertilgungsmittel — extirpator — extirpateur — exterminador — esterminatore

13 Zeckenausrottung — tick eradication — destruction (extirpation, extermination) des tiques — extirpación de la garrapata — sradicamento (distruzione) delle zecche

14 zeckentötende Mittel — material for destroying ticks — remèdes contre les tiques — garrapaticidios — mezzi per uccidere le zecche

15 Desinfektionsbad — disinfectant bath — bain désinfectant — baño desinfectante — bagno disinfettante

16 Giftlösung — poison solution — solution vénéneuse, poison (en dissolution) — solución de veneno — soluzione velenosa

17 eintauchen, baden — to dip, to immerse — immerger, tremper, baigner — sumergir, bañar — immergere

18 Insekt — insect — insecte — insecto — insetto

19 Insektenstich — insect bite (sting) — piqûre d'insectes — picadura de insectos — puntura di un insetto, morsicatura d'insetto

20 mottenbeschädigt – moth-eaten — mité, mangé par les mites — apolillado — rovinato dalle tarme, tarmato

21 wurmbeschädigt – worm-eaten, wormy — piqué, mangé, rongé par les vers – picado, agusanado, roido por gusanos – danneggiato dai vermi

22 Larve, Made (Würmer, die durch Zersetzung an den Stellen und Ecken entstehen, wo die Haut nicht genügend konserviert war) — maggot, larva, mite, worm (developing with decomposition in places where the skin has not been sufficiently cured) — larve, ver, asticot (né de la décomposition des places et angles de la peau qui n'ont pas été suffisamment conservés) – larva, cresa (gusano, que aparece con la descomposición en las rugas y partes exteriores del cuero, donde esto no ha sido suficientemente conservado) — larva, verme (vermi creati dalla decomposizione nelle parti ed angoli della pelle che non erano sufficientemente conservati)

23 Milbe — mite — acarien — ácaro, arador — acaro

24 benagt — damaged by gnawing — rongé — con roeduras, roido — rosicchiato

25 Rattenfraß – place gnawed by rats — rongé par les rats — roido por las ratas — rosicchiato dai topi, mangiato dai topi

26 Tse-Tse-Fliege — tse-tse-fly — mouche tsé-tsé — mosca tse-tse — mosca zézé (tsè-tsè)

27 Fellschabe, Speckkäfer (dermestidae) — grease beetle — dermeste — dermesto — dermesto

28 Schabenfraß — grease beetle damage — mité par les dermestes — daños del dermesto — mangiato dai dermesti

29 Floh — flea — puce — pulga — pulce

30 Laus — louse (sucking louse) — pou — piojo — pidocchio

31 Haarlinge — trichodectes (biting lice) — trichodectes (parasitisme par insectes) — tricodecto (lat. trichodectes) (especia de piojo que destruye la superficie papilar de la piel) — trichodectes (pidocchio, piattola)

32 Motte (Fellmotte [monopis rusticella], Pelzmotte [tinea pellionella]) — moth — teigne, gerce, mite — polilla — tigna, tarma

33 Käfer — beetle — coléoptère, cafard — coleóptero — coleottero

34 Wanze — bug — punaise — chinche — cimice

35 Ungeziefer — vermin — vermine — vermina — insetti nocivi

36 Parasiten — parasites — parasites — parasitos — parassiti

37 insektentötend — insecticidal — destructeur d'insectes, insecticidé — insecticida — insetticido

01 Insektenvertilgungsmittel — insecticide — insecticide — insecticida – insetticida
02 Insektenschutzmittel — anti-insect preservative — préservatif contre les insectes — insecticidio — insettifugo
03 parasitentötend — parasiticidal — parasiticide — remedio para matar parasitos — parassiticida

6.

04 Hautkrankheiten Diseases of the hide Affections cutanécs Enfermedades de la piel Malattie della pelle

05 Grind, Räude — scab, mange — gale, teigne — costras, sarna — tigna
06 Krätze — itch — gale — sarna, tiña — rogna
07 grindig, krätzig, räudig — scabby — galeux — sarnoso, tiñoso — tignoso, rognoso, scabbioso
08 Geschwüre — ulcers — ulcères — úlceras, llagas — ulceri, ascessi
09 Geschwürbildung — ulceration — abcès, ulcération — ulceración, tumor — ulcera
10 Hautausschlag — rash — éruption de la peau — exantema, sarna — eruzione cutanea
11 wunde Stellen — sores — blessures, plaies — heridas abiertas — ferite
12 Verkrustungen — incrustations — incrustations — costras — incrostazioni
13 Pocken — small pox — petite vérole — viruela — bubboni
14 Entzündung, Reizung — irritation, inflammation — irritation — inflamación, irritación – infiammazione
15 entzünden, reizen — to irritate, to inflame — irriter — inflamarse — infiammare
16 cockle = Krankheit der Schafe (Krankheit, bei welcher sich unter der Haut eitergefüllte Bläschen bilden, die an den Fellen als zahlreiche beulenförmige Verdickungen auf der Narbenseite erscheinen) — cockle, cockling (disease affecting sheepskins which forms pustules beneath the skin appearing as numerous swellings on the grain side) — cockle = maladie du mouton (maladie formant des abcès sous la peau lesquels apparaissent sur le côté fleur sous forme de nombreuses enflures) — cockle = enfermedad de oveja (se forman pústulas abajo de la piel del animal que aparecen al exterior en forma de tumores) — malattia della pecora detta „cockle" (malattia che forma dei piccoli ascessi sotto la pelle che appariscono sul lato del fiore sotto forma di numerose gonfiature)
17 cockled = Felle, welche mit dem unter „cockle" angeführten Fehler behaftet sind — cockled sheepskins — cockled = moutons malades du cockle — cockled = cueros virulentos — cockled = pelli infette da „cockle"
18 colt = Krankheit der Ziegen und Schafe (eine im Frühjahr bei Ziegen und Schafen auftretende Krankheit, bestehend in einer Veränderung des Fettdrüseninhalts) — colt (disease of the goat and sheep appearing in spring time and consisting in a modification of the contents of the sebaceous glands) — colt = maladie de la chèvre et du mouton (maladie des chèvres et des moutons qui apparaît au printemps et consiste en une modification du contenu des glandes sébacées) — colt = enfermedad de cabra y de oveja (aparece en primavera consistiendo en un cambio de la substancia de las glándulas sebáceas) — malattia della capra e della pecora „colt" (malattia dei montoni e delle capre che apparisce in primavera e consiste nella modificazione del contenuto delle ghiandole sebacee)
19 Milzbrand — anthrax — charbon, anthrax — ántrax, carbúnclo — carbonchio
20 Milzbrandspore — anthrax spore — spore du charbon — esporo del ántrax — spora del carbonchio
21 Milzbrandbazillus — anthrax bacillus — bacille charbonneux — bacterios del ántrax — bacilli del carbonchio
22 Haardefekte — hair defects — défaut (maladie) du poil — defectos en el pelo — difetti del pelo
23 Haarpilzstippen (früher fälschlich Salzstippen genannt) — hair mould sprout — piqûres des dermatophytes (altérations de la peau par mycoses) — picaduras de dermatofites — dermatophites (formazione fungosa)
24 Haarbalgmilbe (Demodex folliculorum) — hair follicle mite — démodécidé folliculaire, demodec folliculorum (cause de la gale démodectique) – demodex folliculorum — demodex folliculorum, rogna follicolare
25 Haarbalgräude — follicular mange — gale folliculaire, gale démodectique — sarna — rogna follicolare
26 Haarflechte — ringworm — teigne — tiña — erpete della pelle
27 Ringflechte (Glatzflechte) — circinate ringworm — teigne tonsurante — tiña tonsurante — erpete tonsurante
28 haarlos — hairless — lâchant le poil — pelado, solapado — senza pelo
29 Maul- und Klauenseuche — foot-and-mouth disease — aphte, fièvre aphteuse — aftosa — afta epizootica
30 impfen — to vaccinate — vacciner — vacunar — vaccinare
31 Impfung — vaccination, inoculation — vaccination — vacunación — vaccinazione

01 Impfstoff, Lymphe — vaccine, lymph — vaccin — linfa, sero vacuno — vaccino
02 bakteriologisch — bacteriological — bactériologique — bacteriológico — batteriologico
03 Mikroorganismen — micro-organisms — micro-organismes — micro-organismos — microorganismi
04 Bazillen, Bakterien — bacilli, bacteria, microbes — microbes, bacilles, bactéries — bacterios, microbios — batteri, bacilli
05 mikrobisch — microbial — microbien — micróbico — microbico
06 Biologe — biologist — biologiste — biólogo — biologo
07 Krankheit des Tieres — animal disease — maladie de l'animal — enfermedad del animal — malattia dell'animale
08 krank — sick, diseased — malade — enfermo — malato
09 Krankheitskeime — disease germs — germes de maladie — gérmenes de enfermedad — germi di malattia
10 Rinderpest — cattle plague — peste bovine — peste bovina — peste bovina
11 Viehseuche — epizootic disease, cattle disease — épizootie, maladie épizootique — epizootía — epizoozia
12 ansteckend — infectious, contagious — infectieux, contagieux — infectivo, contagioso — infettivo, contagioso
13 Anschwellung (Schwulst) auf der Haut — tumour, swelling — boursouflure, enflure — tumor, hinchazón — enflazione, gonfiore, tumore, protuberanza
14 histologisch — histological — histologique — histológico — istologico
15 Zerstörung — destruction — destruction — destrucción — distruzione
16 Eiter — pus — pus — pus — pus, marcia
17 eiterig — purulent — purulent — purulento — purulento
18 Pustel, Eiterbläschen — pustule — pustule — pústula — pustola
19 Bläschen — vesicle — vésicule — vesícula — vescica, bollicina
20 Tuberkulose — tuberculosis — tuberculose — tuberculosis — tubercolosi
21 Tierarzt — veterinary surgeon — vétérinaire — veterinario — veterinario
22 Hautspezialist — dermatologist (specialist in skin diseases) — dermatologue — dermatólogo — dermatologista

7.

23 Schäden verursacht am lebenden Vieh

Defects arising in the living animal

Défauts occasionnés à l'animal vivant

Daños producidos en el cuero del animal vivo

Danni prodotti sull'animale vivo

24 Narbenschaden — grain damage — défaut de fleur, fleur abîmée, fleur endommagée — defecto en la flor, deterioro — difetto di fiore
25 narbenbeschädigt – grain damaged — abîmé sur fleur — daños en la flor del cuero del animal — danneggiato di fiore
26 Heckenrisse — thorn scratches — égratignures d'épines — rasgaduras (arañazos) de espinas, rasguña de espina — graffi causati dalle spine, graffiature di spine
27 Narbenrisse, Schrammen — grain-scratches — éraflures du grain, égratignures de la fleur, déchirures — quebrajas (roturas) del grano, excoriaciones — strappi, graffiati, sgraffiature di fiore, screpolature, lacerazioni
28 Stacheldraht — barbed wire — ronces artificielles, fil de fer barbelé — alambre de púa, alambre de espina — filo spinato, filo di ferro spinato
29 glatter Draht — smooth wire — fil de fer (lisse) — alambre (liso) — filo di ferro (liscio)
30 Stacheldrahtrisse – barbed wire scratches — égratignures de fil de fer barbelé — rasgaduras de alambre de púa, arañazos de alambre — graffiature, strappi causati dal filo spinato (provocati dagli aculei del filo spinato)
31 Narbe — scar — cicatrice — cicatriz — cicatrice
32 vernarbt, narbig — scarred — cicatrisé — cicatrizado — cicatrizzato
33 lange Wunde — gash, cut, slash — balafre — herida larga — larga ferita
34 offen, unverheilt — unhealed — ouvert, non guéri — herida abierta, herida sin curar — aperto, non guarito
35 verheilen — to heal up — cicatriser, guérir — curarse — guarire, sanare
36 Treibstachelstiche – prod marks, goad marks — marques d'aiguillon – aguijonazos, puntazos (marcas) de aguijón — ferite del pungolo
37 durch Treibstachel verstochen — prod-marked — aiguillonné — averiado por aguijón (por puya) — ferito dal pungolo
38 striegeln — to currycomb — étriller — estrillar — strigliare
39 Striegelrisse – currycomb scratches — marques d'étrille — rasguñas de almohaza, marcas de estrillar (de rasqueta) — graffiature della striglia
40 gerieben – rubbed, chafed — frotté — frotado — strofinato, sfregato
41 zerkratzt — scratched — égratigné, griffé — rasgado — graffiato
42 Hornstöße — horn rakes — coups de cornes — cornadas, golpes de cuernos — scornate, colpi di corna
43 Scheuerstellen — chafe marks, rubbed areas —

endroits frottés, parties irritées de la peau, endroits dénudés, plaques sans poil — arrastrones, refregones, rasgaduras de la piel hechas por frotamiento de los animales, solapadas, sitios donde se raspan los animales, peladuras — piaghe prodotte da sfregature, abrasioni

01 Ätzfarben — acid colours — couleurs acides — colores corrosivos (ácidos) — colori acidi

02 zeichnen (der Tiere) — to mark — marquer — marcar los animales — contrassegnare, marcare gli animali

03 Zeichen — mark — marque — marca — contrassegno, marca, marcatura

04 Brandzeichen, Brände — brand-marks, brands — marques de feu — marcas de fuego — marche (marchio) a fuoco

05 brennen — to brand — marquer de feu — marcar con marca de fuego, marcar al hierro — marcare a fuoco

06 Brandeisen — brand iron, branding iron — fer à marquer de feu — hierro para marcar ganado — ferro per marcare a fuoco

07 doppelt gebrannt — double-branded — avec double marque de feu — cueros con dos marcas de fuego — pelli con doppia marca a fuoco, con due marche a fuoco

08 Brand im Schild — butt brand — marque de feu dans le croupon (la fesse) — marca de fuego en el anca — marca a fuoco sul groppone

09 Brand in der Seite — side brand — marque de feu dans le flanc — marca de fuego en la falda, marca en el costado — marca a fuoco sul fianco (sulla schiappa)

10 ohne Brand — free of brands, unbranded — sans marque de feu — sin marca de fuego — senza marca a fuoco

11 Schlamm, Kot, Schmutz — mud, dirt, filth — boue, saleté — barro, suciedad, estiércol, lodo — sterco, sudiciume, fango, sporcizia

12 schmutzig, kotig — dirty, muddy, filthy — boueux, sale — sucio, embarrado — sporco, sudicio, fangoso

13 Warzen — warts — verrues — verrugas — porri, verruche

14 verlaust — lice damaged — pouilleux — con piojos — rovinato dai pidocchi

15 Mist — dung, manure — crotte, fiente, fumier — estiércol, bosta, lodo — sterco

16 mistig, mit Mist behaftet — dungy, with manure — crotté, chargé de crotte — cargado (embarrado) de estiércol — stercato

17 abgemistet — free of dung — décrotté — quitado el estiércol, desembarrado, limpio — sterco lavato, scrostato

18 Urin, Harn — urine — urine — orina — orina

19 Jauche — liquid manure, dung-water — purin — agua de estiércol — puzza

20 pissbauchig — urine damaged — rongé par l'urine — manchado de orina — roso dall'orina

21 Klette — burr — bardane — lampazo, bardana — bardana, lappola

22 klettenbehaftete Felle — burry skins — cuirs et peaux chargés de bardanes — cueros cargados de bardanas — pelli con lappole nel pelo

23 jochdruckfrei — free from yoke marks — non garrotté — libre de estregaduras del yugo de tiro — non giogato, senza callo, senza segni di giogo

24 satteldruckfrei — free from saddle marks — sans blessure de selle, sain de fleur à l'emplacement de la selle — sin peladuras por matadura — senza segni di sella, senza difetti di basto

25 Kumtdruck — collar-marks — blessures de colliers — estregaduras de collera — segni di collari

26 Sporenstich — spurn-gall — marque d'éperon — puntazos causados de las espuelas — spronate

8.

27 Häuteverkauf
Sale of hides and skins
Vente de cuirs et peaux en poil
Venta de cueros y pieles
Vendita delle pelli

28 Häuteauktion — hide auction, public sale — vente publique de cuirs verts, ventes aux enchères — remate, venta pública de cueros — asta di pelli, vendita pubblica di pelli

29 Häuteverwertung — butchers' association for the sale of hides and skins — association de bouchers pour la vente des cuirs et peaux — asociación de abastecedores para la venta de cueros — consorzio per la vendita delle pelli

30 Metzgerinnung — butchers' syndicate, butchers' association — syndicat des bouchers — sindicato de abastecedores (asociaciones de carniceros, matarifes) — consorzi macellai

31 Sammelplätze — collecting stations — centre de ramassage — puntos de concentración, de colección — posti (punti) di raccolta

32 Sammlung — collecting — ramassage, collecte — recolección, recolecta — collezione

33 Häutesammler — hide collector — collecteur de cuirs — acopiador — raccoglitore di pelli

34 Lagerung — storing, storage — emmagasinage — almacenaje — magazzinaggio

35 Auktionator – auctioneer — vendeur public — rematador — venditore all'asta

36 Auktionskatalog — catalogue of sale — catalogue

de vente publique — catálogo de remate (de venta) — catalogo dell'asta (di asta)

01 Bieter, Bewerber — bidder — offrant, enchérisseur — postor — offerente

02 Gebot — bid — offre, mise — oferta — offerta

03 Salzgeld - salting charges — frais de salage — derechos de salazón — spese di salatura

04 Los — lot — lot — lote — lotto, partita

05 zurückgezogenes Los — withdrawn lot — lot retiré — lote retirado sin vender — lotto ritirato

06 Posten — parcel — partie — lote, partida — partita

07 Sorte — class — sorte — clase, tipo, categoría — categoria, scelta

08 Gewichtsliste — weight list — liste de poids, bordereau — lista de peso — distinta pesi, nota pesi

09 Gewichtsklasse — weight class — catégorie de poids — categoría de peso — categoria di peso

10 Sortierer — sorter — classeur — clasificador — assortitore

11 Sortierung, Wahl - classification — classement, tri, choix — clasificación — assortimento, classifica, classificazione, scelta

12 Sortiment — assortment — assortiment, choix — selección — assortimento

13 reguläres Sortiment — straight selection — choix (classement) régulier — clasificación regular — assortimento regolare

14 ohne Sortierung — flat, without selection — tel quel, sans choix — tal cual, al barrer — a filo lungo, in monte

15 klassifizieren, sortieren — to classify, to grade — assortir, classer, trier — clasificar — classificare, assortire

16 Empfänger — receiver — receveur, réceptionnaire - recibidor — ricevitore

17 Empfang — receipt — réception — recibimiento, recepción — ricevuta

18 empfangen — to receive — réceptionner — recibir — ricevere

19 Häutehandel — hide and skin trade — commerce de cuirs verts (en poils, bruts) — comercio de cueros, de pieles — commercio delle pelli e cuoi, commercio di pelli in pelo

20 Häutespekulation — hide speculation — spéculation sur les cuirs — especulación en cueros — speculazione in pelli in pelo

21 Häutemakler — hide broker — commissionnaire en cuirs — corredor de pieles — mediatore in pelli, agente di commercio in pelli, commissionario di pelli

22 Zwischenhändler — middleman, intermediary — intermédiaire - intermediario, comisionario — intermediario

23 Häutespekulant — hide speculator — spéculateur en peaux — especulador en cueros — speculatore di pelli

24 Statistik — statistics — statistique — estadistica — statistica

25 Reklamation — reclamation — réclamation — reclamación — reclamazione

26 Häutevorrat, Häuteangebot — supply of hides — stock de cuirs et peaux — existencias en cueros — esistenza di pelli, disponibilità in pelli, pelli in offerta

27 Häuteterminbörse — hide futures exchange — bourse aux cuirs à terme — mercado a término de cueros — borsa a termine delle pelli

28 Schiedsgericht — court of arbitration — tribunal d'arbitrage — tribunal de árbitros, tribunal arbitral, arbitrio — tribunale d'arbitri

29 Arbitrage — arbitration — arbitrage — arbitraje — arbitraggio

30 erste Instanz — first instance — première instance — primera instancia — prima istanza

31 Arbitrageklausel — arbitration clause — clause d'arbitrage — cláusula de arbitraje — clausa di arbitraggio, clausola d'arbitraggio

32 Arbitrageregeln — rules of arbitration — règles d'arbitrage — reglas de arbitraje — regole d'arbitraggio

33 Arbitragekammer - board of arbitration — chambre d'arbitrage, cour d'arbitrage — cámara (corte) de arbitraje — camera d'arbitraggio, consiglio di arbitraggio

34 Arbiter, Schiedsrichter — arbitrator — arbitre — árbitro — arbitro

35 Berufung — appeal — appel — apelación — appello

36 Berufungskammer — board of appeal — cour d'appel — cámara (tribunal) de apelación — corte d'appello, consiglio di appello

37 Berufender — appellant — appelant — apelante — appellante

38 Internationale Gerbervereinigung — International Council of Tanners — Conseil International des Tanneurs — Consejo Internacional de Curtidores — Consiglio Internazionale dei Conciatori

39 Internationale Häutehändlervereinigung — International Council of Hide Sellers' Associations — Association Internationale de Négociants de Cuirs et Peaux - Asociación Internacional de Negociantes en Cueros — Associazione Internazionale dei Negozianti in Pelli

40 internationaler Kontrakt — international contract — contrat international — contrato internacional — contratto internazionale

41 Kontraktformular — contract form, form of contract — formule de contrat — formulario de contrato — modulo di contratto

01 internationale Lieferungsbedingungen – international conditions of delivery — conditions internationales de livraison — condiciones internacionales de entrega o de recibo — condizioni internazionali di consegna

02 Kontraktbeschreibung — contract description – description de contrat — descripción por o según contrato (del contrato) — descrizione contrattuale

03 Privatkontrakt — private contract — contrat privé — contrato particular — contratto privato

04 besondere Bedingungen – special conditions — conditions spéciales — condiciones especiales — condizioni speciali

05 Gesundheitszertifikat — sanitary certificate – certificat sanitaire — certificado sanitario — certificato sanitario

06 Herkunft — origin — provenance — procedencia — provenienza

07 Ablader — shipper — chargeur, expéditeur — exportador, cargador (el que embarca los cueros) — caricatore, speditore

08 Empfänger, Konsignatar — consignee — destinataire — destinatario — destinatario

09 Verschiffungshafen — port of shipment — port d'embarquement (d'expédition) — puerto de embarque — porto d'imbarco

10 Ankunftshafen — port of destination — port de destination (d'arrivée) — puerto de destino — porto di destinazione

11 Laderaum — ship's hold — cale — bodega, espacio cargable — stiva

12 verstauen — to stow — arrimer — estibar (estivar) — stivare

13 flach verstauen — to stow flat — entreposer à plat — estibar el cuero abierto en toda su extención, estibar llanamente (plano) — stivare orizzontalmente (in piano, piatto)

14 Stauen, Verstauung — stowage — arrimage — estiba — stivaggio

15 flach verschiffen — to ship flat — embarquer à plat (en vrac, en planche) — embarcar cueros en pilas saladas — imbarcare orizzontalmente (di piatto)

16 lüften — to ventilate — ventiler, aérer — ventilar — ventilare

17 Beiladung — other cargo – groupage – cargo junto, otro cargamento — altro carico, carico supplementare

18 garnieren — to use as dunnage – garnir, remplir, tapisser — usar los cueros en forma de tela para separar las pilas de otras cargas a bordo — stivare negli angoli della stiva

19 Markierung — marking — marquage — marcas, rotulación — marchettatura

20 eingetragene Handelsmarke — registered mark — marque déposée — marca registrada — marca depositata

21 Anhänger, Etikett — tag — marque, étiquette — marca — marca

22 Blechmarken — iron tags — médailles de fer — marcas de lata o de zinc — marchette metalliche

23 Bündel — bundle — paquet — atado, lío, fardo — pacco

24 mit Teerstricken gebündelt — tied with tarred ropes — ficelé avec des cordes goudronnées – atado con soga alquitranada — imballato con corda incatramata

25 Faß — cask — tonneau — barril, casco — barile

26 Muster, Probe — sample — échantillon — muestra — campione

27 Standard — standard — type — tipo — tipo, standard

28 Entwertung, Minderwertigkeit — depreciation, devaluation — dépréciation, dévalorisation — desvalorisación, despreciación en el valor, menosvalor, rebajado en su valor — svalutazione, deprezzamento, diminuzione del valore

29 entwertet — depreciated — déprécié — desvalorizado, de menos valor — deprezzato, svalutato

30 Minderwert — inferiority, lower quality — moinsvalue — menosvalor — devalorizzazione

31 durchschnittlich — average — en moyenne — en el pro-medio, al promedio — in media

32 Versicherung — insurance — assurance — seguro — assicurazione

33 Schaden — damage — dommage, préjudice, dégât — daño, defecto — danno

34 Havarie — average (damage) — avarie — avería — avaria

35 Seewasserschaden — seawater damage — avarie d'eau de mer — avería causada por agua del mar — avaria prodotta dall'acqua marina

36 Süßwasserschaden – fresh water damage — avarie d'eau douce — daños de agua dulce — avaria prodotta dall'acqua dolce

37 Dunst im Schiffsraum — sweat (of the ship's hold) — buée de cale — exhalaciones o humo en los vapores, producidos por la carga — sudore di stiva

38 Expertise — survey — expertise — pericia — perizia

39 Sachverständiger — expert — expert — perito, experto — perito, esperto

40 Vergütung — allowance — réfaction, rabais — bonificación, refacción, indemnización — abbuoni, bonifici

41 Franchise — franchise — franchise — tolerancia (en el peso) — franchigia

42 Beschlagnahme — requisition, seizure — saisie — embargo, secuestro, retención — sequestro, ritenimento

43 beschlagnahmen — to requisition, to seize — saisir — embargar, secuestrar, retener — sequestrare, ritenere

01 freigeben — to release — libérer, relâcher — despedir — sbloccare

02 Schiffahrtsgesellschaft — shipping company — compagnie de navigation — compañía de vapores — società di navigazione

II.

03 Lederherstellung
Manufacture of leather
Fabrication du cuir
Preparación del cuero
Fabbricazione del cuoio

1.

04 Gerberei
Tanning processes
Tannage
Curtimiento
Concia

a)

05 Weiche
Soaking
Reverdissage
Reblandecimiento
Rinverdimento

06 Gerber — tanner — tanneur — curtidor — conciatore

07 Lohgerber, Rotgerber — bark tanner — tanneur à l'écorce — curtidor — conciatore alla scorza

08 Chromgerber — chrome tanner — tanneur au chrome — curtidor al cromo — conciatore al cromo

09 Weißgerber — alum tanner, tawer — mégissier — curtidor en blanco, zurrador — conciatore in bianco (allume)

10 Sämischgerber — chamois leather dresser — chamoiseur — gamucero — conciatore di scamosciato

11 ungegerbt — untanned — non tanné — no curtido, no adobado — non conciato

12 gerben — to tan — tanner, passer en tan — curtir — conciare

13 Gerbung — tannage — tannage — curtimiento, curtición, curtimbre — concia

14 Gerberei — tannery — tannerie — tenería, fábrica de curtidos, curtiembre — conceria

15 Gerbanlage — tanyard — installation de tannage, terrain de tannage — instalación de curtiembre — impianto di concia

16 Wasserwerkstatt - beamhouse — atelier de travail de rivière — sección de ribera, taller de ribera — riparto di calce (riviera)

17 Einarbeitung — input — mise en travail — poner en trabajo — messa in lavorazione

18 weichen — to soak — tremper — poner en agua, reblandecer — rinverdire

19 die Weiche — soak — fosse à tremper — colada, pileta, noque — tino di rinverdimento

20 faule Weiche — putrid (rotten) soak — trempe pourrie, vieille trempe — baño viejo para reblandecimiento — acqua putrida (bagno putrido) di rinverdimento

21 Weichkasten — soak pit — fosse à tremper, cuve pour reverdissage — cuba para reblandecimiento — vasca di rinverdimento

22 Weichhaspel — soaking wheel — moulinet à tremper — aspa, molinete — aspo di rinverdimento

23 Weichwasser — soak liquor — eau de trempe — líquido para reblandecer - liquido di rinverdimento

24 Quellwasser — spring water — eau de source — agua de fuente — acqua di sorgente (fonte)

25 Brunnenwasser — wellwater — eau de fontaine ou de puits — agua de pozo — acqua di fontana o pozzo

26 Grundwasser — underground water — eau du sousol — agua subterránea — acqua del sottofondo (dell'aves)

27 Flußwasser — river water — eau de rivière — agua de río, agua fluvial — acqua di fiume

28 Regenwasser - rain water — eau de pluie, eau pluviale — agua de lluvia — acqua piovana

29 weiches Wasser — soft water — eau douce (non dure) — agua dulce (delgada) — acqua dolce (non dura)

30 hartes Wasser — hard (calcareous) water — eau dure — agua dura (cruda), agua calcárea — acqua dura

31 enthärtetes Wasser — softened water — eau adoucie (dont on a éloigné la dureté) — agua dulce, agua blanda, agua depurada — acqua raddolcita (di cui si è tolta la durezza)

32 Härte des Wassers — hardness (of the water) — dureté (de l'eau) — dureza (del agua) — durezza (dell'acqua)

33 Wasserenthärter — water softener — adoucisseur pour l'eau — depurador para las aguas — impianto per eliminare la durezza dell'acqua

34 Zufluß — flow — afflux — afluente — afflusso

35 Abwasser — sewage, effluent — eau résiduaire — aguas residuarias — acqua di rifiuto (di spurgo)

36 Klärbecken — settling tank — bassin de décantation — recipiente de decantación — vasca di decantazione

37 Gerberbaum — beam — chevalet de tannerie — caballete para tenería — cavalletto da conceria

38 Schabebaum — fleshing beam — chevalet de rivière — caballete de ribera — cavalletto per scarnare

39 Baumarbeiter - beamster — ouvrier d'atelier de rivière — trabajador del caballete, obrero (peón) de ribera — operaio che lavora sul cavalletto

40 Zuträger für Baumarbeiter — beam-handler — porte-chevalet — obrero que ayuda por el caballete, peón que coloca las pieles sobre el caballete —

aiutante per il lavoro di cavalletto

01 auf den Baum schlagen — to horse up — établir sur chevalet — poner sobre caballete — incavallettare, mettere sul cavalletto

02 auf dem Baum bearbeiten — to work over the beam — travailler au chevalet — trabajar en el caballete — lavorare sul cavalletto

03 strecken — to break — égraminer — estirar, purgar a mano (después del reblandecimiento) — distendere dopo il rinverdimento

04 Streckeisen — breaking iron - couteau à égraminer — estira, cuchillo sin corte para estirar — stira

05 Streckmaschine — breaking machine — machine à égraminer — máquina para estirar — macchina da distendere

06 entfleischen, auf dem Aas ausstoßen (Entfernung von Fleisch- und Fettresten auf der Haut durch Messerwalzen oder von Hand mit Schabeisen) — to greenflesh, to flesh (to remove the flesh and fat from the hide by means of a fleshing machine or, by hand with a fleshing knife) — trancher, écharner, décharner (enlever les restes de chair et de graisse au moyen d'un cylindre à lames ou à la main avec le couteau) — descarnar después del baño, descarnar (eliminación de residuos de carne y grasa por medio del cuchillo o de la máquina a descarnar) — scarnare in trippa (allontanare con cilindro a lame oppure con stira a mano, carne e sostanze grasse aderenti al rovescio della pelle)

07 Entfleischung — fleshing — écharnage — descarnado, operación de descarnar — scarnare

08 Entfleischmaschine — fleshing machine — machine à écharner, écharneuse — máquina para descarnar, descarnadora - macchina da scarnare, scarnatrice

09 Scherdegen — German spring flesher — tranchant flexible, couteau à écharner — hierro para descarnar, trinchante — ferro per scarnare, coltello da scarnare

10 abschaben (Entfernung noch vorhandener Fleisch- und Fettreste auf der Fleischseite) — to scrape off (to remove adhering flesh and fat from the flesh side) — racler, écharner (enlever les restes de chair et de graisse du côté chair) — raspar, pulir (sacar los residuos de carne y de la grasa al lado de la carne) — purgare meccanicamente, raschiare (allontanare carne e sostanze grasse al rovescio della pelle)

11 Schabeisen — fleshing knife — faux, couteau de rivière, couteau à écharner — cuchillo (luneta) para raspar — raschiatoio (ferro per scarnare), stira

12 scheren (Entfernen zu dicker Hautteile mit Maschine oder Scherdegen vor dem Spalten) — to shave on the flesh side (to remove parts of the hide which are too thick with a machine or fleshing knife before splitting) — trancher (enlever les parties trop épaisses de la peau à la machine ou avec le couteau avant de refendre) — recortar, igualizar, raspar el cuero de lado de la carne (recortar los cueros en sus partes de espesor desigual con cuchillo rodondo o la máquina) — rasare da carne (allontanare le parti troppo spesse della pelle a macchina od a mano prima della spaccatura)

13 Bock, Roß zum Überhängen der Häute — horse — tréteau, chevalet — caballete — cavalletto

14 abtropfen lassen — to drain, to sipe — égoutter — dejar gotear, escurrir — sgocciolare

15 kruponieren, crouponieren — to round, to crop — crouponner — cruponar, cortar crupones — tagliare in gropponi, gropponare

16 Werkmeister — foreman — contre-maître — maestro de obras, capataz — capo operaio

17 Chemiker — chemist — chimiste — químico — chimico

18 Techniker — technician — technicien — técnico — tecnico

19 Praktiker — practician — praticien — práctico — pratico

20 Laboratorium — laboratory — laboratoire — laboratorio — lavoratorio

21 Forschungsarbeit — research work — recherches — trabajo de investigación — lavoro di ricerca

b)

22 Äscher
Liming
Pelanage
Pelambre
Calcinazione

23 das Äschern - (Schwellen der Häute in Weißkalk-, Arsen-, Schwefelnatrium- usw. Bädern zur Lockerung der Haare) — liming, liming process (to swell the hides in a solution of lime, arsenic, sodium sulphide etc. in order to loosen the hair) — chaulage, pelanage (faire gonfler les cuirs dans des bains de chaux grasse, d'orpin, de sulfure de soude, etc. pour dépoiler) — pelado, tratamiento por la cal (hinchamiento del cuero por medio de baños de cal, arsénico, sulfuro de sodio etc. para destruir la base del pelo) — procedimento di calce, calcinazione, calcinatura (gonfiare le pelli in bagni di calce, arsenico, solfuro di sodio ecc. allo scopo di distaccare il pelo)

24 Äscher — lime, lime-pit — cuve à pelain — foso o cuba para pelambre o pelote — vasca da calce

25 äschern, kälken — to lime, to soak in lime, to steep — chauler, pelaner — pelar, encalar, tratar

por la cal — calcinare, incalcinare, mettere in calce
01 Äscherwerkstatt — lime yard — atelier de pelanage — lugar del pelado, taller de ribera — riparto di calce
02 Äschergrube — lime pit — pelain, fosse de chaulage — pelambre, pelote, foso de cal — fossa di calcinaio
03 Äscherfaß — liming tub — tonneau de chaulage — trujal — botte da calce
04 Äscherhaspel — lime wheel — coudreuse de chaulage — pelambre con agitador movido por un juego de ruedas — calcinaio meccanico
05 Aufschlaghaspel — lime reel — chaulage mécanique, cuve à couvercle — molinete para trasladar las pieles a otro lugar, molinete transporte — aspo per trasporto in calce
06 Äscherzange — tanners' tongs — pince, tenailles — pinzas (tenazas) para coger las pieles — tenaglie per calcinai
07 Kalkäscher — lime pit — pelain (fosse) à chaux — cuba para pelar con cal — calcinaio di calce
08 Äscherkalk — lime, slack lime — plamée, pelain, chaux — cal, pelambre — calce per calcinaio
09 Äscherbrühe, Äscherflüssigkeit, Kalkmilch — lime liquor, milk of lime — lait de chaux — baño de apelambrado, lechada de cal, baño de cal — liquido del calcinaio, latte di calce
10 Schwefelnatriumäscher — sodium sulphide lime — pelain au sulfure — pelambre de sulfuro — calcinaio al solfuro
11 Arsenäscher — arsenic lime — pelain à l'orpin — pelambre con arsénico — calcinaio all'arsenico
12 milder Äscher — mellow lime — pelain gris — suave del pelambre, pelambre suave — calcinaio dolce
13 den Äscher abschwächen — to mellow — adoucir — hacer suave, suavizar — addolcire, ammorbidire
14 den Äscher verbessern, anschärfen — to mend, to sharpen — renforcer le pelain, ajouter — reforzar, mejorar — rinforzare (un liquido)
15 frischer Äscher — live pit, strong lime, new (fresh) lime liquor — pelain frais ou vif — pelambre fresco, nuevo, vivo (reciente) — calcinaio fresco (nuovo)
16 alter (fauler) Äscher, Stinkäscher — stale lime, old lime liquor — pelain vieux — pelambre usado, pútrido, viejo — calcinaio putrido, usato
17 grauer Äscher — mellow lime liquor — pelain gris — pelambre gris — calcinaio vecchio
18 toter Äscher — dead lime — pelain mort, usagé — pelambre muerto — calcinaio usato
19 gebrauchter (schwacher) Äscher — used lime — pelain usé, usagé — pelambre viejo — calcinaio usato, debole
20 Äschergang — round, shift (liming) — train de pelain, train de cuves — las diferentes fases de los noques, turno — andamento del calcinaio
21 den Äscher aufziehen, aufschlagen (Übertragen der Häute von einer Äschergrube zur anderen) — to handle, to draw (to transfer the hides from one pit to another) — recouvrir, lever le pelain (passer les peaux d'un pelain à l'autre) — sacar (remover) los cueros en la pileta (remover o transportar mecánicamente los cueros de un noque o foso al otro) — maneggiare (alzare ed abbassare, sollevare le pelli dalle fosse) (togliere le pelli da una vasca di calce e metterle in un'altra)
22 aus den Gruben ziehen — to haul — retirer de la fosse — retirar de pileta — tirar fuori (levare) dalle fosse
23 Nachäscher — pit in which the skins are placed after unhairing — pelain dans lequel on met les cuirs après les avoir ébourrés — pelambre usado después de la depilación — calcinaio usato dopo la depilazione
24 quellen, schwellen — to swell, to plump — gonfler — hinchar en el remojo — gonfiare
25 entquellen, verfallen machen — to deplete, to fall — faire retomber, faire dégonfler, abattre — deshinchar, eliminar la humedad excesiva — abbattere
26 aus dem Kalk falzen — to shave out of the limes — drayer sur chaux, dérayer en tripe — raspar en estado verde — rasare in trippa
27 Sohllederäscherung im warmen Wasser — liming in warm liquor, buffalo liming — chaulage rapide à l'eau chaude, pelanage du cuir à semelle à l'eau chaude — procedimiento de pelambre en agua caliente, método de Búfalo — calcinazione rapida per cuoi da suola con acqua calda
28 die an Rahmen hängenden Häute bewegen — to rock — agiter les peaux suspendues à des cadres — mover las pieles colgadas — muovere in calce le pelli sospese
29 Hängeäscher — suspender, suspending vat, rocker — cuve à accrocher — cuba de colgar — calcinaio in sospensione
30 Krücke — plunger — agitateur, bouloir — batidor, paleta — agitatore
31 aufkrücken — to plunge up — bouler — remover la lechada de cal — rimescolare il calcinaio
32 Dreiäscherverfahren — three pit system — pelanage à trois bains — procedimiento de tres noques, pelambre a tres baños — procedimento a tre tinaggi
33 Kalk löschen — to slake, to slack — éteindre de la chaux — apagar la cal — spegnere la calce

01 schwöden (Anstreichen mit Schwefelnatrium zur Lockerung der Haare) — to paint (to give the hides and skins a coating of sodium sulphide in order to loosen the hair) — enchaussener, passer de l'enchaux sur la peau, badigeonner (étendre du sulfure de soude sur les peaux pour dépoiler) — badurnar para apelambrar (para apelambrar con más facilidad se ponen al lado de la carne una papilla de lechada de cal y sulfuro de sodio) — trattare con pasta depilante, allattare (spalmare il rovescio delle pelli con un impasto di solfuro allo scopo di distaccare il pelo)

02 Kalkbrei, Schwödebrei – lime-paste, paint — pâte de chaux, enchaux, pâte d'enchaussenage — pasta para pelar, pasta de cal, lechada de cal—pasta di calce (impasto di latte di calce e di solfuri da applicarsi col metodo di allattamente)

03 schwitzen (Erhitzen der Häute und Felle durch Aufstapeln im nassen Zustand zur Lockerung der Haare) — to sweat (to heat the hides and skins by piling them in a damp condition in order to loosen the hair) — mettre en échauffe, échauffer (échauffer les cuirs et peaux à l'état humide par mise en pile pour dépoiler) — sudar, recalentar (recalentar las pieles, apilandolas en estado húmedo para que se afloje el pelo) — sudare, riscaldare (per depilare) (riscaldare le pelli umide mettendole le une sopra le altre allo scopo di distaccare il pelo)

04 Kaltwasserschwitze — cold-sweat, cold sweating — échauffe à l'eau froide — fermentar en agua fría —riscaldo ad acqua fredda

05 Dampfschwitze — steam sweat, steam sweating — échauffe à la vapeur — sudamiento por vapor, sudadero a vapor — riscaldo a vapore

06 mit Dampf schwitzen — to stale — mettre en échauffe à la vapeur — sudar con vapor, sudar por medio de calor — riscaldare a vapore

07 Schwitzkammer — sweat pit, sweating room — échauffe, étuve — cámara (estufa) para sudar las pieles, estufa para fermentación de las pieles — camera per trattamento a riscaldo

08 durch unsachgemäßes Schwitzen hervorgerufene Zerstörung der Narbenschicht der Haut — frieze — destruction de la fleur par une échauffe exagérée — destrucción de la flor por calor excesivo — distruzione del fiore per eccessivo riscaldo

09 nachfleischen— to reflesh – écharner après chaulage, second écharnage — descarnar después del pelambre — riscarnare

10 ausstoßen (den Schmutz und Fetteile bei Schaf- und Lammfellen) — to slime — dégraisser, nettoyer — desengrasar (purgar) pieles lanares — ripulire dal grasso, sgrassare

c)

11 Enthaaren und Spalten
Unhairing and splitting
Ebourrage et refente
Depilación y división
Depilazione e spaccatura

12 Enthaarung — unhairing, depilation, depilating, rough-shearing (sheepskins) — ébourrage, dépilage, épilage, dépoilage — depilación, peladura — depilazione

13 enthaaren — to depilate, to unhair — ébourrer, dépiler, dépoiler, épiler, débourrer — depilar, pelar — pelare, levare il pelo, depilare

14 entwollen — to dewool, to fellmonger, to pull the wool — délainer — deslanar, desborrar, pelar, sacar la lana — depilare, delanare, slanare, togliere la lana

15 Haarbaum — unhairing beam — chevalet de rivière — caballete — cavalletto da pelare

16 Haareisen, Haarmesser, Putzmesser — unhairing knife, hairing knife — couteau à ébourrer — cuchillo para depilar (para peladura a mano), esquiladora — coltello da pelare (da depilare, per togliere i peli)

17 Enthaarmaschine — unhairing machine — machine à ébourrer — máquina depiladora, máquina para pelar — macchina tosatrice, macchina da pelare

18 Haarwaschmaschine — hair washing machine, burring machine — machine pour laver les poils — máquina para lavar pelo — macchina da lavare il pelo

19 Haartrockenapparat — hair dryer — appareil à sécher les poils — aparato para secar pelos — apparecchio da prosciugare i peli

20 Putzmesser zum Entfernen der Grundhaare — short hair knife — couteau à raser la fleur, couteau à dépoiler — cuchillo para quitar las raíces de los pelos, hierro para sacar la raíz del pelo — stira da purgare (togliere il fondo)

21 Köpfe und Beine abschneiden — to trim — couper les têtes et les pattes, enlever au couteau les têtes et les pattes — recortar, cortar las patas y cabezas — rifilare

22 reinmachen, mit dem Schlicker bearbeiten — to sleek, to sleak — étirer, façonner, décrasser — limpiar, raspar, trabajar con la estira — pulire, nettare, purgare a mano con la stira

23 Reinmachstein — slate, sleeker — étire — piedra para lisar — pietra da lisciare o purgare

24 spalten (Zerlegen dicker Häute in Ober- und Unterschicht mittels der Spaltmaschine) — to split (to

divide hides and skins of stout substance into layers by means of a splitting machine) — refendre (couper les peaux épaisses en deux couches au moyen de la refendeuse) — aserrar, hender, dividir (división de los cueros por la máquina de dividir, en el sentido de su grosor, formando dos o más hojas, la parte exterior o de la flor y la parte interior de la carne o la costra) — spaccare (dividere pelli pesanti in due strati: uno superiore, l'altro inferiore per mezzo di macchina a spaccare)

01 Nacken spalten (Abspalten der dicken Nackenteile) — to neck (to reduce to a uniform substance the neck portion of a hide) — refendre (baisser) les têtes, refendre les collets (refendre les parties plus épaisses de la nuque) — igualar el pescuezo, adelgazar las cabezas (eliminar las partes demasiado gruesas del pescuezo, conforme al espesor del cuero) — lisciare, assottigliare il collo, spaccare (abbassare le teste) (togliere con la spaccatura le parti grosse del collo e della testa)

02 den Narben spalten (Sämischgerberei) — to frize off the grain — effleurer en refendant, enlever la fleur — desflorar, quitar el grano, sacar la flor — sfiorare, spaccare da fiore

03 gespaltene Haut — split hide — peau refendue — piel serrada — pelle spaccata

04 der mittlere Teil beim zweimaligen Spalten — middling, middle split — croûte intermédiaire — costra intermediaria — crosta intermedia

05 Spaltmaschine — splitting machine — machine à refendre - máquina aserradora, máquina de dividir o hender - macchina spaccatrice, macchina da spaccare

06 Spaltmesser — splitting knife — lame à refendre, lame fixe de machine à refendre — cuchillo de aserrar o dividir — lama circolare per spaccatrice

07 Bandmesserspaltmaschine — bandknife splitting machine — machine à refendre à couteau ruban — máquina guillotina para aserrar y cortar bandas, máquina de dividir con sierra sin fin — macchina da spaccare con coltello a nastro

08 Bandmesser — bandknife — couteau ruban — hachuela, doladera — coltello a nastro, lama a nastro

09 Kalbskopfspaltmaschine — calf head splitting machine — machine à refendre les têtes de veaux — máquina para dividir las cabezas de ternera — macchina da spaccare le teste di vitello

10 Spaltmesserschleifmaschine — grinding lathe, bandknife grinding machine — chariot affûteur — máquina para afilar las hojas para dividir — macchina per molare il nastro della macchina spaccatrice

11 Schleifstein — grindstone, whet stone — grès, pierre à aiguiser, meule — piedra de afilar, piedra amoladera, piedra de esmeril — mola, pietra da affilare, da molare

12 schleifen, wetzen, schärfen — to whet — aiguiser, affiler, affûter — afilar, amolar — affilare

d)

13 Beize
Bating
Déchaulage
Purga
Purga

14 entkalken — to delime — déchauler — desencalar, eliminar la cal — levare la calce, decalcificare

15 beizen (Entfernung von Äscherresten, gleichzeitig Lockerung der Haut vor der Gerbung) — to bate, to puer, to drench, to bran (to remove remaining lime and at the same time render the hide more pliable before tanning) — mettre en confit, déchauler, confiter, passer au confit (enlever les restes de pelain et ramollir en même temps la peau avant le tannage) — macerar, purgar (eliminar la cal y las impurezas del pelambre, también reblandecer las pieles antes de curtir) — purgare (chimicamente) (eliminazione dei residui di calce, contemporanea disintegrazione delle fibre prima della concia)

16 Beize aus Hühner- oder Taubenmist — hen (chicken) or dove (pigeon) dung bate, grainer, bate — confit de fiente de poulet ou de pigeon — mordiente o purga de gallina o paloma (confite de estiércol), confite de gallinaza, de palomina — purga allo sterco di gallina o piccione, macerante

17 Hühnermist, Hühnerkot — chicken dung, hen manure — fiente de poules — estiércol de gallina, gallinaza — sterco di pollame

18 Taubenmist — pigeon dung (manure) — fiente de pigeons — estiércol de paloma, palomina — sterco di piccione

19 Hundekot — dog manure, dog dung — crotte de chien — estiércol de perro, estiércol canina — sterco di cane

20 Hundekotbeize — dog puer (dung bate) — confit de crotte de chien — mordiente, confite de canina, purga de excrementos de perros — purga chimica (escrementi di cane), macerante di sterco di cane

21 Vogelmistbeize — bird dung bate — confit de fiente d'oiseaux — confite de excrementos de pájaros — macerante di sterco d'uccelli

22 Kleienbeize — drench — confit au son — mordiente o purga de salvado fermentado, baño de afrechillo — purga di crusca

23 im Kleienbad beizen — to bran, to drench — con-

fire au son — dar baño de afrechillo — purgare alla crusca
01 in der Beize verfallen — to fall, to come down, to bring down, to pull down — tomber, abattre dans le confit — deshinchar, abatirse, hacer perder al cuero su tensión y rigidez por medio de la purga — abbattere in purga
02 abschäumen der Beize — to skim — écumer — sacar la espuma — schiumare (togliere la schiuma)
03 umschlagen (Beize) — to turn — tourner — descomponerse — inacidire
04 Schwarzbeize — turned bate — confit tourné — purga invertida (descompuesta) — purga deteriorata
05 Beizbütte (für Kleienbeize) — drench pit — bac (cuve) à confit — tina para macerar o purgar — tina da purga alla crusca
06 Beiztrommel — bating drum — turbulent à confit, tambour à déchauler — fulón o batán para purgar — botte da purga
07 Beizhaspel — puering paddle — coudreuse à confit — molinete (tina con agitador) para macerar — aspo da purga
08 Blöße (enthaartes und gebeiztes Fell) — pelt — peau dépilée — piel depilada, piel o cuero in tripa — pelle purgata e depilata
09 Falzen nach der Beize — bate shaving — dérayage après confit — raspar después de purgar — rasare dopo la purga
10 glätten, ausstreichen, stoßen mit dem Stein (Reinigen des Narbens von Grundhaaren, Äscher- und Beizresten) — to scud, to clean, to slate, to stone, to jack (to remove from the grain the hair roots and remaining lime and bate) — lisser, passer à la pierre, façonner à la pierre, décrasser (enlever le mortpoil, pierrer, nettoyer la fleur des restes de chaux) — alisar, limpiar, pulir, alisar con la piedra, estirar (limpiar la flor de pelitos y vello, de residuos de pelambre y de los mordientes) — lisciare, purgare, lisciare con la pietra (ripulire il fiore togliendo i bulbi del pelo nonchè dei residui di calce e di macerante)
11 Streicheisen — scudding knife — couteau de fleur, couteau à couler, à façonner — cuchillo para trabajar la flor — coltello per lavorare da fiore
12 niederländisches Streicheisen — clipper — couteau hollandais — cuchillo para trabajar la flor, estira holandesa, hierro para limpiar la flor de la piel — tosatrice, stira olandese
13 Streichbaum — scudding beam — chevalet de façonnage — caballete — cavalletto
14 Glättstein — slating stone pierre à façonner, cœurse — estirador, piedra de alisar — pietra da lisciare (da pulire)
15 Glättmaschine — slating machine — machine à lisser, lisseuse, machine à façonner (à dérider) — máquina para alisar, máquina para estirar y alisar, alisadora — macchina per lisciare
16 Glätteisen — slate knife, slater — étire — cuchillo para alisar, estira — stira da lisciare
17 nachstreichen – to rescud — refaçonner — pulir otra vez — ripassare col coltello
18 Schmutz, Schleim — scud — crasse — mocosidad — fondo (sudiciume che si toglie con la purga)
19 spülen, abspülen — to rinse — rincer — lavar, purgar, enjuagar — lavare, sciacquare, risciacquare
20 Spülung — rinsing — rinçage — el lavado, la enjuagada — sciacquatura, lavatura
21 pickeln (Behandlung der Häute mit Salz und Säure — to pickle (to treat the hides and skins with salt and acid) — saler, pickler, mettre au piclage (traitement des peaux au sel et à l'acide) — picklar (tratamiento de los cueros con sal y ácido) — piclare, picklare (trattamento delle pelli con sale e acido)
22 entpickeln (Behandlung der gepickelten Häute mit einer überschüssigen kohlensauren Kalk enthaltenden Kochsalzlösung) — to depickle (to treat pickled hides and skins with a solution of salt containing an excess of calcium carbonate) — dépickler (traitement des peaux picklées avec une solution de sel contenant un excédant de carbonate de chaux) — eliminar la salazón ácida (tratamiento de los cueros salmuerados con una solución de sal comuna con un agregato de carbonato cálcico) — depicklare (trattamento delle pelli picklate con una soluzione di sale)
23 1. Pickelbad (Lösung von Schwefelsäure und Kochsalz) — rising solution — premier picklage — primer baño (picklaje) (solución de ácido sulfúrico y sal) — bagno di acido solforico e cloruro di sodio
24 2. Pickelbad — falling solution – deuxième pickle — segundo baño (picklaje) (picklaje con acción deshinchante) – bagno abbattente, bagno di picklaggio
25 verfallen machen — to deplete, to fall — faire dégonfler, abattre — deshinchar — abbattere

e)

26 Gerbung
Tanning
Tannage
Curtición
Concia

27 pflanzliche Gerbung — vegetable tannage — tannage végétal — curtición vegetal — concia vegetale
28 Eichenlohgerbung — oak bark tannage — tannage à l'écorce de chêne — curtición de corteza de encina – concia alla scorza di rovere (corteccia di quercia)

01 mit Lohe gerben — to bark tan — tanner à l'écorce — curtir con aserrin (casca) — conciare alla scorza
02 Grubengerbung – pit tannage — tannage aux fosses — curtición en fosos o noques — concia in fossa
03 Gerbgrube — tanning pit — fosse à tanner (à tan), cuve à tan — noque, foso — fossa da corteccia, tina da scorza
04 Versatz – layer – couche (poudre, écorce) – cambio, recambio, poner las pieles en noques entre capas de materias curtientes — strato
05 Versenkgrube – lay away pit — fosse à tanner — sumidero (algunas veces de cambio), noques para curtición – fossa da concia
06 Lohgrube — tan pit — fosse (à tan) — foso — fossa per conciare a scorza, tino per scorza
07 versetzen, versenken — to lay away — mettre en fosse — poner en noques y trasladar, poner en pileta — mettere in fossa
08 die Gruben abtränken — to fill the tan-pit with liquors — faire boire, abreuver les fosses — llenar las piletas — immettere il liquido conciante nelle fosse
09 Holzrohr zum Fortleiten der Gerbbrühe — liquor chute, pump log — conduit en bois pour le transport des jus de tannage — tubo de madera para trasladar los jugos — condotto di legno per travaso di liquido conciante
10 Pfaffen — pipe in the corner of the vats for filling and emptying — tuyau en bois pour tirer le jus de la cuve remplie de cuirs — canal de tubo de madera en uno de los ángulos del noque o foso, por el cual se introducen los jugos taninos — tubo in legno per togliere il sugo del tino riempito di cuoio
11 Lohhut — cover of the layers — couverture de fosse — capa de aserrín, tapa — copriconcia, copertura degli strati
12 Rührstange, Krücke — plunging pole — agitateur, bouloir — batidor, paleta, palo, revolvedor, agitador — agitatore, bastone da rimescolare
13 aufkrücken — to plunge up — bouler — remover — rimescolare
14 aufziehen — to mount — retirer — cambio de baño, de asiento — togliere dalla fossa
15 ausziehen aus den Sätzen — to haul, to draw out — retirer (de la fosse) — sacar cueros de los noques — tirar fuori (levare) dalle fosse
16 das Leder mit Lohe bestreuen — to dust with bark — saupoudrer — cubrir el cuero con tanino, cubrir de aserrín — spargere con scorza
17 Extraktgerbung — extract tanning — tannage à l'extrait — curtición con extracto tanino — concia all'estratto
18 eindicken, extrahieren — to boil down, to concentrate — évaporer, concentrer, épaissir — evaporarse, concentrar, condensar, espesar, concretar — evaporare, concentrare, condensare evaporando, ispessire
19 Extrakt, Auszug — extract — extrait — extracto — estratto
20 auslaugen, ausziehen — to extract, to leach, to lixiviate — extraire, lessiver, épuiser, détanner — extraer, lijiviar — estrarre, esaurire un bagno
21 Auslaugen — leaching — extraction — lijiviación, extracción — esaurire il liquido tannico, liscivazione
22 Auslaugbottich — leach, leach-pit, tap — cuve à lessiver — cuba o tina para lijiviación — tino per estrazione del conciante dalla scorza, tino per lisciviare la scorza
23 Auslaugvorrichtung – extractor — extracteur — instalación para lijiviación o extracción — estrattore, apparecchio per estrazione di tannino
24 Faßgerbung — drum tannage — tannage au tonneau (au foulon) — curtición (curtimbre) al batán o fulón — concia al bottale, concia in botte
25 Gerbfaß, Gerbtrommel — tanning tumbler — foulon à tanner, tambour en bois pour tanner — tambor para curtir — turbulento, bottale da concia
26 Walkfaß — drum, drumtumbler — foulon, turbulent — tambor, tambor de batanar — tamburo, botte, turbulento, bottale per ammorbidire
27 Walkwürfel, Broschierwürfel — fulling-cube, faller-box — turbulent — cubo de batán, turbulente — turbulento
28 walken — to tumble, to mill — fouler — batanar las pieles, amollecer — ammorbidire, bottalare
29 das Walken — drumming, stocking, milling — foulonnage, foulage — batanar — bottalare
30 das letzte Walken — milling off — appointage — el último batáneo — l'ultima bottalatura
31 im Walkfaß fallen — to drop in the drum — tomber, abattre, retomber — deshincharse, abatirse la piel en la soba — abbattere in botte
32 haspeln — to paddle — mouliner, coudrer — curtir en tinas con agitador — muovere coll'aspo
33 Haspel — reel, paddle wheel — moulinet, coudreuse — tina o cuba (molinete) con agitador, molino revolvedor — aspo
34 Handhaspel — hand reel — coudreuse à main — molinete a mano, agitador — aspo a mano
35 Haspelgefäß — paddlevat — cuve à moulinet — vasija (tina) con molinete — vasca per aspo
36 Kurbelwalke — crank stock, faller stock — moulin à fouler — batán a nivela (de cigueña) —

botte da follare, bottale a caduta

01 Kübel — pail — seau, baquet — balde, cubeta — secchio

02 aufschlagen, bewegen — to shift, to handle, to take the hides from the vats — monter, lever, relever les cuirs, recouvrir — mover, remover las pieles, sacar los cueros de la pileta para apilar — maneggiare (alzare ed abbassare i tinaggi), sollevare

03 angerben, anfärben — to colour, to set the grain — colorer, teindre, mettre en couleur — dar el color de fondo, principiar en teñir (en curtir) — dare il colore di fondo, tingere in concia

04 Farbengang — colour suspenders, colour pits — marche de la teinture, passerie, basserie — pilas o cubas de colorido — periodo di tintura, andamento di tintura

05 Hängefarbe — suspending-vat — cuve à suspension — tina de inmersión (de suspensión) — tinaggio per sospensione

06 Angerbefarbe — colouring pit (vat) — cuve de mise en couleur — tina para la curtición previa — tina di colorazione

07 durchgegerbt — tanned through, thoroughly tanned — teint dans toute l'épaisseur, tanné à fond — acabado de curtir, curtido a fondo — passato di concia

08 nachwalken — to restock — refouler — batanar una segunda vez — ribottalare

09 nachgerben — to retan — retanner — recurtir, volver a curtir — riconciare

10 mit Sumach nachgerben — to retan with sumach — baigner en jus de sumac, sumaquer — recurtir con zumaque — rimontare con sommacco, riconciare al sommacco

11 sumachgar — sumach tanned — tanné au sumac — curtido al zumaque — conciato al sommacco

12 Leder beschweren — to weight — charger le cuir — cargar, aumentar el peso del cuero — caricare, appesantire (adulterare)

13 gerbsauer — tannic — tannique — tánico — acido tannico

14 Gerbsäurelösung — solution of tannic acid — — solution d'acide tannique — solución de ácido de tanino, solución de tanino — soluzione di acido tannico

15 Gerbsäuremesser — tannometer — tannomètre — pesatanino, aparato para graduar el tanino — barcometro, tannometro

16 nichtsaure Gerbung — non-acid tannage — tannage sans acide — curtido no acedado — concia non acida

17 zubessern — to better, to improve — améliorer, renforcer — mejorar, reforzar — aggiungere, rinforzare

18 sättigen — to saturate — saturer — saturarse — saturare

19 Entfernen von überschüssigen Gerbstoffen und Fett durch schwache Alkali- oder Seifenlösungen — to strip — décolorer — labrar las pieles aplicandolas una solución de álcali o jabón para eliminar materias curtientes o grasientas que sobran — togliere l'eccesso di concia, sgrassare

20 Hemlock- und Eichenrindegerbung — Union tannage (American) — tannage américain — curtido Union (con pino hemlock y encina) sistema americano — concia americana (hemlock e scorza di rovere)

21 Hemlock-Gerbung – hemlock tannage — tannage à hemlock — curtición Hemlock — concia al Hemlock

22 Valonea-Gerbung — Valonia tannage — tannage à la valonée — curtición con valonea — concia alla vallonea

23 gemischte Gerbung (Gerbung mit verschiedenen Gerbstoffen, auch Chrom und vegetabilisch nacheinander) — combination (mixed) tannage (tanning with mixed vegetable tanning materials or with chrome followed by vegetable tannage) — tannage mixte, combiné (tannage avec des tannants divers ou tannage au chrome et tannage végétal successif) — curtición mixta, combinada (curtir con diferentes materias curtientes, también al cromo y vegetabil sucesivamente) — concia mista (concia con concianti diversi anche cromo e vegetale in successione)

24 Dongola-Gerbung (gemischte Gerbung mit Alaun und Gambier) — Dongola tannage (mixed tannage with alum and gambier) — tannage dongola (tannage mixte: alun et gambier) — curtición Dongola (curtimbre combinada con gambir y alumbre) — concia Dongola (concia mista allume e gambier)

25 Chromgerbung — chrome tannage — tannage au chrome – curtido al cromo, curtición a cromo — concia al cromo

26 Einbadgerbung — one-bath process, single bath process — procédé à un bain — procedimiento de un solo baño, curtición en un solo baño — procedimento a un bagno

27 Zweibadgerbung — two bath process, double bath process — procédé à deux bains — procedimiento de dos baños, sistema de dos baños — procedimento a due bagni

28 1. Bad beim Zweibadverfahren — chromic acid bath – premier bain (fond) — primer baño en el procedimiento de dos baños, baño previo, baño de ácido crómico — primo bagno nella concia al cromo a due bagni

29 2. Bad (Reduktionsbad) — hypo bath, reducing bath — bain d'hypo, bain de réduction — el segundo baño, baño de reducción en el procedimiento de dos

baños — bagno di iposolfito

01 entsäuern — to wash out the acids from the leather — désacidifier — desacidar, purgar — disacidare

02 neutralisieren — to neutralize — neutraliser, désacidifier — neutralizar, eliminar el ácido — neutralizzare, disacidare

03 Weiß- oder Alaungerbung — alum tanning, tawing — tannage à l'alun, mégisserie — curtición en blanco, con alumbre — concia all'allume

04 weißgerben, weißgar machen — to taw — passer en mégis, mégisser, mégir, aluner — curtir en blanco (al alumbre) — conciare all'allume

05 Weißgerberei — alum tannery — mégisserie — megisería, fábrica de badanas — conceria all'allume

06 weißgare Haut — alum tanned hide — peau en blanc — piel curtida en blanco — pelle conciata all'allume

07 Kidgerberei — kidleather works — tannerie de chevreaux — curtiembre de cabritillas — conceria di capretti

08 Handschuhleder mit Eigelb behandeln — to egg — passage au jaune d'œuf de peaux de ganterie — recurtir con yema de huevo — trattare con giallo d'uovo

09 Handschuhleder broschieren, reinigen — to whitewash glove leather before dyeing — purger les cuirs pour ganterie avant la teinture — limpiar los cueros para guantes antes de teñir — pulire le pelli per guanti prima di tingerle

10 nähren — to nourish — nourrir, remplir, faire ple n — nutrir el cuero, curtir en blanco con grasas y aceites etc. — nutrire, riempire

11 Nahrung, Emulsion (Weißgerbung) — emulsion — émulsion — emulsión, engrase, nutrido (curtido en blanco) — emulsione (fat liquor), ingrasso

12 nachgerben mit Eigelb — to re-egg — remégir au jaune d'œuf — un segundo curtimiento con yema de huevo — ripassare in giallo d'uovo

13 sämische Gerbung, Sämischgerberei (Gerbung mit oxydierenden Fetten) — chamois dressing (tannage with oxidising oils) — tannage à l'huile, chamoiserie (tannage aux huiles oxydantes) — gamucería, curtimbre con aceite (curtición con aceites oxidantes) — scamosceria, concia all'olio (concia con grassi ossidanti)

14 sämischgerben — to oil, to chamoise — chamoiser, passer en chamois — gamuzar — scamosciare (conciare all'olio)

15 Fettgerbung — oil tannage — chamoiserie, chamoisage — curtir con grasas, curtimbre con aceite, gamucería – concia grassa, scamosceria

16 Narbenspalt (Schafleder) — skiver, grain split — fleur — flor del cuero — fiore di montone, pelle di montone (pecora) spaccata

17 Sonnenbleiche, Rasenbleiche — sunbleach — blanchiment de gazon — blanqueo al sol — sbianchimento al sole

18 Bleiche mit Bleizucker und Schwefelsäure — lead bleach — blanchiment à l'acétate de plomb et à l'acide sulfurique — blanquear con azúcar de saturno y ácido sulfúrico, blanqueo a acetato de plomo y ácido sulfúrico — sbianchimento all' acetato di piombo ed acido solforico

19 Permanganatbleiche — permanganate bleach — blanchiment au permanganate — blanqueo con permanganato – sbianchimento al permanganato

20 sämische Leder nach dem Bleichen mit Seifenlösung behandeln — to tuck — traiter les peaux mégissées au savon — tratar los cueros agamuzados después de blanquearlos con una solución de jabón — trattare gli scamosciati col sapone

21 mit Säure gebleichte Leder mit Wasser auswaschen — to wash the leather after bleaching, to sweeten — rincer les cuirs après blanchiment — lavar pieles blanqueadas con agua para eliminar indicios de ácido — lavaggio di pelli sbianchite all'acido

22 aufhellen mit Säure — to sour, to tone down — blanchir, éclaircir — aclarar, blanquear el cuero con ácidos — schiarire con acido

23 abtönen — to tone off — teinter — sombrear cueros de color, matizar los colores — dare l'intonazione del colore

24 auswinden der sämischen Leder — to wring — tordre — torcer las pieles en el agamuzamiento, prensar — asciugare le pelli con la torcitura

25 Abfett — skimming — dégras — mezcla de aceite de pescado y ácido nítrico, dégras — degras, grasso di ricupero

26 mineralische Gerbung — mineral tannage — tannage minéral — curtición mineral — concia minerale

27 Eisengerbung — iron tannage — tannage au fer — curtición con hierro, curtido a sales básicas de hierro — concia al ferro

28 Schwefelgerbung — sulphur tannage — tannage au soufre — curtición al azufre — concia allo zolfo

29 Rauchgerbung — smoke tanning – tannage à fumée — curtimiento con humo — affumicamento

30 räuchern — to smoke — fumer — humear, fumigar — affumicare

31 Pergamentgerbung — parchment leather dressing — tannage en parchemin — curtido de pergamino — concia pergamena

32 Sackgerbung — bag tannage — tannage en sacs

— curtido (curtición) en sacos — concia in sacco

01 Schnellgerbung — quick (rapid) tannage — tannage rapide — curtición rápida — concia rapida

02 Leder lohgar (nicht zugerichtet), Leder in der Kruste — rough tanned leather, crust leather — cuirs tannés en croûte, cuir en croûte — cuero curtido crudo (no acabado), cuero curtido sin acabar — cuoio conciato greggio (in crosta)

03 Durchgerbezahl — degree of tanning — indice de tannage — graduación en el curtimiento — grado di concia

04 ablagern lassen, altern — to age — laisser reposer, laisser en piles — apilar, descansar, madurar — lasciar riposare

f)

05 Zurichtung
Dressing and finishing
Corroierie
Acabamiento
Rifinizione

06 ausrecken, aussetzen, ausstoßen (Glattstreichen des Narbens nach der Gerbung bzw. Färbung durch Glacierrecke oder Messerwalze unter gleichzeitigem Auspressen) — to set out, to strike out, to put out, to pin out, to flat the grain (to level the grain after tanning or dyeing by means of a striking out or setting out machine) — mettre au vent, essorer (à la machine), passer à l'étire, étirer (à la main) (étirer la fleur après le tannage ou après la teinture au moyen de l'étire ou d'un cylindre à lames; en même temps les cuirs sont pressés) — estirar, tender al viento, igualar la flor con la estira (alisado del grano después de curtir o de teñir, empleando la llamada estira de tender al viento, o la máquina para escurrir y estirar, prensando el cuero al mismo tiempo para eliminar el agua absorbida) — mettere al vento, lisciare il fiore, distendere, incollare sul tavolo (lisciatura del fiore dopo la concia o tintura mediante stira a filo smussato o macchina con cilindri a lame e contemporanea pressione)

07 Ausreckeisen, Schlicker – setting slicker, sleeker, sleaker — étire à mettre au vent — estira, cuchillo para estirar, estira de tender al viento — stira da mettere al vento

08 Ausreckeisen (dreikantig mit stumpfen Kanten) — pin — étire à tranche émoussée — hoja con los cortes rondeados — stira a filo smussato

09 Ausrecktisch — striking out table — table de mise au vent — tablero (mesa) para el trabajo de estiramiento – tavola da distendere (da mettere al vento)

10 Ausreckmaschine — setting out machine, striking out machine — machine à mettre au vent, machine à essorer, essoreuse — máquina para dar viento (para estirar) — macchina da mettere al vento, mettitrice a vento

11 aufsetzen, plattieren (GlattstreichenderFleischseite oder des Narbens nach der Gerbung bzw. Färbung durch Glacierrecke oder Messerwalze) — to set, to plate (to level the flesh side or grain side after tanning or dyeing by means of striking or of a setting out machine) — passer à la plaque, plaquer (étirer la chair ou la fleur après le tannage ou après la teinture au moyen de l'étire ou d'un cylindre à lames) — planar, alisar la parte de la carne (alisar la piel por el lado de la carne o de la flor después de curtido y colorido con la estira o con el cilindro a láminas) — placcare, incollare, appiattire, distendere (rendere il lato carne o il lato fiore liscio dopo la concia e colorazione per mezzo della stira o del cilindro a lame)

12 falzen (Entfernen von Unebenheiten auf der Fleischseite mit dem Falzmesser oder durch die Falzmaschine, solange die Haut gegerbt und nicht getrocknet ist) – to shave, to skive (to level the flesh side with a shaving knife or shaving machine, provided the hide is tanned and not dried) — dérayer, drayer (enlever les inégalités du côté chair avec le couteau à dérayer tant que la peau est tannée, mais pas encore séchée) — raspar, rebajar (labrar el cuero por el lado de la carne con la raspa o con la máquina a raspar para eliminar las desigualidades, el cuero todavia en estado humedo) — rasare (togliere le disuguaglianze di spessore sul lato carne delle pelli mediante stira a mano, oppure con la macchina rasatrice e ciò con la pelle conciata ma non ancora asciugata)

13 Falzer — shaver — dérayeur — el que hace el raspado de los cueros, obrero de raspar — rasatore

14 Falzgewicht — shaved weight — poids drayé — peso del cuero raspado — peso rasato

15 Bauch und Klauen falzen — to belly-shave — dérayer les flancs et les pattes — raspar vientre, garras y uñas, rebajar patas y faldas — rasare i fianchi e le zampe

16 nachfalzen, egalisieren — to flatten — dérayer de nouveau, égaliser — renivelar, rebajar, raspar una segunda vez — rifinire la rasatura, egualizzare con seconda rasatura

17 Falzbock — shaving beam — chevalet à dérayer — caballete de raspar — cavalletto da rasare

18 Falzplatte — beam-face — bois de chevalet à dérayer — parte superior del caballete de raspar — legno per cavalletto da rasatore

01 Falzmesser, Falzeisen — shaving knife, currier's knife — couteau à dérayer, lame de dérayeuse — cuchillo de raspar (de igualar) — lama per rasare, coltello da rasare
02 Falzeisen für schwere Häute — shaving slicker — couteau à dérayer les cuirs lourds — estira para cueros pesados — stira da rasare pelli pesanti
03 Faden des Falzmessers — thread of the shaving knife — fil (du couteau à drayer) — hilo de la estira — filo della lama dei coltelli da rasare
04 die Schneide des Falzes umlegen — to turn the edge of a currier's knife — redresser le fil — torcerse el hilo de la estira — voltare il filo della lama
05 Legstahl — currier's laying steel — fusil à retourner — acero para afilar el corte del hierro para blanquear — ferro per affilare
06 Klinge — blade — lame — hoja (de cuchillo) — lama
07 Falzmaschine — shaving machine — machine à dérayer, dérayeuse — máquina para raspar — macchina da rasare
08 fetten — to oil, to grease, to stuff — graisser, huiler — engrasar, sebar, ensebar, dar aceite — ingrassare
09 Talg einlassen — to impregnate with tallow — suiffer — hacer penetrar el sebo — far penetrare (far assorbire) il sego
10 schmieren — to tallow — graisser — sebar, engrasar con sebo, ensebar — ungere, ingrassare al sego
11 Lederschmiere — dubbin, stuffing — huile de baleine, dégras, enduit — aceite de ballena, mezcla de aceite de pescado y ácido nítrico, dégras — ingrasso per cuoio
12 schmieren mit der Hand — to hand-stuff — graisser (nourrir) à la main — sebar (engrasar) de mano (de muñeca) — ingrassare a tampone
13 im Faß schmieren — to drum-stuff — nourrir au foulon — engrasar al batán (al fulón) — ingrassare a caldo in botte
14 Schmierwalkfaß — stuffing drum — tonneau à mettre en suif — batán para engrase (para ensebar) — botte da ingrasso
15 einbrennen — to hot-stuff — graisser avec la suif chaude — engrasar con sebo caliente — ingrassare a caldo
16 Fettlicker — fat liquor — liqueur grasse — grasas, fat-liquor — emulsione, ingrasso
17 fettlickern, degrassieren — to fat-liquor — nourrir — engrasar, sebar, aplicar fat-liquor — ingrassare con emulsione
18 verseifen — to saponify — saponifier — jabonificar, saponificar — saponificare
19 Fett abstoßen — to sleek off — dégraisser — limpiar de grasa, desengrasar — ripulire dal grasso
20 Fettausstoßmaschine — grease jack — pièceuse — máquina para quitar la grasa superflua de los cueros para calzado — macchina per togliere l'eccedenza di grasso dalle tomaie
21 bei Seehund und Robbe das Fett abstoßen — to blubber, to remove the blubber — dégraisser à l'étire les peaux de phoque — amollecer las pieles de focas con el hierro para sacar la grasa — pelle di foca trattata con la stira per sgrassarla
22 die geschmierten Leder ablagern lassen — to lay away in grease — laisser en pile sur graisse — dejar descansar los cueros — lasciar riposare in grasso
23 entfetten — to degrease — dégraisser — desengrasar — sgrassare
24 blanchieren (Entfernen von Rauheiten auf dem Narben oder auch auf der Fleischseite mit dem Blanchiereisen oder der Blanchiermaschine am fertig gegerbten Leder) — to whiten (to remove roughness from the grain and also the flesh side with a whitening steel or whitening machine) — blanchir (enlever du cuir tanné les rugosités du côté fleur avec le couteau à blanchir ou à la machine à blanchir) — blanquear (eliminar del cuero curtido las rugosidades por el lado de la flor o por el lado de la carne con el hierro para blanquear o la máquina) — sbiancare, sbianchire (togliere la ruvidezza del fiore o della carne con la stira da sbianchire o con la macchina da sbianchire su pelli conciate)
25 Blanchierstahl — whitening steel — fusil à blanchir — acero para el filo del hierro para igualar la flor — lama da sbianchire
26 Blanchiereisen — whitening slicker — étire à blanchir — hierro para igualar la flor — stira da sbianchire
27 Blanchiermaschine — whitening machine — machine à blanchir — máquina para blanquear — macchina da sbianchire
28 Weißgerbermesser - whitener — couteau de mégissier — hierro del curtidor de gamuza — coltello per concia bianca, lama da sbianchire
29 den Narben abstoßen — to peel off, to degrain — repousser le grain — raspar el grano, desflorar — levare il fiore, sfiorare
30 färben — to colour, to dye — teindre — teñir, colorar — tingere
31 Färbung — dyeing, colouring — teinture — tintura, tinta — tintura
32 Färber — dyer — teinturier — tintorero — tintore
33 Färberei, Färbraum — dye-house — teinturerie - tintorería — tintoria
34 Farben mischen — to blend colours — mélanger les couleurs — mezclar los colores - mescolare i colori
35 Farbe auftragen - to coat — coucher, appliquer, re-

vêtir — dar una mano de color, aplicar color – applicare il colore (la tintura)

01 Farbüberzug – coat, coating — couche — apresto — copertura, appretto coprente

02 Färben mit der Bürste — to brush-dye — teindre à la brosse — procedimiento de teñir con cepillo, teñir con brochas — tingere a spazzola

03 färben auf der Tafel — to colour on the table — teindre à la table — teñir (colorar) sobre la tabla, teñir de muñeca — tingere sul tavolo

04 färben in der Mulde — to colour in the tray – teindre au baquet — teñir en tinas — tingere nel tino

05 Mulde, Trog — tray —baquet, auge — pilón, artesa, tina, pila — bacinella, tinozza

06 zusammenfalten zum Färben in der Mulde — to pleat — marier — doblar las pieles para teñirlas en la cuba, plegar, juntar — piegare le pelli per tingerle

07 Paaren in der Mulde — pairing — marier — moler dos y dos pieles juntas en la cuba, poner a dos, juntar los cueros — appaiare, accoppiare

08 färben im Walkfaß — to colour in the drum — colorer en tonneau — teñir al fulón, al batán — tingere in bottale

09 Farbfaß, Färbetrommel — dyeing drum — tonneau (foulon) de teinture — batán (fulón) para teñir — tamburo per tingere, botte da tintura

10 Färben in der Haspel — paddle dyeing — teindre dans la cuve ½ ronde à moulinet agitateur — teñir en tinas con agitador — tingere coll'aspo

11 Färbmaschine — dyeing machine — machine à teindre — máquina para teñir — macchina per tingere

12 Kufe, Bottich — tub — cuve, écuelle, jatte—cuba, tonel, tina — tino, tinozza

13 färben durch Eintauchen — to colour by dipping — teindre au trempé — teñir por inmersión — tingere per immersione

14 Färben durch Eintauchen — vat dyeing — teinture au baquet — teñido por inmersión — tintura per immersione

15 fassen (der Farben) — to bite, to take (of colours) — mordre, prendre — tomar color, colorarse, tomar el mordiente — mordenzare, fissare (i colori)

16 fixieren — to fix — fixer — fijar — fissare

17 beizen der Farbe — to mordant, to fix (striking of the colour) — mordancer — colorizar (colorear) con mordientes — tingere con colori mordenti, mordenzare dopo la tintura

18 beim Färben abdunkeln — to sadden — rabattre, obscurcir, foncer — oscurecer — oscurare (la tinta)

19 Farbleder flammen, sengen, schönen — to flame — remonter la couleur — subir de tono el color, colorear más fuerte — rimontare il colore

20 schwarze Leder auf der Fleischseite blau färben — to blue back, to blue the flesh side — teindre en bleu le revers des cuirs noirs, teindre sur chair le cuir noir — dar en la carne el fondo azul a los cueros a color negro — dare il fondo bleu alle pelli al cromo nere

21 schwärzen — to blacken — cirer, noircir — fondear de negro — annerire

22 nachfärben — to redye — reteindre — reteñir, recolorar — ritingere

23 nach dem Färben reinmachen — to smutt off, to clear off — décharger, nettoyer après teinture — limpiar el cuero después del teñido — ripulire dopo tintura

24 entfärben — to decolorize — décolorer — descolorar, quitar el color — levare il colore, descolorare, scolorire

25 naturfarbig — russet — de couleur naturelle — de color natural — di colore naturale

26 durchgefärbt — coloured through — teint dans toute l'épaisseur — teñido en todo su espesor — tinto in profondità

27 ausrecken, auswaschen — to scour — étirer, mettre au vent, retenir — lavar, limpiar — risciacquare

28 Ausreckmaschine, Auswaschmaschine — scouring machine — machine à étirer (à mettre au vent, à essorer, à retenir) — máquina para lavar y limpiar — macchina da risciacquare

29 Ausreckstein, Auswaschstein — scouring stone — pierre (ardoise) à étirer (à retenir) — estira de piedra — stira di pietra per risciacquare

30 Ausrecktafel, Auswaschtafel — scouring table — table à mettre au vent (à retenir) — tablero (mesa) para limpiar y lavar cueros — tavola per distendere e ripulire

31 abwelken (Antrocknen nach dem Färben oder Fetten) — to sam (to dry after colouring or fatliquoring) — aérer, sécher à demi, essorer (sécher un peu après la teinture ou le graissage) — mardular, secar a mitad, desecar, airear (desecar superficialmente después del colorido o del engrase) — asciugare (appassire), pressare (inizio della essicazione dopo la colorazione oppure dopo l'ingrasso)

32 Abwelkpresse — drying press — presse à essorer — prensa para escurrir — pressa per asciugare (da essicare)

33 Abwelkmaschine — samming machine — machine à essorer — máquina para escurrir el cuero, máquina para quitar la humedad al cuero — macchina da appassire, pressa

34 lüften — to air — aérer, éventer — ventilar, airear,

tender al aire — ventilare, dare aria

01 nageln — to tack — clouer — clavar sobre bastidores — inchiodare

02 spannen (Ausspannen der Haut zum Trocknen durch Nageln oder Spannschnüren) — to strain (to stretch the hide or skin on a frame with cord, nails or clamps) — cadrer, encadrer (étendre la peau par des clous ou des cordes pour la sécher) — colgar, clavar (extender o sujetar los cueros con claves o colgarlos o atarlos con hilo en los bastidores) — distendere, intelaiare, inchiodare (distendere la pelle per farla asciugare inchiodandola su telai o distendendola con legacci)

03 Spannrahmen — straining (stretching) frame — herse, cadre — bastidor, marco — telaio per inchiodatura (per distenditura)

04 trocknen — to dry — sécher — secar — essicare, asciugare, seccare

05 Trockenapparat — dryer — séchoir — secadero — essicatoio

06 Trockenboden — drying loft, drying shed — séchoir, grenier à sécher, sol à sèche — cámara para secar, secadero — essicatoio, solaio (camera) da essicare

07 auf der Stange trocknen — to pole-dry — sécher sur barres (perceaux) — secar sobre el palo, secar en perchas — asciugare sul bastone

08 auf Stangen aufhängen — to stick — accrocher ou mettre en baguettes — colgar sobre perchas — appendere su bastoni

09 kerntrocken — flint-dry, thoroughly dry — séché de fond — secado a fondo — secco a fondo

10 lufttrocken — air-dry, air-dried — séché à l'air — secado al aire — essicato all'aria

11 Luftbad — air-bath — bain d'air — baño de aire — bagno d'aria

12 anfeuchten — to moisten, to dampen — mouiller, tremper, humecter — humedecer, mojar — inumidire

13 Sägemehllager — sawdust room — atelier de mise en sciure — lugar (depósito) donde están los cueros en aserrín húmedo — locale dove il cuoio viene messo nella segatura umida

14 Chromleder in feuchte Sägespäne legen — to lay in sawdust — mettre les cuirs au chrome en sciure humide — poner en aserrín húmedo los cueros curtidos al cromo — mettere in segatura umida le pelli al cromo

15 bestreuen, sprenkeln — to sprinkle — arroser, répandre, saupoudrer — cubrir con polvos, rociar, salpicar — spandere, spruzzare, cospargere

16 die Leder dampf werden lassen — to temper — laisser boire leur eau (les peaux) — meter en vapor los cueros, apilar mojado antes de chagrinar — inumidire, lasciar inumidire

17 Wassergehalt, Feuchtigkeit — moisture content — humidité — humedad — umidità, umidità contenuta

18 Zurichtung (Zusammenfassung aller Arbeiten, um das fertig gegerbte Leder verkaufsfertig zu machen) — leather-dressing, currying, finishing (covers all processes necessary to render rough vegetable tanned leather saleable) — corroyage, finissage (ensemble de toutes les opérations pour finir le cuir tanné) — hacer el adobado, trabajo de acabado (tratamiento del cuero después de curtido, definición que comprende todos los trabajos para terminar el cuero y estar listo para la venta) — rifinitura, rifinizione (termine generico per tutte le operazioni per trasformare la pelle conciata in sostanza mercantile)

19 zurichten — to curry, to dress, to finish — corroyer — adobar, acabar — rifinire

20 Zurichterei — currying work — corroierie — taller de trabajo de acabado — rifinizione

21 stollen (Weichmachen durch Ziehen über eine scharfe Kante) — to stake (to make the leather soft by drawing it over a sharp edge) — palissonner (ramollir au moyen de la palissonneuse, assouplissement par passage sur une lame émoussée) — zurrar (ablandar los cueros pasandolos sobre una hoja de acero acutangulada) — palissonare (ammorbidire sfregando sopra uno spigolo affilato)

22 kniestollen — to knee stake — palissonner au genou — zurrar sujetando las pieles con las rodillas — palissonare sulla mezzaluna

23 handstollen — to hand stake — palissonner à la main — dar con la luneta, zurrar a mano — palissonare a mano

24 Stollpfahl, Stollbock — draw beam, stake — barre à palissonner, palisson — estira sobre palo para ablandar a mano — palo da palissonare, mezzaluna

25 Stolleisen — arm stake — lame de palisson — hoja de zurrar, cuchillo para ablandar los cueros — mezzaluna da palissonare

26 Stollkrücke — crutch stake — estrèque (palisson à main) — luneta (paleta) para ablandar cueros a mano — mezzaluna da palissonare a mano

27 Stollmaschine — staking machine — machine à palissonner — máquina para zurrar — macchina palissonatrice

28 nachstollen — to restake — repalissonner — zurrar una segunda vez — palissonare la seconda volta

29 Stollmehl — staking powder — poussière de palis-

sonnage — polvo de zurrar — polvere di palissonaggio
01 schlichten, Narbenfehler ausschlichten — to pare, to perch — drayer, lunetter, passer à la lunette, parer — raspar con la luneta, quitar los sitios defectuosos en el grano — rasare, lisciare, spianare, trattare con la stira
02 Ausschlichtmaschine — paring machine — machine à parer — máquina para zurrar — macchina da palissonare
03 Schlichtbaum — perch — paroir — caballete (palo o percha) para el trabajo de suavizar — cavalletto
04 Schlichtmond — moonknife, perching knife — lunette à palissonner — luneta para zurrar (hoja de acero con filo embotado) — lunetta da palissonare
05 Schlichtzange — tanner's pincers — pince à parer — pinzas para coger las pieles (para zurrar) — tenaglie da palissonare
06 Sohlleder walzen — to roll sole leather — cylindrer, lisser le cuir à semelle — cilindrar el cuero destinado a suelas — cilindrare il cuoio da suola
07 Walzmaschine — leather roller, rolling machine — machine à cylindrer — máquina para cilindrar — macchina per cilindrare
08 Karrenwalze — butt roller — chariot à rouler, rouleau à croupons, cylindre à chariot — carretilla — rullo o cilindro da pressare, cilindro a carrello
09 Pendelwalze — pendulum roller, sole leather roller — machine à pendule pour cylindrer, rouleau à pendule, rouleau à cuir à semelle — máquina a péndola para cilindrar, cilindro a péndola para cueros de suela — cilindro a pendolo, cilindro per cuoio da suola
10 hämmern — to hammer — marteler, battre — batir — martellare
11 Klopfhammer — leather hammer — marteau à battre les cuirs — martillo de batir los cueros — martello per battere il cuoio
12 ölen — to oil — huiler — engrasar — ingrassare, oleare
13 Lederöl — leather oil — huile à cuir — aceite para cuero — olio per cuoio
14 appretieren — to season (to size) — flancher, apprêter, lustrer, mettre l'apprêt (le brillant) — dar brillo (lustre, un apresto) al cuero, lustrar, abrillantar — apprettare, dar l'appretto, lucidare
15 Glanz — gloss, lustre — lustre — brillo, lustre — lucido
16 polieren — to polish — polir, lustrer, glacer — pulir, bruñir — lucidare
17 Appretiermaschine — seasoning machine — machine à apprêter — máquina para aplicar aprestos (dar apresto) — macchina da apprettare
18 erster Glanz, erste Appretur — bottom season — premier lustre — primer mano de brillo, primer apresto — primo appretto
19 letzter Glanz — top season — dernier lustre — dar el segundo brillo (el último apresto) — appretto superficiale, ultimo appretto
20 Glanzabkochung — preparation for seasoning, decoction of lustre — décoction du lustre — decocción del apresto — decozione di appretto
21 glatt zurichten — to plain (smooth) finish — finir en lissé — adobar liso, acabar liso — finire liscio
22 bügeln — to iron — repasser — planchar — stirare
23 satinieren — to glaze, to satine, to lay the grain — satiner, écraser le grain, glacer — satinar, aprestar el grano, glasear — satinare, spianare la grana
24 Satinglanz — satin glaze — satinage — brillo, lustre — satinato
25 Satiniermaschine, Glanzmaschine — pendulum jigger, glazing machine, polishing machine — machine à satiner (à glacer), satineuse — máquina para satinar (para sacar brillo) — macchina da satinare
26 einen Stoßglanz geben, glanzstoßen — to put a gloss on, to glaze — donner une main de lustre, lisser, lustrer, satiner — dar brillo, dar apresto brillante — lucidare a rullo o col vetro
27 Glanzstoßmaschine — glazing machine, glazing buck — machine à lisser — máquina para abrillantar — macchina per (da) lucidare
28 Achatrolle — agate roller — rouleau d'agate — rollo (cilindro) de agata — cilindro di agata, cilindro d'agata
29 Rolle aus Buchsbaum oder Pockholz — dummy (for glazing) — roulette en gaiac — rollo para alisar (hecho de madera de Guayaco o boj) — rullo di bossolo per lucidare, rullo di legno per satinare
30 Glanzstoßzylinder — glazing roller — cylindre à satiner — cilindro para abrillantar — cilindro (rullo) da lucidare
31 Glas zum Glanzstoßen — glazing glass — rouleau de lisse, boule de verre — bola de cristal, cilindro de vidrio — vetro per lucidare
32 abglasen — to glass — glacer — glasear — lucidare, satinare
33 Glasierglas — glass slicker — glace étire, étire en glace — estira de vidrio con manija para dar lustre al cuero — stira di vetro, vetro da stira
34 Glasiermaschine — glassing machine, glassing jack — glaceuse — máquina para glasear (para dar lustre) — macchina da lucidare
35 wichsen — to wax — cirer — encerar, embetunar — cerare, lucidare
36 Lederwichse — leather wax — cirage à cuir — cera o betún para cueros — cera per cuoio

01 Wichsbürste — blacking brush — brosse à cirer — brocha o cepillo para lustrar o aplicar negro — spazzola per lucidare (da cera)
02 bürsten — to brush — brosser — cepillar — spazzolare
03 Bürstmaschine — brushing machine — machine à brosser — máquina de cepillar, cepilladora — macchina da spazzolare
04 Ausreibebürste — finishing brush — brosse de finissage — cepillo de acabado — spazzola per rifinitura (da rifinire)
05 schleifen, bimsen, dolieren (Abschleifen von Rauheit auf der Fleischseite) — to fluff (to remove roughness from the flesh side) — dôler, poncer, effleurer, meuler (enlever les rugosités du côté chair au moyen d'une meule) — dar con piedra pomez, esmerilar, toscar — (quitar al cuero la aspereza al lado de la carne con la rueda de esmeril) — pomiciare, smerigliare, arrotare, vellutare (passare con ruota smeriglio dal lato carne per togliere la ruvidezza)
06 veloutieren, buffen (Abschleifen der Narbenseite der Haut, um dieselbe aufzurauhen) — to velour finish (to impart a velvet finish by slightly buffing the grain side of the leather) – velouter, poncer (meuler la fleur pour la rendre rêche, passer à l'émeri sur fleur) — aterciopelar, raspar para velour (hacer el trabajo por el lado de la flor para dar al cuero un aspecto de aterciopelado, esmerilar la flor) — vellutare (smerigliare il lato fiore della pelle per renderlo peloso)
07 Schleifmaschine, Doliermaschine, Bimsmaschine – buffing machine, fluffing machine — machine à poncer les cuirs, machine à dôler — máquina para pulir los cueros, esmeriladora — macchina per impomiciare (da pomiciare) le pelli, macchina smerigliatrice
08 Abnarbeisen — buffing slicker — étire à effleurer — hierro para desflorar — ferro per sfiorare, stira da sfiorare
09 Bimswalze, Dolierrad, Schleifzylinder — fluffing wheel — meule émeri — rueda (cilindro) para esmerilar — cilindro impomiciatore, smerigliatrice
10 Bimsstein — pumice, pumice stone — pierre ponce — piedra pomez — pietra pomice
11 Schmirgelscheibe – emery wheel — meule d'émeri — cilindro o rollo para esmerilar — mola (tamburo) a smeriglio
12 Schmirgelsteine — emery stones — pierres à émeri — piedras de esmeril — mole smeriglio
13 Schleifpapier — grinding paper — papier à polir — papel para afilar — carta da affilare
14 Schleifmaterial, Schleifmittel – grinding material, abrasives — matière à polir, substances abrasives — materiales (substancia) para afilar — materia arruotante (da affilare)
15 pantoffeln, krispeln, krausen, narben (Aufkrispeln des Narbens mit einem pantoffelförmigen Holz oder einer Maschine, um die natürliche Narbung der Haut wieder herzustellen) — to bruise, to board, to pommel, to grain, to toothroll (to board the grain side with a cork-board or machine in order to restore the natural grain) — rebrousser, grainer à la main, lièger, passer à la paumelle (travailler la peau avec un liège ou une machine pour faire ressortir le grain naturel de la peau) — granelar a mano con la pomela o margarita (para hacer resaltar el grano original se labra el cuero con un utensilio especial de madera en forma curva, llamado margarita o pomela) — pamellare, granire (far sollevare il fiore con un utensile di legno a forma curva oppure con una macchina)
16 handgenarbt — handgrained — grainé à la main — graneado a la mano — granito a mano
17 unter sich ziehen — to back-board — rebrousser — trabajo de alisar a mano — pamellare verso di se
18 aufkrausen — to grain up — faire remonter le grain — rizar, granear, hacer resaltar el grano — granire a mano, far risaltare (sollevare) la grana
19 nachpantoffeln — to regrain — repasser à la paumelle, liègeage de finissage — dar con la margarita (granear) una segunda vez — granire la seconda volta
20 über vier Quartiere krispeln — to board (to grain) four ways — liéger ou grainer sur quatre quartiers — pasar la margarita en el sentido de la diagonal del cuero, en cuatro direcciones — pamellare (granire) in quattro direzioni
21 Pantoffelholz — pommel of cork, cork-board — paumelle, liège — pomela, margarita — pamella di sughero
22 Zahnholz, Karrierrolle — tooth-roller — bois à crisper, marguerite — margarita, rodillo rayado — rullo rigato
23 Krispelholz — graining board, pommel — liège à bras, paumelle, liège à main — pomela, margarita — pamella a mano (da granire)
24 Krispeltisch — graining table — table de liègeage — tabla o tablero para lijar o granear — tavola per zigrinare (da granire)
25 Krispelmaschine – graining machine — machine à chagriner (à rebrousser) — máquina para levantar el grano — macchina a zigrinare (da granire)
26 Krispelholz mit durchlöchertem Zinnbeschlag zum Krispeln von Seehundsfellen — gripper —

paumelle à tôle perforée pour l'assouplissage des peaux de phoque — pomela especial provista de una hoja de estaño agujerada, sirve para acabar pieles de foca — pamella con copertura di zinco forato

01 Pfirsichholz — peach wood — bois de pêcher — madera de pérsico — legno di pesco

02 Kammzug — graining comb — peigne à grainer — peine para granear — pettine da granire

03 Narbenrolle — grain roller — rouleau à grainer — rodillo de granear — rullo da granire (per il fiore)

04 Narbenpreßrolle — embossing roller — cylindre à presser la fleur, cylindre gravé pour impression — rollo para la impresión del grano, cilindro de granelar (grano artificial) — rullo per stampare la grana

05 narbenpressen — to emboss — presser — imprimir grano artificial — stampare la grana

06 Narbenplatte — embossing plate — plaque gravée pour impression — placa grabada para imprimir la flor — placca per stampare la grana

07 chagrinieren — to print, to pebble — chagriner — granelar, imprimir grano, chagrinar — zigrinare, sagrinare, stampare, granire

08 aufgepreßter Narben, Chagrin-Narben — pebble grain — grain chagrin — grano imprimido (artificial) — grana impressa (stampata), grana tonda

09 Chagrinierrolle — embossing (printing) roller — cylindre (rouleau) à chagriner — cilindro para chagrinar y granelar — cilindro a sagrinare (zigrinare), rullo da stampare la grana

10 Chagriniermaschine — pebbling machine — machine à chagriner — máquina para chagrinar, calandrias — macchina da granire

11 vergolden — to gild — dorer — dorar — dorare

12 versilbern — to silver — argenter — platear — argentare

13 bronzieren — to bronze — bronzer — broncear — bronzare

14 spritzen — to spray — pistoletter, vaporiser, mettre au pistolet — vaporizar, sopletar — spruzzare

15 grundieren — to bottom — donner la première couche, donner un fond — aplicar el fondo uniforme para teñido — applicare il fondo, dare il primo strato di vernice

16 Grund — daub — fond — fondo de pintura, base del color — verniciatura di fondo

17 Lackierfabrik — japanning works — usine de vernissage, vernisserie — lugar donde se efectúan el barnizado de cueros — fabbrica per verniciatura

18 Lackierraum — japanning room — atelier de vernissage — charolería, taller de barnizar — locale di verniciatura

19 Lackierofen — japanning stove — poêle pour vernisseur — estufa para charol — forno per verniciati

20 Lackkessel — japanning kettle — chaudière à vernis — caldera (recipiente) de charol — caldaia per vernice

21 lackieren — to japan, to varnish, to enamel — vernir — charolar, barnizar — verniciare

22 Lederlack — japan, enamel, varnish — vernis pour cuir — barniz para cueros — vernice per cuoio

23 mit Gummilösung bestreichen — to gum — gommer — aplicar una solución de goma, engomar — ingommare

24 Lackleder im Freien trocknen — to sun patent leather out of doors — séchage des cuirs vernis au plein air — secado de cueros barnizados al aire libre (al sol) — essicazione all'aperto di pelli verniciate

25 messen — to measure — mesurer — medir — misurare

26 Meßmaschine — measuring machine — mesureuse des cuirs — máquina para medir pieles o cueros — macchina da misurare, macchina misuratrice

27 Leder lagern — to store — conserver, emmagasiner — almacenar, tener en depósito — tenere in deposito, immagazzinare

28 Fertigleder — leather — cuirs, peaux fabriquées — cuero — cuoio

29 beschneiden — to trim, to square — découper — recortar, desgarrar — rifilare

30 Beschnitt, Beschneiden — trimming — débordage — recorte — ritaglio

31 wiegen — to weigh — peser — pesar — pesare

32 Stempel — stamp — marque — marca de la piel — marca

33 Vorrichtung zum Messen des Leders – leather gauge — mesureur d'épaisseur, compas d'épaisseur — mecanismo que registra el espesor de la piel — calibro per misurare lo spessore del cuoio

34 Lederdicke, Durchmesser — substance (thickness) of the leather — calibre — espesor (grosor) de la piel — calibro

35 Lederhandel — leather merchanting trade — commerce de cuir tanné — comercio de cueros (de curtidos) — commercio de conciato

36 Lohngerbung — tanning on commission, contract tanning — tannage à façon — curtición a contrato — concia per conto

37 lohngegerbte Häute — hides tanned on commission — peaux façonnées — cueros curtidos a contrato — pelli conciate per conto

38 Pelzfärberei — fur dyeing — teinturerie de fourrure — tintorería para pieles — tintoria di pelliccie

2.

01 Vegetabilische Gerbstoffe
Vegetable tanning materials
Matières tannantes végétales
Materias curtientes vegetales
Materie concianti vegetali

02 Rinden, Lohe — bark — écorce — corteza, casca — scorza, corteccia

03 entrinden, schälen — to strip, to peel — écorcer — descortezar, sacar la corteza — scorticare, levare la scorza

04 entborken — to ross, to bark — gratter, élaguer l'écorce — descortezar — scortecciare, scorticare, togliere la corteccia

05 Schälholz, geschältes Holz — barked wood — bois écorcé — leña descortezada — legno scortecciato

06 Schälbeil — barking axe — hache à écorcer — hacha para quitar la corteza, hierro para descortezar — ascia per scorticare, scure da scorticare

07 Rindenschäler, Schäleisen — bark peeling iron, spud — fer à écorcer — cuchillo para descortezar, hierro para descortezar — ferro per scorticare

08 Rindenschneider — bark cutter, bark chopper — hachoir à écorce — machete o máquina para cortar corteza — tagliatrice di corteccia

09 Mühle zum Zerkleinern der Lohe — bark grinding mill — moulin à tanin — molino para triturar materias curtientes — macina per materiali tannici, mulino da scorza

10 Lohbrechmaschine — bark breaker — moulin à casser l'écorce — máquina para cortar las cascas, trituradora de casca y corteza — spacca corteccia, frantoio per scorza

11 Lohmühle — bark mill — moulin à tan — molino para preparar materias curtientes — macina per concia, mulino da scorza

12 lohmahlen — to grind — moudre — moler, triturar — macinare

13 Lohschaufel — bark shovel — pelle à écorce — pala para la corteza molida (para aserrín) — pala da concia, badile da scorza

14 Lohspeicher — bark store — magasin d'écorces — almacén para guardar las cortezas, almacén de corteza o casca — magazzino delle cortecce (per la scorza)

15 Lohkorb — basket for tan — corbeille à écorce — cesta para tenería, canasta para el trasporte de aserrín — cesta per concia, canestro per la scorza

16 Lohnetz — tan net — filoche — red para las cascas (para aserrín) — rete per corteccia, staccio per scorza

17 Excelsiormühle — excelsior mill — moulin à tan Excelsior — molino Excelsior, trituradora de cascas „Excelsior" — molino da concia Excelsior, mulino da scorza Excelsior

18 falscher Boden — false bottom — double fond — fondo agujerado, doble fondo — falso fondo, doppio fondo

19 Filterglocke — filter bell — cloche à filtrer — filtro, campana para filtrar, recipiente para filtración — campana da filtro

20 Filterkerze — filter candle — bougie filtrante — bujía hecha de harina focil, que sirve para filtrar líquidos — filtro a candela, candela da filtro

21 Glockenmühle — keystone-mill — moulin à tan — molino para cortezas — mulino da scorza

22 Raspel — rasping machine, grater — râpe, broyeuse — raspa — raspa

23 Trethorde — hurdle — claie — palanca, nudo corredizo movido por pedal — scaffale

24 Lohpresse — spent tan press — presse à sécher la tannée — prensa para secar aserrín (la casca) — pressa per scorza spenta

25 Lohfeuerung — furnace for tan bark — foyer à tannée — horno para quemar materias curtientes usadas — fornace per bruciare la scorza usata

26 Stampfe — stamp — pilon — pilón o máquina para triturar o machacar — pillone, pistone

27 Lohofen — tan stove (furnace) — fourneau à tan — horno para quemar materias curtientes usadas — stufa da scorza

28 Brühpumpe — tan liquor pump – monte-jus, pompe à jus — bomba para jugos — pompa per liquidi concianti

29 Gerbstoffbestimmung — determination of tanning matter — dosage des matières tannantes — indicación del tanino — determinazione della sostanza conciante (del tannino)

30 Schüttelverfahren – shake method — méthode par agitation — método de agitación — metodo a scuotimento

31 grobe Lohe — coarse bark — regros — corteza molida gruesa — corteccia greggia

32 Korkschicht — corky layer — couche de liège — capa de corcho — strato di sughero

33 gebrauchte (ausgelaugte) Lohe — spent bark — tan épuisé — corteza usada — corteccia usata

34 Lohkuchen — tan cake — briquette de tan — briquetas de casca — formella di scorza da concia

35 Gerbrinde — tanning bark — écorce tannante — corteza curtiente — scorza conciante

36 gehackte Rinde — chopped bark — écorce hachée — corteza cortada en pedazos pequeños — scorza macinata

37 gemahlene Rinde — ground bark — écorce moulue — corteza molida — corteccia macinata

01 Eichenrinde — oak bark — écorce de chêne — corteza de encina (de roble) — scorza di quercia
02 Fichtenrinde — pine bark — écorce de pins — corteza de pino — scorza d'abete
03 Sommereiche, Stieleiche (quercus pedunculata, quercus robur) — common oak, European oak — chêne blanc, chagne, chêne à grappe — encina drile (pedunculada) — farnia, fargna, quercia comune
04 Traubeneiche, Wintereiche, Kohleiche (quercus sessiliflora, quercus robur) — common oak — chêne rouvre — roble — rovere
05 Roteiche (quercus rubra) common red oak — chêne rouge, rouvre — roble rojo — rovere
06 Zerr- oder Zirneiche (öst., russ., burgundische Eiche) (quercus cerris) — Turkey oak — cerre — encina austriaca, cerro — cerro
07 Woll- oder Flaumeiche (Krain, Adria) (quercus pubescens) — a type of oak which grows in Southern Europe – chêne-velu — roble peloso — quercia pelosa
08 Kermes- oder Scharlacheiche (quercus coccifera, quercus coccinea) — kermes oak, scarlet oak — chêne kermès, kerouche — coscoja, roble coccífero — quercia africana (coccifera)
09 Kastanieneiche (quercus prinus, quercus castanea) — chestnut-oak — chêne-châtaignier — roble prino — castagno-quercia
10 Spanische Eiche, quercus falcata — Spanish oak — chêne castillan, chêne ballotte, chêne à glands doux — encina con hojas falcadas, roble comun de España — quercia falcata
11 Steineiche, immergrüne Eiche (quercus ilex) — holm-oak, holly-oak, evergreen oak, live oak – chêne vert, chêne yeuse, yeuse — carrasco — leccio, elce, encina (quercia sempreverde)
12 Korkeiche (quercus suber) — cork-tree, cork-oak — chêne-liège — alcornoque — quercia da sughero, sughera
13 Lebenseiche (quercus virens) — live oak — chêne de la Caroline — encina virginia — quercia della vita
14 großfrüchtige Eiche (quercus macrocarpa) — mossy-cup oak — chêne à gros fruits — encina bellotera — quercia delle grandi ghiande
15 weiße Eiche (quercus alba) — white oak — chêne blanc — encina blanca — quercia bianca
16 Querzitronrinde (Rinde von quercus tinctoria) — quercitron bark — écorce de quercitron — corteza de quercitrón — corteccia di quercitrone
17 Rinde der Sommer- und Stieleiche — bark of the common oak — écorce de chêne blanc — corteza de la encina pedunculada y sesíflora — scorza o corteccia di quercia (farnia)
18 Rinde der immergrünen Eiche (Steineiche) — bark of the evergreen oak — écorce de chêne vert — corteza del roble — scorza o corteccia di leccio
19 Stammrinde der Kermes- oder Scharlacheiche — trunk bark of the kermes oak — écorce de chêne Kermès — corteza de la coscoja (del roble coccífero) — scorca di quercia africana
20 Wurzelrinde der Kermes- oder Scharlacheiche —the bark from the lower part of the trunk of the kermes oak or coppice oak — garouille (rusque = terme vulgaire) — corteza de las raíces de la coscoja — garouille, rusque
21 Rinde der Korkeiche — bark of the cork oak — écorce de chêne-liège — corteza del alcornoque — scorzetta, cortecciuola, rusca
22 Rinde in Bündeln — bark in bundles — écorces en bottes — corteza en atados — scorza in fasci, in fardelli
23 geschnittene Rinde — cut bark — écorçons—corteza cortada (corteza sana) — scorza frantumata, scorzone
24 Glanzrinde, Spiegelrinde, Rinde von 12—18 Jahren (bis 12 cm Stammdurchmesser) — a term for young oak-bark which is still smooth, of light colour and free from corky layer (12—18 year oak saplings) — taillis (15 à 25 ans) — corteza de la encina flor (15 a 25 años, hasta 12 centim. diametro del tronco) — scorza liscia, novella, di ceduo, cortecciuola di colore chiaro e senza incrostazioni sugherose (alberi da 12—18 anni, fino a 12 cm di diametro)
25 Borkenrinde, Rinde von älteren, borkigenStämmen (bis 24 cm Stammdurchmesser),Rauhrinde,Raitelrinde, überständige Rinde — bark from old mature trees (up to 24 cm thick) — surtaillis, écorce rugueuse — corteza gruesa (de la encina tronco grueso hasta 24 centim. diametro del tronco) (Hayuca) — scorza screpolata, vecchia sugherosa (da rami o tronchi sino a 24 cm di diametro)
26 Altholz- oder Grobrinde, rauhe Stammborke (dick, rauh, rissig) (über 24 cm Stammdurchmesser — bark from the foot of the trunks of old trees (over 24 cm thick) — écorce rugueuse (grossière) — descortezada vieja (gruesa y rajada) (más de 25 cm diámetro del tronco) — scorza rugosa, grossolana, corteccia di legno vecchio di più di 24 cm di diametro
27 Astrinde (Rinde von kleinen Zweigen) — twig bark — écorce de branchages (de jeunes taillis) — corteza del ramaje (de ramas jóvenes) — corteccia di rami
28 Fichte, Rottanne – pine, pitch-pine — pin, sapin —

abeto, pino — abete, abete rosso

01 Fichtenholz — red deal— bois de pin — leño (madera) de pino — legno di pino

02 Föhre, Kiefer (pinus) — fir — pinastre, pin — pino silvestre — pino

03 Aleppokiefer (pinus halepensis) — Aleppo-fir — pin d'Alep — pino de Alepo — pino d'Aleppo

04 Hemlockrinde — hemlock bark — écorce d'hemlock — corteza de Hemlock — corteccia di pino Hemlock

05 Malletrinde — mallet bark — écorce de mallet — corteza de Maleto — scorza di malletto

06 Mangrove, Wurzelbaum — mangrove — manglier, palétuvier — paletuvio, mangle — mangrove

07 Mimosa, Mimosenrinde, Wattlerrinde — mimosa, mimosa bark, wattle-bark — mimosa, écorce de mimosa — mimosa, corteza de mimosa — mimosa, corteccia di mimosa

08 Mimosenrindenextrakt, Wattlerrindenextrakt — mimosa extract, wattle-bark extract — extrait de mimosa — extracto de corteza de mimosa — estratto di mimosa

09 Scorza rossa (Borke von pinus halepensis) — scorza rossa — écorce rouge (écorce du pin d'Alep) — corteza roja (corteza de pino de Alepo) — scorza rossa (corteccia del pino d'Aleppo)

10 Snobarinde (Rinde von pinus halepensis) – snouba bark — snoba (écorce du pin d'Alep) — corteza de pino de Alepo — corteccia di pino d'Aleppo

11 Weidenrinde (Rinde von salix) — willow bark — écorce de saule — corteza de sauce — corteccia di salice

12 Erle (alnus) — alder — aune — aliso — ontano

13 Esche (fraxinus) — ash, ash tree — frêne — fresno — frassino

14 Buche, Rotbuche (fagus sylvatica) — beech, red beech — hêtre — haya — faggio

15 Ulme, Rüster (ulmus) — elm — orme — olmo — olmo

16 Haselnußbaum, Hasel (corylus) — hazel tree — noisetier — avellano — nocciuolo

17 Roßkastanie — horse-chestnut — marron d'Inde — castaña—ippocastagno

18 Pappel (populus) — poplar — peuplier — álamo — pioppo

19 Kastanienholz (Holz von castanea vesca) — chestnut-wood — bois de châtaignier — leño de castaño — legno di castagno

20 Kastanienholzextrakt, Kastanienholzauszug — chestnut extract — extrait de bois de châtaignier — extracto de leño de castaño — estratto di legno di castagno

21 Eichenholz — oak wood — bois de chêne — madera de encina — legno di quercia

22 Eichenholzextrakt — oakwood extract — extrait de bois de chêne — extracto de madera de encina — estratto di legno di quercia

23 Quebrachoholz (Holz von aspidosperma quebracho) — quebracho wood — bois de québracho — leño de quebracho — legno di quebracho

24 Quebrachoextrakt — quebracho extract — extrait de bois de québracho — extracto de leño de quebracho — estratto di legno di quebracho

25 Eichel — acorn — gland — bellota — ghianda

26 Eichelbecher — acorn cup — cupule de gland — cúpula — cupola della ghianda

27 Rove, Bassoragalle — Bassora gall nut, rove — rove — agallas de Basora — galle di Bassora, rove

28 Gallwespe — cynips, gall-fly — cynips — cinipso — cinipe

29 Gallapfel — gall-nut, oak-apple, oak-gall, nut-gall — noix de galle — nuez de agallas — noce di galla

30 Gallapfel (vor dem Auskriechen der Wespe gepflückt) — green gall — noix de galle verte — agalla verde — noce di galla verde

31 Valonea (Fruchtkelch von Eicheln) — valonia — valonée — valonea — vallonea

32 Knoppern (Galläpfel) — knoppern, galls, gall-nuts — knoppern — knoppern, agallas de encina — noci di galla

33 Hülse, Schote, Samenhülse — pod, seed-pod — cosse, gousse — cáscara, cascarilla — baccello, guscio

34 Dividivi — dividivi — divi-divi — dividivi — dividivi

35 Algarobilla — algarobilla — algarobille — algarrobilla — algarobilla

36 Bablah, Babul (Schoten von acacia arabica) — bablah — bablah — bablah, babul — bablah, babul

37 Myrobalanen, Myrabolanen — myrabolam, myrobalan, myrobalam – myrobalans — mirabolanos — mirobalani

38 Canaigre — canaigre — canaigre — canaigre — canaigre

39 Sumach (Blätter verschiedener Rhus-Arten) — sumac, sumach — sumac, bois de sumac — zumaque — sommacco

40 Sumachextrakt — sumac extract — extrait de sumac — extracto de zumaque — estratto di sommacco

41 Lentiskus (pistacia lentiscus) — lentisk — lentisque — lentisco — lentischio

42 Gambier, Gambir — gambier — gambier — gambir — gambir (sostanza astringente preparata con foglie di un arbusto orientale)

43 Katechu, Terra japonica — cutch, catechu — cachou — catecú — catechu, terra giapponica

01 Kino (der eingedickte Saft mehrerer Pterocarpus-Arten) — kino — kino — kino (goma) — kino (gomma astringente simile al caucciù)

3.

02 **Chemikalien und wissenschaftliche Ausdrücke**
Chemicals and scientific expressions
Produits chimiques et termes scientifiques
Productos químicos y términos científicos
Prodotti chimici e termini scientifici

03 in Teig — paste — en pâte — en pasta — in pasta
04 in Pulver — in powderform — en poudre — en polvo — in polvere
05 in Stücken — in pieces — en morceaux — en pedazos, a granel — in pezzi
06 in Schuppen, schuppig — shredded — en paillettes, écailleux — en escama, escamoso — in scaglie, squamoso
07 Analyse — analysis — analyse — análisis — analisi
08 Essigäther — acetate of ethyl, ethyl acetate — éther acétique — éter acético — acetato d'etile
09 Aluminiumazetat, essigsaures Aluminium — acetate of aluminium, aluminium acetate, acetate of alumina — acétate d'aluminium — acetato de aluminio, acetato alumínico — acetato d'alluminio
10 essigsaures Eisen — acetate of iron, iron acetate — acétate de fer — acetato de hierro — acetato di ferro
11 essigsaures Blei, Bleizucker — acetate of lead, lead acetate, sugar of lead — acétate de plomb — acetato de plomo — acetato di piombo
12 Essigsäure — acetic acid — acide acétique — ácido acético — acido acetico
13 Essigsäuregärung — acetic fermentation — fermentation acétique — fermentación acética — fermentazione acetica
14 Azeton — acetone — acétone — acetona — acetone
15 Säure — acid — acide — ácido — acido
16 sauer — acid — aigre, acide — ácido — aspro, acido
17 Säurebad — acid bath — bain acide — baño ácido — bagno acido
18 sauerziehender Farbstoff — acid dyestuff — colorant acide — colorante ácido — materie (sostanze) coloranti acide
19 ansäuern — to acidify, to sour, to acidulate — acidifier, aciduler — acidificar, acidular — acidificare, acidulare
20 Säuregehalt, Säuregrad — acidity, degree of acidity — acidité, degré d'acidité — acidez, contenido en ácido — acidità
21 Sauerbrühe — acid (sour) liquor — jusée aigre, jus aigre — baño ácido, jugo de corteza ácido — liquore acido, bagno conciante acido
22 Säurezahl — acid value — indice d'acide — número de ácido — grado d'acidità
23 Verfälschungsmittel — adulterant — adultérant — adulterante — adulterante
24 verfälschen — to adulterate — falsifier — adulterar, falsificar — adulterare
25 Eiweiß, Albumin — egg albumin (albumine, albumen), white of egg — blanc d'œuf, albumine — albúmina de huevo, albúmina — albumina, bianco d'uovo
26 eiweißartig — albuminous — albumineux — albuminoideo — albuminoide
27 Eiweißstoffe — albuminous matters — matières albuminoïdes — materias albuminoideas — albuminoidi
28 Pflanzeneiweiß — vegetable albumin — albumine végétale — albúmina vegetal — albumina vegetale
29 Alkali — alkali — alcali — álcali — alcali
30 alkalisch — alkaline — alcalin — alcalino — alcalino
31 kohlensaures Alkali — alkaline carbonate — carbonate alcalin — carbonato alcalino — carbonato alcalino
32 Alkalichlorid — alkaline chloride — chlorure alcalin — cloruro alcalino — cloruro alcalino
33 Erdalkali — alkaline earth — terre alcaline — tierra alcalina — terra alcalina
34 Erdalkalikarbonat — alkaline earth carbonate — carbonate-alcalino-terreux — carbonato de tierra alcalina — carbonato alcalino-terroso
35 Erdalkalisalz — alkaline earth salt — sel des bases alcalino-terreuses — sal de tierra alcalina — sale alcalino-terroso
36 Alkalisalz — alkaline salt — sel alcalin — sal alcalina — sale alcalino
37 Schwefelalkali, Alkalisulfid — alkaline sulphide — sulfure alcalin — sulfuro alcalino — solfuro alcalino
38 Alkohol — alcohol — alcool — alcohol — alcool
39 alkoholisch — alcoholic — alcoolique — alcohólico — alcoolico
40 alkoholische Gärung — alcoholic fermentation — fermentation alcoolique — fermentación alcohólica — fermentazione alcoolica
41 Alizarinfarbstoff — alizarine dyestuff — colorant d'alizarine — colorante de Alizarina — colorante d'alizarina
42 Alaun — alum — alun — alumbre — allume
43 Aluminium — aluminium — alumine — aluminio — alluminio
44 essigsaure Tonerde — aluminium acetate, acetate of alumina, alumina acetate — acétate d'alumine — acetato de alúmina — acetato di alluminio

01 schwefelsaure Tonerde, schwefelsaures Aluminium, Tonerdesulfat, Aluminiumsulfat — aluminium sulphate, sulphate of alumina, alumina sulphate, alum cake — sulfate d'alumine — sulfato de alúmina, sulfato de aluminio — solfato di alluminio
02 Alaunbrühe — alum solution — solution d'alun — baño (jugo) de alumbre — soluzione di allume
03 Ammoniak — ammonia — ammoniaque — amoníaco — ammoniaca
04 Ammoniakalaun — ammonia alum — alun ammoniacal — alumbre amoniacal — allume ammoniacale
05 ammoniakalisch — ammoniacal — ammoniacal — amoniacal — ammoniacale
06 Ammoniakflüssigkeit — ammonia solution, liquid ammonia — solution aqueuse d'ammoniaque — solución amoniacal — ammoniaca acquosa, liquido ammoniacale
07 Ammoniumbikarbonat, saures kohlensaures Ammon — ammonium bicarbonate — bicarbonate d'ammonium — bicarbonato amónico — bicarbonato ammonico
08 Ammoniumkarbonat, kohlensaures Ammon — ammonium carbonate — carbonate d'ammonium — carbonato amónico — carbonato ammonico, carbonato d'ammonio
09 Ammoniumchlorid, Chlorammonium, Salmiak — ammonium chloride, sal ammoniac — chlorure d'ammonium, sel ammoniac — cloruro amónico, sal amoníaca — cloruro d'ammonio, cloruro ammonico
10 Ammoniumnitrat, salpetersaures Ammon — ammonium nitrate — nitrate d'ammonium — nitrato amónico — nitrato ammonico, nitrato d'ammonio
11 schwefelsaures Ammoniak — sulphate of ammonia, ammonium sulphate — sulfate d'ammonium — sulfato amónico — solfato ammonico, solfato d'ammonio
12 Amylazetat, Birnöl, Fruchtäther — amyl acetate — acétate d'amyle — acetato de amilo, éter de frutas — acetato d'amile
13 Anilinfarbstoff, Anilinfarbe — aniline dye, aniline dyestuff — colorant d'aniline — colorante de Anilina — colorante d'anilina, colore d'anilina
14 Tierkohle, Knochenkohle — animal charcoal — noir animal — carbón animal — carbone animale
15 milchsaures Antimon — antimony lactate — lactate d'antimoine — lactato de antimonio — lattato d'antimonio
16 Brechweinstein — antimony potassium tartrate, tartar emetic — tartre émétique — tártaro emético — tartrato di potassio e d'antimonio, tartaro emetico
17 antiseptisch, fäulniswidrig — antiseptic — antiseptique — antiséptico — antisettico
18 fäulniswidrige Mittel, Antiseptikum — antiseptic — antiseptique — antiséptico — sostanza antisettica
19 Arsenik, Arsen — arsenic — arsenic — arsénico — arsenico
20 Arsensäure — arsenic acid — acide arsénique — ácido arsénico — acido arsenico
21 arsenhaltig — containing arsenic — arsenical — arsenical, arseniado — arsenicale
22 arsenige Säure — arsenious acid — acide arsénieux — ácido arsenioso — acido arsenioso
23 Asche — ashes — cendre — cenizas — cenere
24 Salpetersäure — nitric acid — acide azotique, acide nitrique — ácido nítrico — acido azotico, acido nitrico
25 Bauchspeicheldrüse — pancreas — pancréas — páncreas — pancreas
26 Berberitzensaft — barberry juice — jus d'épinevinette — extracto de agracejo — succo di crespino
27 Berberitze — barberry — berbéris, épine-vinette — agracejo, bérberis — crespino, berberi
28 Berberitzenwurzel — barberry root — racine d'épine-vinette — raíz de agracejo — radice di crespino, radice di berberi
29 Chlorbarium, Bariumchlorid — barium chloride — chlorure de baryum — cloruro de bario, cloruro bárico — cloruro di bario
30 schwefelsaures Barium, Bariumsulfat — barium sulphate — sulfate de baryum – sulfato de bario, sulfato bárico — solfato di bario
31 Barkometer, Brühmesser, Spindel — barkometer — barkomètre, pèse-jus — barkometro, pesa-taninos — densimetro
32 Gerste — barley — orge — cebada — orzo
33 Base (chem. Ausdruck) — base — base — base — base
34 basisch — basic — basique — básico — basico
35 basischer Farbstoff — basic dyestuff — colorant basique — colorante básico — colorante basico
36 Rindstalg, Rindertalg — beef fat, tallow — suif de bœuf — sebo de buey — sego bovino
37 Bienenwachs – bee's wax — cire d'abeilles — cera de abejas — cera d'api
38 Benzin — benzine, petrol — essence minérale — bencina — benzina
39 Quecksilberchlorid, Sublimat — chloride of mercury, mercuric chloride — sublimé corrosif, chlorure mercurique — cloruro de mercurio, sublimato — cloruro di mercurio, sublimato corrosivo
40 Kaliumbichromat, doppelchromsaures Kali — bichromate of potash, potassium bichromate (dichromate) — bichromate de potasse — bicromato

potásico, bicromato de potasa — bicromato potassico (di potassio)

01 Birkenöl — birch oil — essence de bouleau — esencia de abedul — olio di betulla, essenza di betulla

02 Birkenteeröl, Juchtenöl – birch tar oil, Russia oil — huile de goudron de bouleau — esencia de abedul — olio di betulla

03 Delphintran — black fish oil, bottle nose oil, dolphin oil — huile de dauphin — — aceite de delfín — olio di delfino

04 Schwärze (beim Lederlackieren), Schwarzlack, Schwarzstrich — black japan — vernis noir — barniz negro — vernice nera

05 Bleichmittel — bleaching agent — agent de blanchiment — productos para el blanqueo — sostanza chiarificante, mezzo per sbianchire

06 Bleichkalk, Chlorkalk — bleaching powder, chloride of lime — chlorure de chaux — cloruro cálcico, cloruro de calcio — polvere per sbianchire, ipoclorito di calcio

07 Blut — blood — sang — sangre — sangue

08 Frischblut — fresh blood — sang frais — sangre fresca — sangue fresco

09 Blutalbumin — blood albumen — albumine de sang — albúmina de sangre — albumina di sangue

10 Bleichextrakt — bleaching extract — extrait de blanchiment — extracto para blanquear — estratto per sbianchire

11 Brauntran — blubber — huile brune de poisson — aceite de pescado (pardo) — olio di pesce bruno

12 Kesselstein — boiler scale, fur — incrustations de la chaudière – incrustaciones de la caldera — incrostazioni della caldaia

13 Knochenöl — bone fat, bone grease, bone oil — huile d'os, graisse d'os — aceite de huesos — grasso d'osso, olio di piede di bue

14 Knochenleim — bone glue — colle d'os — gelatina de huesos — gelatina d'osso

15 Knochenmehl — bone meal — farine d'os — polvo de huesos, huesos pulverizados — farina d'osso, osso polverizzato

16 Borsäure — boracic acid, boric acid — acide borique — ácido bórico — acido borico

17 Borax — borax — borax — bórax — borace

18 Grund (Blauholzbrühe beim Schwärzen) – bottom — mordant (teinture) — pie de Campeche — colore di fondo (pretintura con ematina per dare il fondo nella tinta nera)

19 Kleie — bran — son — salvado — crusca

20 Weizenkleiebeize — bran drench — confit de son de froment — confite de salvado de trigo — macerante di crusca di frumento

21 Rotholz, Brasilholz — Brazil wood, red dye-wood — bois du Brésil, bois rouge — palo rojo del Brasil, palo del Brasil — legno del Brasile, legno rosso

22 Buttersäure — butyric acid — acide butyrique — ácido butírico — acido butirrico

23 Buttersäuregärung — butyric acid fermentation — fermentation butyrique — fermentación butírica — fermentazione butirrica

24 Cadmiumsalz — cadmium salts — sel de cadmium — sal de cadmio — sale di cadmio

25 Calcium — calcium — calcium — calcio — calcio

26 Calciumbikarbonat, saurer kohlensaurer Kalk — calcium bicarbonate — bicarbonate de calcium, bicarbonate de chaux — bicarbonato cálcico, bicarbonato de calcio — bicarbonato di calcio

27 saurer schwefelsaurer Kalk — calcium bisulphate — bisulfate de chaux — bisulfato de calcio — bisolfato di calcio

28 kohlensaurer Kalk — calcium carbonate — carbonate de chaux — carbonato de calcio, carbonato cálcico — carbonato di calcio

29 Chlorcalcium — calcium chloride — chlorure de calcium — cloruro cálcico — cloruro di calcio

30 schwefelsaurer Kalk — calcium sulphate — sulfate de chaux — sulfato de calcio — solfato di calcio

31 Calciumsulfhydrat — calcium hydrosulphide — sulphydrate de calcium — sulfhidrato de calcio — solfidrato di calcio

32 Blauholz, Campecheholz — Campeachy wood, logwood — bois de campêche — palo de campeche — legno di campeggio

33 Rohrzucker — cane sugar — sucre de canne — azúcar de caña — zucchero di canna

34 Karbolsäure, Phenol — carbolic acid, phenol — acide carbolique, phénol, acide phénique — ácido fénico, fenol — acido carbolico, fenolo, acido fenico

35 Pottasche, kohlensaures Kali, Kaliumkarbonat — carbonate of potash, potassium carbonate — carbonate de potasse — carbonato potásico, carbonato de potasa — carbonato di potassio

36 Kohlensäure, Kohlendioxyd — carbon dioxide, carbonic acid — acide carbonique – ácido carbónico, óxido de carbono — acido carbonico

37 Schwefelkohlenstoff — carbon disulphide — sulfure de carbone — sulfuro de carbono — solfuro di carbonio

38 Karnaubawachs — Carnauba wax — cire de Carnauba — cera Carnauba — cera Carnauba

39 Kasein — casein — caséine — caseína — caseina

40 Rizinusöl — castor oil — huile de ricin — aceite de ricino — olio di ricino

41 ätzend — caustic — caustique — cáustico — caustico

01 Ätzbaryt, Barythydrat — caustic baryta, barium hydrate — hydrate de baryum, baryte caustique, hydrate de baryte — hidrato de bario — idrato di bario, barite
02 Kalilauge — caustic lye of potash, potash lye — lessive de potasse caustique — lejía de potasa cáustica — lisciva di potassa, soluzione di potassa
03 Natronlauge — caustic lye of soda — lessive de soude — lejía de sosa cáustica — lisciva di soda
04 Ätzkali — caustic potash — potasse caustique — potasa cáustica — potassa caustica
05 Kitt — cement — mastic — mástic — mastice
06 Ceresin — ceresin — cérésine — ceresina — ceresina
07 Kreide — chalk — craie — creta — creta, gesso
08 Zinnchlorür, Zinnsalz — stannous chloride, chloride of tin, tin chloride — chlorure stanneux (stannique) — sal de estaño, cloruro estannoso — cloruro stannico (stannoso, di stagno)
09 Chlor — chlorine — chlore — cloro — cloro
10 Chloroform — chloroform — chloroforme — cloroformo — cloroformio
11 Cholesterin — cholesterin — cholesterine — colesterina — colesterina
12 Chrom — chrome, chromium — chrome — cromo — cromo
13 Chromalaun — chrome alum, chromium alum — alun de chrome — alumbre de cromo — allume di cromo
14 chromiertes Hautpulver — chromed hide powder — poudre de peau chromée — polvo de piel cromado — polvere di pelle cromata
15 Chromgerbeextrakt — chrome tanning extract — extrait tannant de chrome — extracto de cromo — estratto conciante di cromo (al cromo)
16 Chrombrühe, Chromlauge — chrome liquor — liqueur de chrome — jugo de cromo — liquore di cromo
17 Chromsalz — chrome salt, chromium salt — sel de chrome — sal de cromo — sale di cromo
18 Chromsäure — chromic acid — acide chromique — ácido crómico — acido cromico
19 Chromoxyd — chromic oxide, chromium oxide — oxyde de chrome — óxido de cromo — ossido di cromo
20 Chromchlorid — chromic chloride, chromium chloride — chlorure de chrome — cloruro de cromo — cloruro di cromo
21 Chromoxydhydrat — chromic hydroxide, chromium hydroxide — oxyde de chrome hydraté — hidróxido de cromo — idrato di cromo
22 Chromsulfat — chromic sulphate, chromium sulphate — sulfate de chrome — sulfato de cromo — solfato di cromo
23 Zinnober — cinnabar, vermilion — cinabre — cinabrio — cinabro
24 Zitronensäure — citric acid — acide citrique — ácido cítrico — acido citrico
25 klären — to clarify, to purify — clarifier, purifier — aclarar, clarificar, purificar, depurar — chiarificare, purificare
26 Cochenille — cochineal — cochenille — cochinilla — cocciniglia
27 Lebertran, Dorschlebertran — codliver oil, cod oil — huile de foie de morue — aceite de hígado de merluza (de bacalao) — olio di merluzzo, olio di fegato di merluzzo
28 Dunkeltran — dark brown cod oil — huile brune (noire) de poisson — aceite oscuro de pescado — olio di fegato di merluzzo scuro
29 Helltran — light brown cod oil — huile blanche (pâle) de poisson — aceite claro de pescado — olio di fegato di merluzzo chiaro
30 Blanktran — a pure cod oil of light-yellow colour — huile claire de poisson — aceite de pescado clarificado — olio di pesce chiaro
31 Kollodium — collodion — collodion — colodión, colodio — collodio
32 Kollodiumwolle — collodion cotton — fibres de collodion — algodón colodio — cotone collodio
33 Kolophonium — resin, rosin, colophony — colophane — colofonia — colofonia
34 Steinkohlenteeröl — coaltar oil — huile de goudron de houille — aceite de alquitrán de hulla — olio di catrame di carbone fossile
35 Farbe — colour — couleur — color — colore
36 Farbstoff, Pigment — colouring matter, dyestuff, pigment — colorant, pigment — colorante, pigmento — materia colorante, pigmento, colore
37 Erstarrungspunkt — congealing point, solidification point — point de congélation — punto de congelación — punto di congelamento
38 Kopallack — copal varnish — vernis au copal — barniz de copal — vernice coppale
39 Kupfervitriol, schwefelsaures Kupfer — copper sulphate, sulphate of copper, blue stone, blue vitriol — sulfate de cuivre, vitriol bleu — sulfato de cobre — vitriolo di rame, solfato di rame, vitriolo blu
40 Kernholz — core wood, heart wood — cœur du bois — corazón de la madera — cuore del legno, interno del tronco, midollo
41 Kork — cork — liège — corcho — sughero
42 Baumwollfarbstoff — cotton dye — colorant pour coton — colorante para algodón — colorante per cotone
43 Kottonöl, Baumwollsamenöl — cotton seed oil

— huile de coton — aceite de semillas de algodón — olio di cotone
01 Versteck, Versteckfarbe — covering colour — passement de refaisage — tina — fossa
02 Kreosot — creosote — créosote — creosota — creosoto
03 Kresotinsäure — cresotinic acid, cresotic acid — acide crésotinique — ácido cresótico — acido ossi-toluilico
04 Krotonöl — croton oil — huile de croton — aceite de crotón — olio di crotone
05 zerquetschen, zermalmen — to crush — écraser, moudre — triturar, machacar — macinare, schiacciare
06 Querschnitt — cross section — coupe (section) transversale — corte transversal — taglio (sezione) traversale
07 geronnene Milch, Quark — curd (milk) — lait caillé — leche cuajada, requesón — latte cagliato, latte giuncato
08 Eisenschwärze — currier's ink, iron black — noir de fer — negro de hierro — nero a base di sali di ferro
09 Entfärbungsmittel — decolorising agent — agent décolorant — producto decolorante — sostanza decolorante
10 Entkälkungsmittel — deliming agent — déchaulant — producto para desencalar — sostanza decalcinante (scalcinante)
11 vergällt (z. B. Häutesalz) — denaturised — dénaturé — desnaturado — denaturato
12 Enthaarungsmittel — depilating agent, depilator, depilitant,depilatory agent — agent d'épilage — producto depilatorio — sostanza depilante
13 Dextrin, Stärkegummi — dextrine, starch gum — dextrine, colle d'amidon — dextrina — destrina
14 Dextrose — dextrose — dextrose — dextrosa — destrosio
15 Digallussäure — digallic acid — acide digallique — ácido digálico — acido digallico
16 verdünnen — to dilute — délayer, diluer — diluir — diluire
17 substantiver Farbstoff — direct dyestuff — colorant substantif — colorante substantivo — colorante sostantivo (diretto)
18 auflösen, lösen — to dissolve — dissoudre — disolver — sciogliere
19 löslich — soluble — soluble — soluble — solubile
20 unlöslich — insoluble — insoluble — insoluble — insolubile (negli estratti concianti)
21 destillieren — to distil — distiller — destilar — distillare
22 Destillation — distillation — distillation — destilación — distillazione
23 Seehundstran, Robbentran — seal oil — huile de phoque — aceite de foca — olio di foca
24 Dorsch — cod — dorsch — merluza — merluzzo
25 trocknendes Öl — drying oil — huile siccative — aceite secante — olio essiccativo
26 Schmiere — dubbin — graisse — grasa — ingrasso
27 Kotbad — dung-bath — confit de fiente — baño de estiércol — bagno di sterco (di macerazione)
28 Kotbeize, Mistbeize — dung-bate — confit de fiente — confite de estiércol — macerazione con sterco
29 Streumittel — dusting material — poudre tannante — material curtiente molido — sostanza cospargente
30 Färbebad, Farbflotte — dye-bath — bain de teinture — baño de tintura — liquido (bagno) colorante
31 Farbholz — dye-wood, dyer's wood — bois colorant — leños tintóreos (colorantes) — legno colorante (tintoreo)
32 Farbholzextrakt, Farbholzauszug — dye-wood extract — extrait de bois colorant (bois de teinture) — extracto de palo de tinte, de leños colorantes (palos tintóreos), extracto de madera colorante — estratto di legno colorante (di tintura)
33 Ellagsäure — ellagic acid — acide ellagique — ácido elágico — acido ellagico
34 Ellagensäure — ellagitannic acid — acide ellagène-tannique — ácido elagitánico — acido ellagotannico
35 emulgieren — to emulsify — émulsionner — emulsionar — emulsionare
36 Bittersalz, schwefelsaure Magnesia, Magnesiumsulfat — Epsom salts, sulphate of magnesia — sulfate de magnésie, sel amer — sulfato de magnesio — sale inglese, solfato di magnesio
37 Äther — ether — éther — éter — etere
38 abdampfen, verdampfen — to evaporate — évaporer — evaporar — evaporare
39 Abdampfen, Eindampfen — evaporation — évaporation — evaporación — evaporazione
40 Ausziehen (z. B. von Gerbmitteln) — extraction — extraction — extracción — estrazione
41 fester Extrakt — solid extract — extrait sec — extracto sólido — estratto secco
42 flüssiger Extrakt — liquid extract — extrait liquide — extracto líquido — estratto liquido
43 Extraktivstoff — extractive matter — matière extractive — materia extractiva – sostanza estrattiva
44 gemischter Extrakt — blended extract — extrait mélangé — extracto mezclado — estratto mescolato
45 synthetische Gerbstoffe — synthetic tannins — tanins synthétiques — taninos sintéticos — tannini sintetici, prodotti concianti sintetici

01 unsulfitierter Gerbstoffauszug — unsulphited (ordinary) extract — extrait tannant insulfité — extracto tánico insulfitado — estratto conciante insolfitato
02 sulfitierter Gerbstoffauszug — sulphited extract — extrait tannant sulfité — extracto tánico sulfitado— estratto conciante solfitato
03 Tannin, Reingerbstoff — tannin — tanin — tanino — tannino
04 Gerbsäure — tannic acid — acide tannique — ácido tánico — acido tannico
05 Gerbstoffauszug, Gerbeauszug — tanning extract — extrait tannant — extracto curtiente — estratto conciante
06 gerbende Stoffe (in den Untersuchungsergebnissen) — tanning matter — matières tannantes — materias curtientes — materia conciante
07 Durchgerbungszahl (Lederanalyse) — degree of tannage (analysis of leather) — indice de tannage — índice de penetración— grado di penetrazione delle materie concianti
08 Fett, Schmiere, Schmierfett — fat, grease — graisse — grasa — grasso (miscela ingrassante)
09 Fettlicker, Fettschmiere, Fettbrühe — fat-liquor — huile grasse — baño (jugo) de grasa — ingrasso, miscela ingrassante
10 fettes Öl — fat oil — huile grasse — aceite graso — olio grasso
11 Fettsäure — fatty acid — acide gras — ácido graso — acido grasso
12 gesättigte Fettsäure — saturated fatty acid — acide gras saturé — ácido graso saturado — acido grasso saturo
13 ungesättigte Fettsäure — unsaturated fatty acid — acide gras non saturé — ácido graso no saturado — acido grasso non saturo
14 Gärungserreger, Gärungsmittel — ferment — ferment — agente fermentativo, fermento —fermento
15 Gärung — fermentation, fermenting – fermentation – fermentación – fermentazione
16 saure Gärung — acid (sour) fermentation — fermentation acide — fermentación ácida (agria) — fermentazione acida
17 faulige Gärung — putrid fermentation — fermentation putride — fermentación pútrida — fermentazione putrida
18 Gärung erregend — fermentative — fermentatif — fermentativo — fermentativo
19 Eisenoxydsalz — ferric salt — sel ferrique — sal férrica — sale ferrico
20 essigsaures Eisenoxydul — ferrous acetate, pyrolignite of iron — acétate ferreux, protoacétate de fer — acetato de hierro (ferroso), piroliñito de hierro — acetato ferroso (di ferro), pirolignite di ferro
21 Eisenoxydulsalz — ferrous salt — sel ferreux — sal ferrosa — sale ferroso
22 schwefelsaures Eisenoxydul, Eisenvitriol — ferrous sulphate, sulphate of iron, (iron copperas), green vitriol, protosulphate of iron — sulfate ferreux, vitriol de fer, sulfate de fer, vitriol vert – sulfato ferroso, sulfato de hierro — solfato ferroso (di ferro), vitriolo di ferro
23 Füller, Füllstoff — filler — charge — materia para rellenar — materiale per la lavorazione del cuoio, materia riempitiva
24 Filterverfahren — filter method — méthode par filtration — método de filtración — metodo per filtrazione
25 Fischöl, Tran — fish oil, train-oil — huile de poisson — aceite de pescado — olio di pesce
26 Versenklohe — fishings — tan de refaisage — casca — succo tannico da impiegarsi nelle vasche
27 gebundene Säure — combined acid, fixed acid — acide combiné — ácido combinado — acido combinato
28 Fixierungsmittel — fixing agent — agent de fixation — agente de fijación — sostanza (materia) fissante
29 Leinsamen — flaxseed — graine de lin — semilla de lino — semi di lino
30 Farbe, die nur mit Brühen angestellt wird — floater, handler — passement préparé seulement avec des jus — tina que se prepara únicamente con jugos — tina di colorazione
31 Bimsstaub — fluff — poudre de ponce — polvo de piedra pomez — polvere di pietra pomice
32 Formaldehyd — formaldehyde (formalin) — formaldéhyde — formaldehido — aldeide formica, formaldeide
33 Ameisensäure — formic acid — acide formique — ácido fórmico — acido formico
34 Talkum, Federweiß — French chalk, talc — talc — talco — talco
35 kältebeständiges Öl — frost resisting oil, cold test oil — huile incongelable — aceite incongelable, aceite resistente al congelamiento — olio incongelabile, olio resistente al freddo (al congelamento)
36 Visetholz, Fisettholz, Fustikholz (Holz von Rhus cotinus) — fustic — fustet — fustete — scotano, fustetto
37 Gelbholz (Holz von Morus tinctoria) — fustic, yellow wood, Cuba wood — bois jaune — palo amarillo — legno giallo, legno di Cuba
38 Gallussäure — gallic acid — acide gallique — ácido gálico — acido gallico
39 Gallussäuregärung — gallic fermentation — fermentation gallique — fermentación gálica — fermentazione gallica, fermentazione dell'acido gallico
40 Galläpfelgerbsäure — gallotannic acid — acide gallotannique — ácido galotánico — acido gallotannico

01 Gaskalk, Grünkalk — gas lime — chaux de gaz, chaux verte — cal verde — calce da gas, solfidrato di calcio
02 Traubenzucker, Glukose — glucose, grape sugar — glucose, sucre de raisin — glucosa — glucosio, zucchero d'uva
03 Glyzerin — glycerine — glycérine — glicerina — glicerina
04 Blattgold — gold leaf, gold foil — or en feuille — oro batido — oro in foglia
05 Narbenschmiere — grain dubbin — nourriture de fleur — grasa para la flor — grasso da applicare sul fiore
06 Griebe — greave — cretons — chicharrones — cicciolo
07 Gummiarabikum, arabisches Gummi — gum arabic — gomme arabique — goma arábiga — gomma arabica
08 Tragantgummi — gum tragacanth—gomme adragante — goma tragacanto — gomma adragante
09 Hirschhornsalz — hartshorn salt, carbonate of ammonia — carbonate d'ammoniaque — carbonato de amonio, carbonato amónico — carbonato d'ammonio
10 Schwerspat – heavy spar, barytes — sulfate de baryte — espato pesado, sulfato de barita — spato pesante, baritina, solfato di bario
11 Hämatin — hematine — hématine — hematina — ematina
12 Heringstran — herring oil — huile de hareng — aceite de harenque — olio di arringa
13 Hautpulver — hide powder — peau en poudre — polvo de piel — polvere di pelle
14 Hautpulververfahren — hide powder method — méthode à la poudre de peau — método de agitación con polvo de piel — — metodo analitico con polvere di pelle
15 Kammfett, Pferdefett — horse grease — graisse de cheval — grasa de caballo — grasso di cavallo
16 Wasserstoffsuperoxyd — hydrogen peroxide — eau oxygénée — agua oxigenada —perossido d'idrogeno, acqua ossigenata
17 Schwefelwasserstoff — hydrogen sulphide, sulphuretted hydrogen — hydrogène sulfuré — ácido sulfhídrico — idrogeno solforato, acido solfidrico
18 Islandmoos, Isländisch Moos — Iceland Moss — lichen d'Islande — líquen de Islandia (islándico) — lichene (muschio) d'Islanda (islandico)
19 Karraghen, Irländisches Moos — carrageen, Irish Moss — mousse d'Irlande — musgo irlandés — muschio irlandese
20 Kautschuk — India rubber — caoutchouc — cauchuc, cauchú - gomma elastica, caucciù
21 Indigo — indigo — indigo — añil — indaco
22 Indigokarmin — indigocarmine — carmin d'indigo — carmín de añil — carminio d'indaco
23 Jodzahl — iodine value — indice d'iode — índice de yodo — indice iodico
24 Eisenalaun — iron alum — alun de fer — alumbre de hierro — allume di ferro
25 holzessigsaures Eisen — iron liquor — pyrolignite de fer — piroliñito de hierro — pirolignite di ferro
26 Hausenblase — isinglass — colle de poisson — cola de pescado – colla di pesce
27 gebranntes Elfenbein — ivory black – noir d'ivoire — negro de marfil — nero d'avorio
28 Japanwachs — Japan wax — cire du Japon — cera del Japón — cera giapponese
29 Kaolin — kaolin — kaolin — caolín — caolino
30 Milchsäure — lactic acid — acide lactique — ácido láctico — acido lattico
31 Milchsäuregärung — lactic fermentation — fermentation lactique — fermentación láctica — fermentazione lattea
32 Ruß, Lampenruß — lamp-black, smoke black — noir de fumée — negro de humo — nero fumo, fuliggine, polvere nera
33 gereinigtes Wollfett — lanoline — lanoline — lanolina, grasa de lana purificada — lanolina
34 Bleiessig—lead acetate— sous-acétate de plomb — acetato básico de plomo — acetato di piombo
35 Bleisulfat, schwefelsaures Blei — lead sulphate — sulfate de plomb — sulfato de plomo, sulfato plúmbeo — solfato di piombo
36 Lederkohle — carbonised leather, leather charcoal — charbon de cuir — carbón de cuero — carbone di cuoio
37 Sauerteig — leaven — levain — levadura — lievito
38 Kalkseife — lime soap, calcium soap — savon calcaire — jabón calcáreo — sapone calcareo
39 Kalkstein — lime stone — pierre calcaire — piedra calcárea — pietra calcarea
40 Kalkwasser — lime water — eau de chaux — agua de cal — acqua di calce
41 Linolensäure — linolenic acid — acide linolénique — ácido linoléico — acido linoleico
42 Leinsamenschleim — linseed mucilage — mucilage de graines de lin — mucílago de linaza — mucilaggine di semi di lino
43 Leinöl — linseed oil — huile de lin — aceite de linaza — olio di lino
44 Leinölfirnis — linseed-oil varnish — vernis à l'huile de lin — barniz de aceite de linaza — vernice all'olio di lino
45 verflüssigen — to liquefy — liquéfier — liquidar, liquidarse — liquefare
46 Brühe, Flüssigkeit — liquor, juice — jus, liquide — jugo, líquido — liquido

01 flüssig — liquid — liquide — líquido — liquido
02 Bleiglätte — litharge — litharge — litargirio — litargirio
03 Lackmus — litmus — tournesol — tornasol — tornasole
04 lauwarm — lukewarm — tiède — tibio — tiepido
05 Lauge — lye (e. g. potash lye = Kalilauge) — lessive — lejía — lisciva
06 Krapp, Färberröte — madder — garance — granza, rubia — robbia
07 Mangan — manganese — manganèse — manganeso — manganese
08 Magnesiumkarbonat, kohlensaure Mangesia — magnesium carbonate — carbonate de magnésie — carbonato de magnesio — carbonato di magnesio
09 Magnesiumchlorid, Chlormagnesium — magnesium chloride — chlorure de magnésie — cloruro de magnesio — cloruro di magnesio
10 Kot, Mist, Dünger — manure, dung — fiente — estiércol — sterco
11 Mehl — meal, flour — farine — harina — farina
12 Holzgeist — methyl alcohol — esprit de bois — alcohol metílico — alcool metilico
13 Mineralsäure — mineral acid — acide minéral — ácido mineral — acido minerale
14 Mineralöl — mineral oil — huile minérale — aceite mineral — olio minerale
15 Mirbanöl, Nitrobenzol — mirbane oil, nitrobenzene — essence de mirbane, nitrobenzine — nitrobenzol — essenza di mirbana, nitrobenzolo
16 Mischfarben — mixed dyes – couleurs mélangées — colores mixtos — colori misti
17 Molke — whey — petit-lait — suero — siero
18 Moellon, Degras — moellon, degras — moëllon, dégras — moellón, dégras — degras, moellon
19 Melasse — molasses — mélasse — melaza — melassa
20 Beize (in der Färberei) — mordant — mordant — mordiente — mordente
21 Beizenfarbstoff — mordant dyestuff — colorant sur mordant — colorante sobre mordiente — colorante mordente
22 Schleim, Pflanzenschleim — mucilage — mucilage — mucílago vegetal — mucilaggine
23 schleimig — mucilaginous, mucous, muculent — mucilagineux — mucilaginoso, mucoso — mucilagginoso, mucoso
24 Salzsäure — muriatic acid, hydrochloric acid — acide chlorhydrique, acide muriatique — ácido clorhídrico — acido muriatico, acido cloridrico
25 Senföl — mustard oil — essence de moutarde — esencia de mostaza — olio di senapa
26 Hammeltalg — mutton suet — suif de mouton — sebo de carnero — grasso (sego) di montone
27 Klauenfett — neat's foot oil — graisse de pieds de bœuf — grasa de pie de buey — grasso di piede di bue
28 Nigrosin — nigrosine — nigrosine — nigrosin — nigrosina
29 Stickstoff — nitrogen — azote — nitrógeno — azoto
30 nicht trocknendes Öl — non-drying oil — huile non siccative — aceite no secante — olio non siccativo
31 nicht fäulnisfähig — non putrescible – imputrescible — imputrescible — imputrescibile
32 Nichtgerbstoffe — non-tannins, non-tans, non-tanning substance (matter) — non-tanins — no taninos — non tannino, non conciante
33 Nahrung (in der Weiß- und Glacégerberei) — nourishing paste, emulsion, tawing paste, food, feed — nourriture — engrase, nutrición, nutrimento — nutritura, nutrimento (per cuoio glacè)
34 Hafer — oats — avoine — avena — avena
35 Ocker — ochre — ocre (jaune) — ocre — ocra
36 Öl — oil — huile — aceite — olio
37 Terpentinöl — oil of turpentine — essence de térébenthine — aceite de trementina — olio di terpentina (di trementina)
38 Schwefelsäure, Vitriolöl — oil of vitriol, sulphuric acid — acide sulfurique, huile de vitriol — ácido sulfúrico — acido solforico
39 Ölsäure, Oleinsäure — oleic acid — acide oléique — ácido oléico — acido oleico
40 Olein — oleine — oléine — oleína — oleina
41 Olivenöl — olive oil — huile d'olive — aceite de olivas — olio d'oliva
42 Brühe, Lohbrühe — ooze, liquor — jus, jusée — baño, jugo, jugo de corteza — liquido, succo, liquore conciante
43 Orseilleflechte, Persio — orchil, orchille, cudbear — orseille — orchilla — oricello
44 Oxalsäure — oxalic acid — acide oxalique — ácido oxálico — acido ossalico
45 Ochsenblut — ox blood — sang de bœuf — sangre de buey — sangue di bue
46 Ochsenmark — ox marrow — moelle de bœuf — médula de buey — midollo di bue
47 Sauerstoff — oxygen — oxygène — oxígeno — ossigeno
48 Ozokerit, Erdwachs — ozokerit — ozokérite, cire minérale — ozokerita, ceresina — ozocherite
49 Ozon — ozone — ozone — ozón — ozono
50 Stadttalg, Schlachthaustalg — packer tallow — suif d'abattoir — sebo de matadero — sego di macello
51 Palmitinsäure — palmitic acid — acide palmitique — ácido palmítico — acido palmitico

01 Paraffin — paraffin, paraffin wax — paraffine — parafina — paraffina
02 Paraffinöl — paraffin oil — huile de paraffine — aceite de parafina — olio di paraffina
03 Pergament — parchment — parchemin — pergamino — pergamena
04 Brei — paste — pâte — pasta — pasta
05 Pastellfarben — pastel colours — couleurs pastel — colores pastel — colori pastello, tinte pastello
06 Pepton — pepton — peptone — peptona — peptone
07 Gelbbeeren, Kreuzbeeren — Persian berries, buckthorn berries — baies de nerprun — granos de Persia, bayas de espina cerval — bacche di Avignone, bacca della spina cervina
08 schwefelsaures Eisenoxyd — ferric sulphate — sulfate ferrique — sulfato férrico — persolfato di ferro, solfato ferrico
09 Petroleum — petroleum, rock oil — pétrole — petróleo — petrolio
10 Petroläther — petroleum ether — éther de pétrole — éter de petróleo — etere di petrolio
11 Phlobaphene, Gerberrot — phlobaphenes, reds — phlobaphène — flobafenos — flobafeni
12 Phloroglucin — phloroglucin, phloroglucol — phloroglucine — floroglucina — floroglucina
13 Phosphorsäure — phosphoric acid — acide phosphorique — ácido fosfórico — acido fosforico
14 Pikrinsäure — picric acid — acide picrique — ácido pícrico — acido picrico
15 Pigmentfinish — pigment finish — pigment de finissage — acabado con pigmentos — pigmento per rifinizione
16 Pech — pitch — poix — pez — pece
17 Schwellmittel — plumping agent — agent de gonflement — materia hinchante — materia (sostanza) gonfiante
18 Schwellfarbe — plumping liquor — jus de gonflement — tina de hinchamiento — liquore gonfiante il cuoio (liquido delle vasche di coloritura che ha lo scopo di gonfiare le pelli)
19 Schwellkraft, Schwellwirkung — plumping power — pouvoir gonflant — poder de hinchamiento — potere gonfiante
20 Giftäscher — poison-lime (lime strengthened with arsenic in sodium sulphide) — pelain à l'arsenic — pelambre al arsénico — calcinaio al quale venne aggiunto anche dell'arsenico
21 Glänze — polishing material — lustre, brillant — lustre — lucido
22 glänzend — lustrous — brillant — lustroso, brillante — lustro, brillante
23 Meerschweintran — porpoise oil — huile de marsouin — aceite de delfín, aceite de puerco marino — olio di delfino
24 Pottasche — potash — potasse — potasa, carbonato potásico — potassa
25 Kalialaun — potash alum — alun de potasse, sulfate de potasse et d'alumine — alumbre de potasa — solfato di potassio e d'allumínio, allume ordinario
26 Kalium — potassium — potassium — potasio — potassio
27 saures schwefligsaures Kalium — potassium bisulphite — bisulfite de potasse — bisulfito de potasa — bisolfito di potassio
28 Chlorkalium, Kaliumchlorid — potassium chloride — chlorure de potassium — cloruro de potasio — cloruro di potassio
29 Jodkalium — potassium iodide — iodure de potassium — yoduro potásico — iodura di potassio
30 übermangansaures Kali — potassium permanganate, permanganate of potash — permanganate de potasse — permanganato potásico — permanganato potassico
31 weinsaures Kalinatron, Seignettesalz — potassium sodium tartrate, Rochelle salt — tartrate de potasse et de soude, sel de Seignette — tartrato de potasa y de sosa — tartrato sodico potassico, tartrato di sodio e potassio
32 Preßtalg — pressed tallow — suif pressé — sebo prensado — sego compresso
33 Protokatechusäure – protocatechuic acid — acide protocatéchique — ácido protocatéquico — acido protocatechico
34 Protein — protein — protéine — proteína — proteina
35 Fleisch (der Rinde) — pulp (bark) — fleur de l'écorce — pulpa de la corteza — polpa della corteccia
36 Zelluloseauszug — cellulose extract, pulp extract — lessive de cellulose — extracto de celulosa — estratto di cellulosa
37 Pyrogallussäure, Pyrogallol — pyrogallic acid, pyrogallol — acide pyrogallique — ácido pirogálico — acido pirogallico
38 Holzessig, rohe Essigsäure — pyrolignous acid, commercial acetic acid — acide pyroligneux — ácido pirolignoso — acido pirolegnoso
39 Quebrachogerbsäure — quebracho tannin — acide tannique de québracho — ácido tánico del quebracho — acido tannico del quebracho, acido quebrachotannico
40 Eichenrindengerbsäure — quercitannic acid — acide quercitannique — ácido tánico de la corteza de encina — acido tannico della quercia, acido quercitannico
41 Rüböl — rape oil, rapeseed oil — huile de colza — aceite de colza — olio di semi di rapa
42 roter Arsenik — red arsenic, sulphide of arsenic — arsenic rouge — ar-

sénico rojo — bisolfuro d'arsenico, arsenico rosso
01 Bodensatz (in Brühen) — dregs (foots), grounds, sludge — sédiment, dépôt — sedimentos (en los jugos) — deposito nei liquidi concianti, sedimento
02 rote Schwellbeize — red bran drench, red dressing — gonflement à la jusée — hinchamiento por jugo de cortezas — succo di scorza già fermentato diventato quindi acido, di colore bruno-rossastro
03 Abfall — offal, waste — déchet — desperdicios — scarto, ritaglio
04 ausgelassener Talg — rendered tallow — suif fondu — sebo fundido — sego fuso
05 Harz — resin, rosin — résine — resina — resina
06 Harzöl — resin oil — huile de résine — aceite de resina — olio di resina
07 harzig — resinous, rosiny — résineux — resinoso — resinoso
08 Roggen — rye — seigle — centeno — segala
09 Roggenmehl — rye-flour, rye-meal — farine de seigle — harina de centeno — farina di segala
10 Mittel zum Abdunkeln (beim Lederfärben) — saddening agent — tournant (in Südfrankreich: bruniture) — producto para oscurecer colores — sostanza per incupire le tinte
11 Salizylsäure — salicylic acid — acide salicylique — ácido salicílico — acido salicilico
12 Sandpapier — sand paper, glass paper — papier de verre, papier émeri — papel de lijo — carta sparsa di rena per arrenare
13 Sandelholz — sandal wood, sanders wood, barwood — santal — sándalo, leño de sándalo — legno di sandalo
14 Saft (in Bäumen) — sap — sève — jugo — linfa (di albero), sugo
15 verseifbar — saponifiable — saponifiable — saponificable — saponificabile
16 Verseifung — saponification — saponification — saponificación — saponificazione
17 Verseifungszahl — saponification value — indice de saponification — índice de saponificación — indice di saponificazione
18 Splintholz — sap-wood — bois d'aubier — albura — alburno
19 Sägespäne — saw-dust — sciure de bois — serrín — segatura di legno
20 Scharlachbeere — scarlet berry — graines d'écarlate — alquermes, granos de coscoja — fitolacca
21 Appretur zum Verdecken von Schrammen — scar paste — apprêt pour cacher les éraflures - apresto para cubrir los defectos de la flor — appretto per coprire le graffiature
22 Appreturmittel — dressing agents — agents pour apprêt — preparados para aprestar — preparati per apprestare
23 Glanz, Stoßglanz, Appretur — seasoning, glaze — apprêt, lustre — lustre, apresto — lucentezza, lucidatura, lucido
24 Sesamöl — sesame oil — huile de sésame — aceite de sésamo — olio di sesamo
25 Eisenchlorid — sesquichloride of iron, iron chloride — chlorure de fer — cloruro de hierro — cloruro di ferro
26 Eisenoxyd — sesquioxide of iron, iron (ferric) oxide — oxyde de fer — óxido de hierro — ossido di ferro
27 Haifischtran - shark liver oil — huile de requin — aceite de tiburón — olio di pescecane
28 Schellack — shellac — gomme-laque — goma laca — gommalacca
29 Sikkativ — siccative — siccatif — secante — essicativo, siccativo, disseccativo, essicante
30 synthetische Fette — synthetic grease — graisses synthétiques — grasa sintética — grasso sintetico
31 Kieselsäure — silicic acid — acide silicique — ácido silícico — silicato d'alluminio
32 Kieselkreide — silicious chalk — craie siliceuse — gis siliciosa — calcio carbonato siliceo
33 gelöschter Kalk — slaked lime, calcium hydroxide, hydrated lime — chaux éteinte — cal apagada — calce spenta
34 Grund, Grundschleim — slime — mucilage — mocosidad — mucilaggine che viene impiegata per dare un fondo
35 Ruß — soot — suie — hollín, negro de humo — nero fumo
36 Seife — soap — savon — jabón — sapone
37 Seifenschwärze — soap paste — noir au savon — negro de jabón — nero al sapone
38 Seifenschmiere — soap stuff — pâte en blanc — enjabonado — miscela ingrassante al sapone
39 Natronalaun — soda alum — alun de soude — alumbre de sosa — allume di sodio
40 Soda, kohlensaures Natron — soda, soda carbonate, sodium carbonate, soda ash, carbonate of soda — carbonate de soude — sosa, carbonato de sosa (sódico) — carbonato di sodio
41 saures kohlensaures Natron, Natriumbikarbonat — sodium bicarbonate, bicarbonate of soda — bicarbonate de soude — bicarbonato de sosa — bicarbonato di sodio
42 doppeltchromsaures Natron — sodium bichromate — bichromate de soude — bicromato de sosa — bicromato di sodio
43 saures schwefelsaures Natron — sodium bisulphate — bisulfate de soude — bisulfato de sosa — bisolfato di sodio
44 saures schwefligsaures Natron — sodium bisulphite — bisulfite de soude — bisulfito de sosa — bisolfito di sodio
45 Chlornatrium, Kochsalz — sodium chloride, com-

mon salt — chlorure de sodium, sel commun — cloruro sódico, sal común — cloruro di sodio, sale da cucina

01 Silicofluorid — silicofluoride — fluoride de silicium — fluosilicuro — fluoro di silicio

02 Fluornatrium — sodium fluoride — fluorure de sodium — fluoruro de sodio — fluoruro di sodio

03 Natronhydrat, Ätznatron — sodium hydrate, caustic soda — hydrate de soude, soude caustique — hidrato de sosa, sosa cáustica — idrato di sodio, lisciva di sodio, soda caustica

04 unterchlorigsaures Natron — sodium hypochlorite — hypochlorite de soude — hipoclorito de sosa — ipoclorito di sodio

05 Schwefelnatrium — sodium sulphide, sulphide of sodium — sulfure de soude — sulfuro sódico — solfuro di sodio, solfato di sodio

06 schwefligsaures Natron — sodium sulphite — sulfite de soude — sulfito sódico — solfito di sodio

07 unterschwefligsaures Natron, Natriumthiosulfat — sodium thiosulphate, thiosulphate of soda, sodium hyposulphite — hyposulfite de soude — hiposulfito de sosa — iposolfito di sodio

08 Weißgerbedegras, Urläuter — sod oil — dégras de peaux, moëllon — dégras — degras per la concia in bianco

09 weichmachen, erweichen — to soften — ramollir, reverdir — reverdecer, ablandar — rammollire, rinverdire

10 enthärten — to soften — adoucir (eau) — corregir el agua, eliminar la dureza del agua — rendere l'acqua dolce, distruggere la durezza dell'acqua, depurare l'acqua

11 fest (z. B. vom Gerbstoffauszug) — solid — sec, solide (extrait) — sólido — solido, secco

12 Auflösung, Lösung — solution — solution — solución — soluzione

13 Sauerlohe — sour bark — tan — corteza agria — succo di corteccia acido

14 spezifisches Gewicht — specific gravity — poids spécifique — peso específico — peso specifico

15 ausgebrauchte Brühe — spent liquor — jus épuisé — jugo usado, baño usado — bagno conciante già usato (già sfruttato)

16 ausgelaugtes Gerbmittel — spent material, spent tanning material — matière tannante épuisée — materias curtientes agotadas — materia conciante usata (sfruttata)

17 Walrat, Spermacet — spermaceti — blanc de baleine — esperma de ballena — bianco di balena, spermaceto

18 Spermacetiöl, Walratöl — sperm oil — huile de spermaceti — aceite de esperma de ballena — olio di spermaceti

19 Spiritus, Weingeist — spirit of wine, alcohol — alcool, esprit de vin — espíritu de vino, alcohol — spirito, alcool etilico

20 Stärkemehl, Stärke — starch — farine d'amidon, amidon — almidón — amido

21 Stearinsäure — stearic acid — acide stéarique — ácido esteárico — acido stearico

22 Stearin — stearin — stéarine — estearina — stearina

23 Schönungsmittel, Nuancierungsmittel (beim Lederfärben) — striker, shading agent — produits d'avivage, produits de nuançage — producto de avivado, producto para matizar — mordente, colorante per abbellimento e per nuanzaggio (nella tintura del cuoio)

24 Talg, Schmiere, Fett, Gerberfett, Unschlitt — suet, stuff, stuffing, tallow, grease — suif, graisse, dégras de peaux — sebo, grasa, dégras, — grasso per cuoio, sego

25 zuckerartige Stoffe — sugary matters — matières sacchareuses — materias sacarosas — sostanze zuccherine

26 schwefelsaures Aluminium — sulphate of alumina — sulfate d'alumine — sulfato de aluminio — solfato d'allumina

27 schwefelsaures Natron, Natriumsulfat, Glaubersalz — sulphate of soda, sodium sulphate, Glauber's salt — sulfate de soude — sulfato sódico, sulfato de sosa — solfato di sodio

28 Schwefelkalzium — sulphide of calcium — sulfure de chaux — sulfuro de calcio — solfuro di calcio

29 Sulfitzelluloseauszug — sulphite cellulose extract — extrait de cellulose au bisulfite — extracto de celulosa sulfitada — estratto di cellulosa al solfito

30 sulfoniertes Öl — sulphonated oil — huile sulfonée — aceite sulfonado — olio solfonato

31 sulfoniertes Klauenöl — sulphonated neats' foot oil — huile de pieds de bœufs sulfonée — aceite de pie de buey sulfonado — olio di piede di bue solfonato

32 Schwefel — sulphur — soufre — azufre — zolfo

33 Schwefligsäureanhydrid — sulphur dioxide, sulphurous anhydride — anhydride sulfureux — anhidrido sulfuroso — anidride solforosa

34 schweflige Säure — sulphurous acid — acide sulfureux — ácido sulfuroso — acido solforoso

35 rauchende Schwefelsäure — fuming sulphuric acid — acide sulphurique fumante — ácido sulfúrico humeante — acido solforico fumante

36 Sumachbrühe — sumach liquor — jus de sumac — jugo de zumaque — liquore (bagno) di sommacco

01 süße Lohbrühe — sweet tan liquor — jusée douce — jugo dulce — succo tannico dolce (non acido)
02 Abstoßfett – table grease, currier's grease — graisse usée, graisse de décrassage — grasa usada (recuperada), grasa residual — grasso usato e ricuperato
03 Schwellfarben — acid colour liquor, tailings – jus de gonflement — tina de hinchamiento — vasche di coloritura
04 letzter Auslaugbottich — tail leach — dernière cuve à jus — última cuba — l'ultimo tino d'estrazione
05 letzter Äscher — tail lime liquor — dernier pelain — último pelambre — ultimo calcinaio
06 Talgöl — tallow oil — huile de suif — aceite de sebo — olio di sego
07 Gerbebrühe — tan liquor — jus tannant, jusée — jugo curtiente — liquido conciante
08 gerbsaures Salz — tannate — tannate — tanato — sale tannico, sale dell'acido tannico
09 gerbsaurer Kalk — tannate of lime — tannate de chaux — tanato de cal — tannato di calcio
10 Katechugerbsäure — tannic acid obtained from catechu — acide tannique de cachou — ácido tánico de catecú — acido catechitannico
11 Gerbemittel — tanning material — matières tannantes — materias curtientes — materia conciante
12 aus Abstoßfett und Blanchierspänen ausgeschmolzenes Fett — tanner's grease — graisse de corroyeur (composée de graisse de décrassage et de déchets de blanchissage) – grasa residual y recuperada de las virutas de la máquina de rebajar — grasso ricuperato
13 Gerbvermögen, gerbende Eigenschaft — tanning property — valeur (propriété) tannante — propiedad curtiente — proprietà conciante
14 Teer — tar — goudron — alquitrán — catrame
15 Weinstein — tartar — tartre — crémor tártaro — tartaro
16 Weinsäure — tartaric acid — acide tartarique — ácido tartarico — acido tartarico
17 vorübergehende Härte (des Wassers) — temporary hardness (water) — dureté temporaire (eau) — dureza temporaria (del agua) — durezza temporanea (dell'acqua)
18 Dreikronenöl — three crown oil — huile „Trois Couronnes" – aceite „Tres Coronas" — olio „tre corone"
19 Titankaliumoxolat — titanium potassium oxalate — oxalate de titane et de potasse — oxalato de titiano y potasio — ossalato di titanio e potassio
20 Gesamthärte (des Wassers) — total hardness (water) — dureté totale (eau) — dureza total (del agua) — durezza totale (dell'acqua)
21 das Gesamtlösliche (bei den Gerbstoffuntersuchungsergebnissen) – total soluble matters — matières solubles totales — materias solubles en total – totale delle sostanze (materie) solubili
22 Tragant — tragacanth — gomme adragante — tragacanto — gomma adragante
23 Türkischrotöl — Turkey red oil — huile pour rouge de turc, sulforicinate de soude — aceite para rojo turco — olio per rosso turco, olio solforicinato, solforicinato di soda
24 Kurkuma — turmeric — curcuma — curcuma — giallo di curcuma
25 Terpentin — turpentine — térébenthine — trementina — trementina
26 Umbra — umber — terre d'ombre — umbra — ocra bruna
27 unverseifbar — unsaponifiable — insaponifiable — insaponificable — insaponificabile
28 ungelöschter Kalk, Aetzkalk, gebrannter Kalk — unslaked (caustic) lime, burnt lime, quick lime, calcium oxide — chaux vive (caustique) — cal viva (caustica) — calce viva, ossido di calci
29 Lack, Firnis — varnish, japan, enamel, lacquer — vernis, émail, laque — laca, barniz, — vernice
30 Vaseline — vaseline — vaseline — vaselina — vaselina
31 Velin — vellum — velin — papel vitela — carta velina
32 Essig, Weinessig — vinegar, — vinaigre — vinagre — aceto
33 Berberitzenauszug — vinette, barberry juice — épine-vinette — extracto de agracejo (de bérberis) — estratto di berbero
34 weinige Gärung, geistige Gärung — vinous fermentation, alcoholic fermentation — fermentation vineuse (alcoolique) — fermentación alcohólica — fermentazione del vino
35 Viskosität — viscosity — viscosité — viscosidad — viscosità
36 flüchtig — volatile — volatil — volátil — volatile
37 flüchtige Säure — volatile acid — acide volatil — ácido volátil — acido volatile
38 Ammoniak, flüchtiges Alkali — volatile alkali, ammonia — alcali volatil — álcali volátil—ammoniaca
39 Wasserglas (kieselsaures Natron) — water glass, sodium silicate, silicate of soda — silicate de soude — silicato de sosa — silicato di sodio
40 Wasserkraft – water power — force hydraulique — fuerza hidráulica — forza idraulica
41 wasserbeständig — water resistant — solide à l'eau — resistente al agua — resistente all'acqua
42 Wachs — wax — cire — cera — cera

01 Beschwerungsmittel — loading material, weighting material — charge — materia para cargar, carga — sostanza adatta per la carica, materiale (sostanza) adulterante (per carica)
02 Wau (lat. Reseda luteola) — weld — gaude — gualda — guada
03 Waltran — whale oil — huile de baleine — aceite de ballena — olio di balena
04 Weizen — wheat — froment — trigo — frumento
05 Weizenmehl — wheat flour — farine de froment — harina de trigo — farina di frumento
06 Bleiweiß — white lead — blanc de plomb — albayalde — bianco di piombo (carbonato barico di piombo)
07 Weißkalk — white lime — chaux grasse — cal grasa — calce grassa
08 Zinkazetat — zinc acetate — acétate de zinc — acetato de zinc — acetato di zinco
09 Zinkvitriol, Zinksulfat — white vitriol, zinc sulphate, white copperas — sulfate de zinc — sulfato de zinc — solfato di zinco
10 Holzasche — wood ashes — cendre de bois — ceniza de madera — cenere di legno
11 Holzfarbstoff — wood dye — colorant de bois — materia colorante extraída de maderas (de palos tintóreas) — colorante del legno
12 Holzessigsäure — wood vinegar — acide pyroligneux — ácido pirolignoso — acido pirolegnoso
13 Vinylester — vinylester — éther de vinyl — eter de vinil — etere di vinile
14 Lederkonservierungspräparate — leather preservatives — préservatifs pour cuir — preservativos para cuero — preservativi per cuoio
15 Wolle — wool — laine — lana — lana
16 Wollfett (in Amerika auch Degras) — wool fat, wool grease, suint — graisse de laine, suint — grasa de lana, lanolina — grasso di lana
17 Hefepilze — yeasts — champignons — fermentos de levadura — funghi (muffa) di feccia di vino
18 Dotter, Eidotter, Eigelb — yolk, yolk of egg — jaune d'œuf — yema de huevo — giallo d'uovo
19 Zinkoxyd — zinc oxide — oxyde de zinc — óxido de zinc — ossido di zinco
20 Zinktafel — zinc plate — plaque de zinc — tabla de zinc — lastra di zinco
21 Latex — latex — latex — latex — latice di caucciù (latex)
22 Weichmacher — plastiсiser — plastifiant — plasticizadores — plastificante
23 Beimischung, Zusatz — admixture, addition, compounding agent — addition — adición — aggiunta

III.

24 Lederarten
Classes of leather
Genres de cuir
Variedades de cueros
Varietà di pelli conciate

1.

25 Sohlleder
Sole leather
Cuir pour semelles
Cueros para suelas
Cuoio da suola

26 Sohlleder lohgar, Unterleder — vegetable tanned sole leather, bottom leather — cuir tanné pour semelles tannage végétal — cueros de suelas de curtición vegetal — cuoio da suola conciato
27 säuregeschwelltes Sohlleder — acid swollen sole leather — cuir gonflé à l'acide — cueros de hinchamiento al ácido — cuoio gonfiato con l'acido
28 Sohlleder, Bodenleder (Vacheleder), (Ausdruck für glaciertes Sohlleder für die Schuhindustrie im Gegensatz zu dem nicht glacierten, altgegerbten Sohlleder für Schuhreparatur) — (vache) sole leather (an expression used in Germany for a light, quick tanned sole leather, tanned in the side and rolled, as opposed to leather tanned by the long process for shoe repairing purposes) — cuir lissé pour semelles (vache lissée) (principalement destiné à la fabrication de chaussure contrairement au cuir fort, tannage lent destiné au ressemelage) — suela lisada, suela primera (definición para distinguir la suela cilindrada de empleo en la fabricación del calzado, de la suela no lisada de curtimbre de sistema antiguo usada por el zapatero para composturas) — cuoio da suola (cuoio da suola lisciato per calzature e cilindrato in contrapposto col cuoio a concia lenta non cilindrato per riparazioni)
29 Zahmvacheleder — the same made from native hides — cuir lissé domestique — vaqueta de cuero doméstico — suola di macello
30 Wildvacheleder — the same made from overseas (imported) hides — cuir lissé exotique — vaqueta de cuero exótico — suola esotica
31 Sohlleder (altgegerbt) — white German sole leather (old process of tanning) — cuir à semelles, tannage lent — cuero de suela producido por el sistema antiguo — cuoio a concia lenta (a concia antica)
32 Chromsohlleder — chrome sole leather, elk leather (American) — cuir à semelle au chrome — cueros curtidos al cromo para suela — suola al cromo
33 Sohllederkernstücke — sole bends and butts — croupons de cuir à semelles — crupones para suelas — groppa, gropponi
34 Seiten — sides — bandes — faldas — schiappe
35 Croupon, Krupon — butt — croupon — crupón — groppone

01 halbe Croupons — bends (half butts) — demi-croupons — medio crupones — mezzi groppponi

02 Hälse — shoulders — collets — cuellos — spalle, colli

03 Bäuche — bellies — flancs — faldas — fianchi

04 Köpfe – cheeks (in finished leather) — têtes, joues (bouts de têtes) — cabezas — teste

05 Klauen — claws, shanks — pattes — patas — zampe

06 Brandsohlleder — insole leather — cuirs pour premières semelles — cueros para plantillas — cuoio per suoletta

07 Absatzleder—heel leather, heeling — cuir pour talons — cuero para tacos — cuoio per tacchi

08 geklopftes Leder – beaten leather — cuir battu — cuero batido — cuoio battuto

09 gewalzte Hälse — rolled shoulders — collets lissés (cylindrés) — cuellos cilindrados — spalle lisciate (cilindrate)

10 unzugerichtete Hälse — rough shoulders — collets en croûte — cuellos no adobados — croste di spalle

11 gewalztes Leder — rolled leather — cuir cylindré — cuero cilindrado — cuoio cilindrato

12 Leder in der Kruste — leather in crust condition, leather in the crust, crust leather — cuir en croûte (tanné, séché, mais pas corroyé) — cuero curtido pero no preparado, cuero curtido sin acabar — cuoio in crosta (conciato non rifinito)

13 zugerichtet — curried, dressed — corroyé — preparado, adobado — rifinito

2.

14 Technische Leder
Mechanical leathers
Cuir industriel
Cueros para uso técnico
Cuoi tecnici

15 Treibriemenleder — belting leather — cuir à courroies, cuir à courroies de transmission — cuero para correas de transmisión — cuoio da cinghia, cuoio per cinghie da trasmissione

16 Stoßseiten — rolled bellies (sides) — bandes lissées — faldas de flor lisadas — schiappe cilindrate

17 lohgar — vegetable tanned — tannage végétal — de curtición vegetal, curtido al aserrín — concia vegetale, conciato alla scorza

18 chromgar, chromgegerbt — chrome tanned — tannage au chrome, chromé — curtido al cromo — conciato al cromo

19 Binderiemen — belt laces — lacets de cuir, lanières — correas para atar, lazos, atacadores de cueros, cordón para atacar — lacciuoli

20 gedrehter Riemen — cord, twisted strap — corde en cuir, corde ronde — correa torcida (trenzada), cuerda de cuero — corda di cuoio

21 Riemenkernstücke — strap butts — croupons à courroies — crupones para correas — groppponi per cinghie

22 Leder für Einstechrahmen — welting leather — cuir à trépointe — cueros para marcos — cuoio per guardolo

23 Blankleder, Geschirrleder — harness leather — cuir à harnais, cuir à bourrellerie — cuero para arreos de caballo, cuero para guarniciones, arnéses — cuoio per selleria (per finimenti)

24 Schwanzriemenleder — crupper leather — cuir pour croupières et culerons — correas de rabo, retranca — sotto coda

25 Kummetleder — collar leather — cuir à colliers — cuero para collera de caballo — pelle per collari

26 Zügelleder — line leather, bridle leather, rein leather — cuir à brides — cuero para riendas, cuero para bridas — cuoio per redini, cuoio per briglie

27 Schnallenleder — buckle leather — cuir à ceintures — cuero para broches — cuoio per fibbie

28 Sattelleder — saddle leather — cuir à harnachement, cuir pour sellerie — cuero para sillas de montar — cuoio da selle

29 Leder für die Seitenteile des Sattels — skirting leather — cuir pour panneaux de selle — cuero para la armatura de la silla de montar, cueros para guarniciones de monturas — cuoio pei fianchi della sella

30 Schabrackenleder – housing leather — peaux de mouton tannées en laine, housses et chabraques — cuero para telliz (caparazón) – pelli per gualdrappe

31 Gurt — girth — bande, ceinture — cinta, cincha — cinta

32 Verdeckleder — carriage leather, hood hides, coach leather — cuirs pour capotes de voitures — cuero para cubiertas de coche — pelli per capotes, vacche per mantici

33 Wagenbezugleder – coach leather — cuirs à carrosserie — cueros para carrocería — pelli per mantici di carrozza, cuoio per carrozzeria

34 Spritzleder — dash-leather, splash-board leather — cuir à tabliers, gardecrotte – cuero para guardabarros — cuoio per parafanghi

35 Peitschenleder — whip leather — cuir pour fouets — cuero para látigo — cuoio per fruste

36 Kofferleder — bag leather, case leather, luggage leather — cuir pour malles et valises — cuero para valijas (baules) — cuoio per valigeria

37 Manteltaschenleder — portmanteau leather — cuirpour articles de voyage, valises — cuero de uso para forro de porta-mantas, valijas etc. — cuoio da porta-mantelli, valige

01 Möbelleder — upholstery leather, furniture leather — cuir pour meubles, cuir pour ameublement – cuero para muebles — pelli per mobili
02 Blasbalgleder — leather for bellows — cuir à soufflets — cueros para fuelles — cuoio da mantice
03 Leder für Webevögel — picker leather — cuir à taquets — cuero para „plóceo", cueros para tacos de lanzaderas — cuoio per tacchetti
04 Webervögel — shuttle-pickers — chasse-navettes — plóceos — caccianavette per telai da tessere
05 Kratzenleder — carding leather, card leather — cuir pour cardes — cuero para cardas — cuoio per carde
06 Zylinderleder — roller leather — peaux pour cylindres de filature — cueros para forrar cilindros — cuoio per cilindri di tessitura
07 Kammstuhllaufleder, Laufleder (für Kammstühle) — combing leathers — manchons de cuir (pour peigneuses) — mangas de cuero (para peinadoras) — manicotti cuoio (per pettinatrici)
08 Rasierriemen — razor strops — cuir à rasoirs — cuero para cintas para afilar hojas de afeitar — cuoio per coramella
09 Leder für Dichtungen — hydraulic leather, valve leather, oil seals — cuir pour garnitures — cueros para uso hidráulico, cueros para válvulas, etc. — cuoio per guarnizioni, cuoi idraulici
10 Portefeuilleleder, Täschnerleder — pocket book leather — cuir pour maroquinerie — cuero para portafolios (carteras) — cuoio per portafogli
11 Handschuhleder — glove leather — cuir pour ganterie — cueros para guantes — pelli per guanti
12 Pergamentleder — parchment leather – cuir parchemin — cuero de pergamino — cuoio pergamena
13 Mützenschirmleder — leather for visored caps — cuir pour visières — cuero para visieras de gorras — cuoio da visiera
14 Schürzenleder — apron leather — cuir pour tablier — cuero para delantales — cuoio per grembiuli
15 Fußballeder — football leather — cuir pour ballons de football — cuero curtido para pelotas (balompiés) — cuoio per football

3.

16 Vachetten
Split hides
Vachettes
Vaquetas
Vacchette spaccate

17 lohgar — vegetable tanned, bark tanned — tannage végétal — de curtición vegetal, curtido al aserrín — a concia vegetale
18 Möbelvachetten — furniture hides, upholstery hides — vachettes pour ameublement — vaquetas para muebles — vacche per mobili
19 Antikvachetten — antique hides — vachettes antiques — vaquetas a la antigua — vacche uso antico
20 Lackvachetten – enamelled hides — vachettes vernies — vaquetas charoladas — vacche verniciate (vegetali)
21 Chromvachetten — chrome tanned split hides — vachettes tannées au chrome — cuero de vaqueta al cromo — vacche al cromo
22 Automobilleder — motorcar upholstery leather — cuirs pour automobiles — cueros para carrocería y cubiertas de automóviles — pelli per imbottiture d'automobili
23 Aktenmappenleder — bag and portfolio leather — cuirs pour serviettes — cueros para carteras a mano — pelli per cartelle d'avvocato
24 Sandalenleder — sandal leather — cuirs à sandalettes — cuero para sandalias (para sandaletas) — pelli per sandali
25 Chromsohlspaltleder — chrome sole leather splits, flexible chrome splits — croûtes au chrome pour semelles — costras al cromo para suelas (plantillas) — croste al cromo da suola
26 Militärleder — leather for military equipment – cuirs pour équipements militaires — cueros para el equipamento militar — cuoio per equipaggiamento militare
27 glatte Rindleder für Reiseartikel — smooth side leather for travelling bags — cuirs lisses pour articles de voyage — cuero liso para artículos de viaje — cuoio liscio per valigeria

4 a)

28 Rindoberleder lohgar
Bark tanned side leather
Cuir de vache tannage végétal
Vaqueta de curtición vegetal
Tomaia vegetale

29 braun — brown — brun — de color bruno — tinto in bruno
30 geschwärzt — blackened — noirci — ennegrecido, teñido de negro – annerito (cuoio nero)
31 satiniert — glazed — satiné — chagrinado, lijado — satinato
32 gefettet — oiled, greased, fat-liquored — gras, nourri — engrasado — ingrassato
33 Korduanleder (vegetabilisch gegerbtes, weiches Leder, schwarz oder farbig aus allen Häutegattungen, in letzter Zeit vornehmlich aus Roßspiegeln hergestellt) — cordovan, cordovan leather (a soft vegetable tanned leather, black or coloured, made from

any class of hide, but in recent years usually made from horse hides) — cuir de Cordoue, culées de cheval façon poulain russe (cuir souple tannage végétal, noir ou de couleur, fait de tous genres de peaux , aujourd'hui surtout de culées de cheval) — cordobán, cuero cordobán (cuero de curtición vegetal, muy suave y pastoso, teñido en negro o de varios colores. Para su fabricación antes se usaron toda clase de pieles, hoy se emplean de preferencia las partes traseras del cuero de potro) — gropponi di cavallo vegetale lucido, sfiorato (pelli cordovan — pelli da tomaia di concia vegetale, lisce, nere o di colore, di qualunque materia prima ma recentemente soprattutto di cavallo)

01 genärbtesRindschuhleder mit Stoßglanz — bright grain leather — cuir vachette pour chaussures grainé glacé — cuero de vaqueta graneado y alisado para calzado — cuoio granito lucido

02 Semichromleder — semichrome leather — peaux tannées au tannage combiné (semi-chrome) — cuero de curtición combinada semi-cromo (vegetal con cromo-base) — cuoio a concia combinata (mezzo cromo)

03 geschmiertes Leder — oiled leather — cuir suiffé ou huilé — cuero engrasado — cuoio ingrassato, unto

04 gepreßt genarbtes Glanzleder — glazed and grained leather (embossed) — cuir grainé imprimé — cuero de lustre granelado — cuoio stampato lucido

05 Fahlleder — russet upper leather — cuir en huile couleur — cuero vacuno blanco engrasado (de color natural) — cuoio di vacchetta bianca

06 falbes Leder — tawny leather — cuir fauve — cuero leonado — pelli fulve

07 Juchtenleder — Russian leather — cuir de Russie — cuero de Rusia — Lubiana, pelle di bulgaro

08 Juchtenleder genarbt (runder Narben) — Russian leather boarded with pebble grain — cuir de Russie grainé (grain rond) — cuero de Rusia (de grano rotondo) — lubiana granita (grana tonda o quadrettata)

09 Juchtenleder gezogener Narben (früher mit Kamm von Hand gerade gezogener Narben, jetzt gepreßt) — Russian leather long grained (formerly drawn by hand, now imprinted or embossed) — cuir de Russie grain long (autrefois grainé à la main, maintenant imprimé) — cuero de Rusia de grano rectángulo y rombo (antes se le ajustó el grano por medio del peine, ahora se le imprime con máquina) — lubiana rigata (una volta si faceva a mano col pettine, ora si stampa)

10 lohgare Kipse — vegetable tanned kips — vachettes au tannage végétal — kipes, vaqueta de curtición vegetal — vacchette vegetali

11 gewichste Kipse - waxed kips — vachettes cirées — vaquetas enceradas — vacchette cerate

4 b)

12 Rindoberleder chromgar
Chrome side upper leather
Cuir de vache tanné au chrome
Vaqueta curtida al cromo
Tomaia al cromo

13 Chromleder — chrome leather — cuir chromé — cuero cromado — cuoio cromato

14 chromgare Rindleder — chrome side leather — vachettes au chrome — faldas al cromo — pelle di vacca al cromo, schiappe al cromo

15 Rindsportleder wasserdicht—waterproof chrome side leather — vachettes au chrome imperméables — cuero vaqueta impermeable para artículos de sport — schiappe sport impermeabili

16 Chromrindleder ausZahmhäuten (Rindbox) — chrome side leather made from native hides — vachettes tannées au chrome de pays — cuero de vaqueta al cromo de animales domésticos — mezzi vitelloni al cromo (macello)

17 Chromrindleder aus Wildhäuten (Wildbox) — chrome side leather made from overseas (imported) hides — vachettes tannées au chrome exotiques - cueros de vaqueta al cromo de vacunos exóticos — mezzi vitelloni al cromo esotici o vacchette al cromo esotiche

18 Chromkipse — chrome kips - vachettes au chrome — kipes al cromo, vaqueta al cromo — vacchette al cromo

19 Sportkipse — sports kips — vachettes sport — vaquetas para artículos de sport — vacchette sport

20 Reithosenleder — leather for riding breeches — cuir pour culottes à cheval — cuero para calzón de montar — cuoio per pantaloni da cavalcare

21 Lackleder — patent leather — cuir verni — cuero charolado — cuoio verniciato

22 Rindleder lackiert — patent leather (enamelled leather) — vachettes vernies — cuero charolado — pelle (vacca) verniciata

23 schwarz — black — noir — negro — nero

24 farbig — coloured — de couleur — de color — colorato

5.

25 Roßleder
Horse hide leather
Cuir de cheval
Cuero de potros
Pelli di cavallo

01 lohgar – vegetable tanned — tannage végétal — de curtición vegetal — a concia vegetale
02 schwarz — black — noir — negro — nero
03 farbig — coloured — de couleur — de color — colorato
04 chromgar — chrome tanned — tanné au chrome — al cromo — al cromo
05 Roßchevreaux — glazed horse, glacé horse — cuir de cheval façon chevreau — cueros de potros de curtición sistema dongola — cavallo uso chevreau
06 Roßbox — horse box leather — cuir de cheval façon box — potros grano box — cavallo grana box
07 Hälse — fronts — devants de chevaux, collets — cuellos — spalle di cavallo
08 Schilder — butts — culées — culatas — culatte
09 Spiegel — cordovan (horse), crup leather — culées miroir, culées façon russe — culatas, ancas — culatte
10 Klauen — shanks — pattes — patas — zampe

6.

11 Kalbleder
Calf leather
Peaux de veaux tannées
Cuero de becerros
Pelli di vitello

12 lohgar — bark tanned — tannage végétal — de curtición vegetal — concia vegetale
13 chromgar — chrome tanned — tanné au chrome — al cromo — al cromo
14 Braunleder — russet calf — veau blanc (veau roux, veau gris)—becerro blanco — vitello bianco
15 gewichstes Kalbleder — waxed calf — veau ciré — cueros de becerro encerados — vitello cerato
16 Mastfelle — veals — grands veaux, gros veaux — cueros de becerro de tamaño grande — vitelloni
17 satiniert — glazed — satiné — satinado — satinato
18 chagriniert — grained — chagriné — chagrinado — sagrinato, zigrinato
19 lackiert — varnished, japanned — verni — charolado — verniciato
20 Boxkalb — box calf — veau box-calf — cueros boxcalf — boxcalf
21 schwarz — black — noir — negro — nero
22 farbig — coloured — de couleur — de color — colorato
23 hellfarbig — light-coloured — couleur claire — de color claro — colori fantasia, chiaro, color naturale
24 Plüschleder, Samtkalbleder — suede leather, velvet (ooze) leather — veaux (cuirs) velours — cueros de becerros gamuzados — cuoio scamosciato (cromo)
25 Narbenplüsch (Nubuck, Nubuk) — nubuck — peaux veloutées sur fleur (façon nubuck) — nubuc — nubuck
26 Sämisch-Kalbleder — oil-dressed suede calf, velvet calf — veau chamoisé — cueros de becerro agamuzados — vitello scamosciato
27 Sportleder — leather for sports goods — peaux pour chaussures et articles de sport — cueros para deporte (sport) — cuoio sport
28 Futterleder — lining leather — peaux à doublure — cuero para forro — pelli per fodera
29 Tornisterleder — leather for knapsacks — cuir pour havresacs — cueros para mochilas — pelli per zaini
30 Haarleder — hair calf — cuir tanné avec poil — cuero curtido con pelo — cuoio col pelo
31 Trommelfell — drum skin — peau de tambour — parche del tambor — pelle da tamburo

7.

32 Ziegenleder
Goatskin leather
Peaux de chèvres tannées
Cuero cabrito
Pelli di capra

33 Chromziegenleder (Chevreaux) — glazed kid, glacé kid — chèvre au chrome, façon chevreau — cabritilla, cueros de cabra curtidos al cromo (chevreaux) — capra al cromo (chevreaux)
34 lohgar — vegetable tanned — tannage végétal — curtido al aserrín — concia vegetale, conciato alla scorza
35 schwarz — black — noir — negro — nero
36 farbig — coloured — de couleur — de color — colorato
37 lackiert — japanned, enamelled — verni — charolado — verniciato
38 Futterleder — lining leather — peaux à doublure — cuero para forro — pelli per fodera
39 Buchbinderleder — bookbinding leather — peaux pour reliure — cuero para encuadernadores (para encuadernación) — cuoio (pelli) per rilegatura
40 Chromkidleder — chrome kid — chevreau chrome — cabritilla al cromo – cuoio di capretto al cromo
41 Pantoffelleder — slipper leather — cuir pour pantoufles (souliers légers) — cueros para calzado ligero (para pantuflos) — cuoio per pantofole, pelli per pantofoleria
42 Luxusleder — fancy leather — peaux de fantaisie — cuero de lujo (de fantasía) — colorato, cuoio di lusso
43 Bastard, Cabretten — cabretta, haired skins, bastards — métis, chevrettes — cabritas, bastardos, cruzados — incrociati

8.

01 Schafleder und Wildleder (außer Handschuhleder)
Sheep and deerskin leathers (other than glove leathers)
Peaux de moutons tannées et chamois (à l'exception de cuirs pour ganterie)
Cueros de lanares y de venado (de animales de caza) con excepción de pieles para guantes
Pelli di montone e di daino (eccetto pelli per guanti)

02 braunes Schafleder, Basil — basil — mouton tannage végétal, basanes — cueros de carnero de curtición vegetal, badanas — bazzane
03 Chromschafleder — chrome sheep leather — mouton au chrome — cueros de carnero curtidos al cromo – montone al cromo
04 lohgar — vegetable tanned — tannage végétal — zurrado, curtición vegetal — a concia vegetale
05 Saffianleder, Maroquinleder — morocco, morocco leather, saffian leather — maroquin — cabra cordobán, cuero cordobán, marroquín — pelle di marocchino, marocchino
06 Futterleder — lining leather — mouton pour doublures — cueros de carnero para forros — montone al tannino per fodera
07 Bekleidungsleder — clothing leather, garment leather — cuir pour vêtements — cueros para vestir, cueros destinados a la confección de abrigos o al adorno de vestidos — cuoio per abbigliamento
08 Hutleder — hat leather, sweat-band leather — cuir pour chapellerie — cueros para la sombrería (para forro) — pelli per cappelli
09 Hirschleder (Elchleder) — deerskin (elkskin) leather — peaux de cerf — piel de ciervo — pelle di cervo (daino)
10 Rehleder — doe-skin leather — peaux de chevreuil — piel de corzo — pelle daino
11 Gemsleder — chamois leather — peaux de chamois — piel de gamuza — vero camoscio
12 Gazellenleder — gazelleskin leather — peaux de gazelle — cueros (piel) de gacela — pelli di gazzella
13 sämisch gegerbt — chamois dressed — chamoisé — pieles agamuzadas, cueros curtidos con aceites — pelli scamosciate per guanti
14 weiß gegerbt — alum tanned — mégi, mégissé — curtido al alumbre — conciato all'allume
15 Hundeleder — dogskin leather — peaux de chien — piel de perro — pelli di cane
16 Känguruhleder — kangaroo leather — peaux kangourou — piel (cuero) de canguro — pelli di canguru
17 Schweinsleder — pigskin leather — peaux de porc — pieles de cerdo — pelle di cignale (cinghiale) (di porco)

9.

18 Handschuh-, Wild-, Sämisch- und Fensterleder
Glove, chamois and deerskin leathers
Peaux pour ganterie, chamois, chamois à essuyer
Pieles para guantes, pieles de animales de caza, de animales montesinos, gamuzas
Pelli per guanti, pelli di daino, pelli scamosciate

19 Handschuhleder — glove leather — peaux de gants — cueros para guantes — pelli per guanti
20 Handschuhe — gloves — ganterie — guantes — guanti
21 Nappa — Nappa — cuir „tanné" ganterie (nappa) — piel (cuero) napa — nappa
22 Glacé-Leder — grain leather for gloves — peaux glacées pour gants – cuero lustrado, glacé — pelle d'agnello glacé
23 alaungare Schafleder für Handschuhe — alum tanned sheep leather for gloves — moutons mégis pour ganterie — cueros de carnero curtidos al alumbre para guantes — pelli di montone all'allume per guanti
24 alaungare Zickel für Handschuhe — alum tanned kid, gloving leather — chevreaux mégis pour ganterie — cabritilla curtida al alumbre para guantes — pelli all'allume per scamosciati
25 weißgares Handschuhleder — alum and salt tanned glove leather — peaux blanches à ganterie — cueros curtidos al alumbre para guantes — soatte bianche per guanteria
26 Wildleder — a degrained glove leather made from deer, antelope or reindeer skin — daim véritable (renne, antilope etc.) — cuero para guantes, al cual se quitó la flor (proviene del ciervo, del antílope, del reno etc.) — pelli di daino (cervo ecc.)
27 sämisch gegerbt — chamois dressed — chamoisé — gamuza, gamuzado — pelli scamosciate (daino)
28 Waschleder — wash-leather, washable chamois leather — peau chamoisée (lavable) — piel agamuzada, lavable — pelle scamosciata, lavabile
29 Nachahmung von Wildleder (Nubuck, Nubuk) — mock buck, nubuck — peaux imitation daim — nubuc — imitazione daino
30 abgeschliffener Narben — buffed grain — cuir effleuré — cuero liso para calzado con el grano raspado — grana smerigliata
31 Buckskin, Bocksfell — buckskin — peau de bouc,

daim véritable — piel de cordero, piel de macho cabrío — pelli di caprone
01 Fensterleder — chamois leather — chamois à essuyer — gamuza para limpiar vidrios — pelle di daino
02 Pelze — furskins, peltries — pelleterie, fourrure — piel silvestre, pieles para uso peletería — pellicceria
03 Pelzhändler, Kürschner — furrier — fourreur, pelletier — peletero — pellicciaio
04 Arbeitshandschuh —work glove — gant de travail — guante para trabajar — guanto di lavoro
05 Handschuhmacher — glover — ouvrier gantier — guantero — guantaio
06 Handschuhfabrik — glove factory — ganterie — guantería, fábrica de guantes — guanteria
07 Handfläche — palm — paume — palma de la mano — palma di mano
08 Daumen — thumb — pouce — pulgar — pollice
09 Finger — finger — doigt — dedo — dito
10 Handgelenk — wrist — poignet — muñeca — polso
11 Handschuhfabrikation — glove manufacture — ganterie — guantería — guanteria, fabbrica di guanti
12 Handschuhstickerin — glove embroiderer — brodeuse de gants — bordadora de guantes — ricamatrice di guanti
13 Stulphandschuh — gauntlet — gant à rebras — guantes de a caballo, guantes de cuero a arremangar — guantone
14 Fäustling — mitten, glove without fingers — moufle, mitaine — guante sin dedos, manguilla, manguito — guanto senza dita, monchino

10.

15 Reptilleder
Reptile leather
Peaux de reptile
Pieles de reptiles
Pelli di rettili

16 Wasserschlangenleder — tanned water snakes — peaux de serpents d'eau (de mer) — piel de serpientes de agua — pelle di biscia d'acqua
17 Eidechsleder — tanned lizard skins — peaux de lézard — piel de lagarto (de lisardo) — pelle di lucertola
18 Krokodilleder — tanned crocodile skins — peaux de crocodile — piel de cocodrilo, piel de iguana — pelle di coccodrillo
19 Fischleder — tanned fish skins — peaux de poisson — piel de pez — pelle di pesce

11.

20 Spalte und Abfälle
Splits and offal
Croûtes
Costras y recortes
Croste e ritagli

21 Spalte — splits — croûtes — serrados, costra, descarne, hoja — croste
22 Sohlspalt — flexible split, sole leather split — croûtes pour semelles — costra o descarne para suela — crosta da suola
23 lohgar — vegetable tanned — tannage végétal — curtido al aserrín — concia vegetale, conciato alla scorza
24 chromgar — chrome tanned — tannage au chrome — curtido al cromo — conciato al cromo
25 Spaltleder — split leather — cuir fendu — cuero hendido — cuoio fesso
26 Rindspalt — hide split — croûtes de vache — costra o descarne de vaqueta — croste di vacca macello
27 Kalbspalt — calf split — croûtes de veau — costra o descarne de becerro — crosta di vitello
28 Plüschspalt — velvet split — croûtes velours — costra agamuzada o descarne agamuzado — crosta scamosciata
29 Futterspalt — lining split — croûtes à doublure — costra o descarne para forro — crosta per fodera
30 Gürtelspalt — split for fancy belts — croûtes pour ceintures — costra o descarne para cinturones — crosta per cinture
31 Lackspalt — patent split, enamelled split — croûtes vernies — costra charolada o descarne charolado — crosta verniciata
32 Portefeuillespalt — bag split, bag trade split — croûtes pour maroquinerie — costra o descarne para carteras – crosta da pelletteria
33 Narbenspalt (Schafleder) — skiver — fleur de mouton — serrado fino de pieles de carnero, primer descarne con la flor — pelle di montone (pecora) spaccata, fiore di montone
34 Wichsspalt — waxed split, waxed flesh — croûte cirée — costras enceradas — crosta cerata
35 Gamaschenspalt — splits for leggings — croûtes pour guêtres — costras para polainas — croste per gambali
36 Lederabfälle — scrap leather — déchets, débris — desperdicios del cuero, recortes — cascami di cuoio, ritagli di pelle conciata
37 zugerichtet — curried, dressed — corroyé — preparado — rifinito
38 unzugerichtet — roughtanned — en croûte — no preparado — non rifinito
39 Kopfspalt — head split — croûte de têtes — costras de cabezas — crosta di testa
40 Bauchspalt — belly split — croûte de flanc — costras de barriga o faldas — crosta di fianchi
41 Halsspalt — shoulder split — croûte de collet — costras del cuello — crosta di spalla
42 Kernspalt — butt split — croûte de croupon — costras del crupón — crosta gropponata

01 Lackabfälle — patent leather trimmings (cuttings, waste) — déchets de cuir verni — desperdicios (recortes) de cueros charolados — ritagli di verniciato

02 Sohllederabfälle — sole leather trimmings (cuttings, waste) — débris de cuir à semelle — desperdicios de cueros a suela, recortes de suela — ritagli di cuoio da suola

03 Oberlederabfälle — upper leather trimmings (cuttings, waste) — déchets de cuir à dessus — desperdicios o recortes de cueros para empeine o palas de calzado — ritagli di pelle da tomaia

04 lisierte Spalte — rolled splits — croûtes lissées — costra alisada, cilindrada — crosta cilindrata da suola

05 lohgarer Spalt — bark tanned split — croûtes tannage végétal — costras de curtición vegetal — croste a concia vegetale

06 lohgare Spaltabfälle — bark tanned split offal — déchets de croûtes en croûte — piezas de costras o recortes de curtición vegetal — ritagli di croste conciate gregge

07 flexible Spaltkernstücke — trimmed flexible split — croûtes flexibles en croupons — costras flexibles en crupones — gropponi di crosta flessibili

08 Ersatzmittel, Ledersatz — leather substitute — succédané du cuir, substituts pour cuir — imitación de cuero — surrogato del cuoio, imitazione cuoio

09 Lederpappe — leather board — carton-cuir (croûte et carte) — cartón de cuero — cartone cuoio

10 Kunstleder — artificial leather, imitation leather — cuir factice (artificiel) — cuero artificial — cuoio artificiale

11 lederartig, lederähnlich — leather-like, leathery — de la nature du cuir, qui ressemble au cuir — parejo al cuero, correoso — simile al cuoio

12 Kreppgummi — crêpe rubber — crêpe-caoutchouc — goma crèpe — gomma crèpe

13 Gummisohle — rubber sole — semelle en caoutchouc — suela de goma — suola di gomma

14 Gummiabsatz — rubber heel — talon en caoutchouc — tacón de goma — tacco di gomma

15 Regeneratsohle — regenerated (reclaimed) rubber sole — semelle en caoutchouc régénéré — suela de goma regenerada — suola di gomma rigenerata

12.

16 Ledereigenschaften und Fehler

Characteristics and defects of leather

Caractères et défauts du cuir

Caracteristicas y defectos de los cueros

Caratteristiche delle pelli conciate ed i loro difetti

17 Ledersubstanz — leather substance — substance coriaire (du cuir) — substancia del cuero — sostanza cuoio (pelle)

18 zäh — tough — solide — durable, resistente, correoso — durevole, resistente

19 fest — firm — fixe, ferme — duro, firme — fermo, compatto, serrato

20 Festigkeit — firmness — résistance, fermeté — resistencia, firmeza — densità, fermezza

21 kernig — full — fort, plein, dossé, ayant du corps — lleno, compacto — sodo, pieno

22 Kernigkeit — fulness — substance, corps — resistencia del cuero, cuerpo, substancia — pienezza, fermezza

23 flach — flat — plat — delgado, sin cuerpo — piatto, slanciato, vuoto

24 brüchig — brittle — sec et dur, cassant, fragile — seco, duro, quebradizo — secco di fiore, fragile

25 blechig — tinny — tôleux, tôlé — quebradizo, delgado, sin substancia — piatto, cartoso

26 unzerreißbar — untearable, solid — indéchirable — irrompible — non stracciabile

27 Reißfestigkeit — tensile strength — résistance à la rupture — resistencia a la rotura — resistenza alla trazione

28 hart — hard, tough — dur — duro, firme — duro

29 luftdurchlässig — permeable, pervious to air — perméable à l'air — permeable al aire — permeabile all'aria

30 porös — porous — poreux — poroso — poroso

31 Steifheit — stiffness — rigidité — rigidez — rigidezza

32 weich — soft, mellow — mou (défaut), moëlleux (qualité) — blando, suave, pastoso — morbido

33 Weichheit — mellowness, softness – souplesse (moëlleux) — supleza, suavidad — morbidezza

34 geschmeidig, biegsam — pliable, supple, flexible — souple, flexible — suave, flexible — morbido, flessibile

35 griffig, geschmeidig — pliable, supple — d'un bon toucher, souple — suave, flexible — pastoso, tatto liscio

36 Griff — touch, feel — toucher du cuir, touche — supleza (tacto) del cuero — tatto del cuoio

37 Zugigkeit (übermäßige Dehnbarkeit) — stretch — prêtant — dar de se los cueros — cedevolezza

38 zugig — stretchy — prêtant — que se deja estirar — cedevole

39 Elastizität, Nachgiebigkeit — elasticity, run — élasticité — elasticidad — elasticità

40 elastisch, nachgiebig — elastic — élastique — elástico — elastico

01 Streckbarkeit, Dehnbarkeit — extensibility — extensibilité, allongement — tensión, tiro — allungamento
02 dehnbar, streckbar — capable of being stretched — extensible — que puede ser extendido — estensibile
03 rauh — rough — rêche, rugueux — tosco, áspero — ruvido
04 hungrig – hungry, empty, under-tanned — affamé, cuir peu tanné, peu nourri — muy delgado, poco curtido, mal nutrido — vuoto
05 gedrungen — compact — compact, serré — lleno, compacto, pastoso — pelle raccolta
06 naturfarbig — natural-coloured, russet — clair, de couleur naturelle — de color natural — color conciato naturale
07 lederfarbig — leather-coloured — couleur de cuir, brun du cuir — de color cuero — colori del cuoio
08 Hochglanz — high gloss — plein lustre — de mucho lustre (brillo) — lucido pronunciato
09 matt (vom Glanz) — dull, matt — mat — mate, opaco — opaco
10 Mattglanz, matte Leder — matt, dull finish, gun metal — finissage mat — brillo mate — semilucido, lucido opaco, mezzo lucido, finissaggio matto
11 matt zugerichtet — dull, matt finished — mat — terminación mate, terminado opaco — rifinito opaco
12 matt zugerichtetes Kalbleder — dull, matt finished calf — veau mat — cueros de becerro adobado mate, becerros con terminación mate o opaca — pelle di vitello finita opaca
13 mattes Kid — matt, dull kid — chevreau mat — cabritilla con terminación mate o opaca — chevreau matt, capra matta
14 festnarbig — hard, firm grained — fleur ferme — de grano firme — fermo di grana (fisso)
15 losnarbig, rinnender Narben — pipey, pipy, run grain, hollow grain, loose grained — grain „creux", fleur „qui court" — suelto de flor, grano que mana — di fiore soffiato, grana sollevata, soffiata
16 narbenbrüchig — cracky — à fleur cassante — de grano quebrado, la flor abre — screpolato di fiore, fiore fragile
17 Narbenbrüchigkeit — cracking of the grain, crackiness — fleur cassante, fleur fragile — quebradizo del grano, ser quebradizo — fragilità del fiore
18 Riß, Sprung — crack (of the grain) — craquelure — quebradizo, flor abierta — screpolatura
19 Naturnarben — natural grain — grain naturel — grano natural — grana naturale
20 narbenrein — clean-grained — fleur propre — de grano propio (limpio) — di fiore pulito
21 langer (langgezogener) Narben — straight (drawn) grain, long grain — grain long, grain tiré en long — grano torcido, estirado — grana lunga, pelle a grana lunga, fiore contratto
22 rautenförmiger Narben — lozenge-shaped grain — grain losange — ruda, macle, losanjeado — forma a losanga
23 Memelnarben — memel finish — grain „memel" — la operación general del adobo en el cuero „memel", acabado memel — cuoio grana „memel" (tipo speciale di grana tonda)
24 fingierter Narben — simulated grain, artificial grain — grain imprimé — grano simulado — imitazione grana naturale, grana artificiale
25 glatt — smooth — lisse, uni — liso — liscio
26 genarbt, gekörnt – grained, corned — grainé — graneado — granito
27 schrumpflig, runzlig — wrinkled — ridé — encogido, arrugado — rugoso, contratto
28 einschnurren — to shrink, to shrivel — se rétrécir, se ratatiner — encogerse — contrarre, restringersi
29 springen (Leder) — to crack — craquer — ser quebradizo – saltare, spaccarsi, screpolarsi
30 abspringen (vom Lack) — to peel off, to throw off — casser, sauter — saltar (el laque), despegarse, caerse — staccarsi a scaglie
31 Hautfalte — rib, fold — pli, ride — pliegue en el cuero (ruga) — ruga, crespa, grinza, piega
32 faltige Haut — ribbed hide — peau ridée (côteuse) — cuero rugoso — pelle rugosa
33 sammetartige Oberfläche — nap, suede surface — velouté — superficie aterciopelada, napa — superficie vellutata, scamosciata
34 farbecht — fast-coloured — à couleur fixe — firme de color — di colorazione resistente
35 lichtecht — fast to light — résistant à la lumière — resistente a la acción de la luz — resistente alla luce
36 reibecht — fast to rubbing — résistant au frottement — resistente al roce — resistente allo strofinamento
37 Abnutzung, Tragen — wear — usure — uso, desgaste — consumo, logoramento, usura
38 Schrammfestigkeit — scratch resistance — résistance aux égratignures — resistencia a las rasgaduras — resistenza alla graffiatura
39 Knickfestigkeit — bursting strength, resistance to cracking — résistance au pliage — resistente contra plegadura — resistenza al piegamento
40 Abriebfestigkeit — abrasion resistance — résistance au frottement — resistente contro frota

miento — resistenza all'usura

01 Kältesprünge — cold cracks — gerçures causées du froid — agrietado por frío — crepature di freddo

02 Kältebeständigkeit — antifreezing property, cold resistance — résistance au froid — resistencia al frío — resistenza al freddo

03 Knick — breaking — pli — doblez — piega

04 verblassen, verbleichen — to pale, to fade, to bleach — passer, se faner — descolorarse, perder color — impallidire, scolorire

05 abfärben — to strip the colour, to mark off — décharger, déteindre — descolorarse, perder el color, desteñirse — stingere

06 fehlerhaftes Bronzieren — bronzing (defect) — mordoré — broncear, aparición defectuosa en los cueros teñidos — difetto di bronzatura (riflesso metallico)

07 fleckig — spotty — tacheté — manchado, con manchas — macchiato

08 überäschert — overlimed — trop chargé de chaux, trop pelané — quemado de cal — bruciato di calce, troppo calcinato

09 unteräschert — underlimed — insuffisamment pelané — insuficientemente pelado — calcinato insufficientemente

10 überschwellt — overplumped — trop gonflé — demasiado hinchado — troppo gonfiato

11 Äscherflecken — liming stains — taches produites en rivière — manchas provenientes del tratamiento por la cal — macchie di calcinaio

12 Kalkflecken — lime stains — taches de chaux — manchas de cal — macchie di calce

13 Kalkschatten — lime blast — ombres, taches de chaux — manchas oscuras de cal, manchas de cal — macchia d'ombra, macchia di calce

14 Schattenfleck — shading — ombres — mancha oscura, mancha — ombreggiatura

15 verbeizen — to overbate - surconfire - quemar con mordientes — purgare eccessivamente

16 Beizflecken — bate pricks, bate stains, bate pits — piqûres (taches) de confit — manchas del mordiente — punti danneggiati dalla purga chimica

17 verbrennen in der Beize — to scald in bating — brûler, piquer en confit — quemar (echar a perder) en el mordiente — bruciare in purga

18 dunkle Stellen bei ungenügender Beize — black spots (caused through inadequate bating) — places foncées par manque de confit — sitios que se han quedado oscuros por falta de purga — punti scuri per purga insufficiente

19 gar — tanned, leathered — tanné à fond — curtido, adobado a fondo — conciato

20 übergerbt — overtanned — surtanné — sobre-curtido — bruciato di concia

21 notgar, nicht durchgegerbt, ungar — undertanned — insuffisamment tanné, sous-tanné — de curtido primitivo — non passato di concia

22 Verlust (an Chromsäure im Reduktionsbad, an Farbstoff im Farbbad) erleiden — to bleed — saigner (perte de chrome ou de couleur) — perder ácido de cromo en al baño de reducción o materias colorantes en las cubas de colorido — perdere acido cromico nel bagno di riduzione o colorante nel bagno di tintura

23 dunkle Luftflecken auf lohgaren Ledern — black edges — bordages noirs — manchas oscuras en los bordes del cuero producidas por la influencia del aire — oscuramento dei bordi per ossidazione all'aria

24 Trockenflecke von der Stange — pole-marks — taches de perceaux — manchas de percha, de reja o de palos, sobre los cuales los cueros estaban suspendidos — segni del bastone

25 marmoriert — marbled — marbré — veteado — marmorizzato

26 Marmorierung — marbling, veiny leather — marbrure — el veteado — marmorizzazione

27 durchschlagen (Fett, Farbe, Gerbstoff) — to spew — percer, traverser, repousser — pasar (colar) la grasa, penetrar el color (el tanino), pasar de un lado al otro — mettere il bianchetto

28 übertrocknet — overdried — trop séché — demasiado secado, excesivamente seco — essicato eccessivamente

29 überfettet — overstuffed — trop nourri — engrase excesivo — troppo ingrassato

30 Blume, Ausschlag (von Gerbstoff und Fett) — bloom, spue — efflorescences (aussi bloom) — flor, substancia mucosa, polvo fino sobre los cueros, que contiene ácido elágico — bianchetto, fioritura

31 wasserdicht — waterproof, water-tight - imperméable à l'eau — impermeable — impermeabile

32 Wasserbeständigkeit — waterproof — résistance à l'humidité — impermeabilidad — impermeabilità

33 Wasserdurchlässigkeit — permeability — perméabilité à l'eau — permeabilidad al agua — permeabilità

34 Wasserdichtmachungsmittel — waterproofing chemicals — produits pour l'imperméabilisation — productos para impermeabilizar — prodotti per l'impermeabilizzazione

35 Leder beschweren — to weight — charger le cuir — aumentar el peso del cuero, adulterar el peso — appesantire, adulterare

36 gleitfrei — non-slipping, slip-proof — anti-dérapant — no resbalante — antisdrucciolevole

01 hochwertiges Leder — good quality leather — cuir de première qualité — cuero curtido de alta calidad (calidad superior) — pellame di gran (fine) qualità

02 geringwertiges Leder — poor quality leather — cuir de qualité inférieure — cuero curtido de calidad inferior — pellame andante (di qualità inferiore)

IV.

03 Reiseartikel und Lederwaren
Travelling requisites and leather goods
Articles de voyage et objets en cuir
Artículos de viaje y de cuero
Articoli di viaggio ed oggetti di cuoio

04 Lederkoffer — leather suit case — valise en cuir — baúl de cuero — valigia di cuoio

05 Lederkoffer mit Einrichtung — fitted leather suit case — valise en cuir avec garniture — baúl de cuero con departamentos — valigia di cuoio con scompartimenti

06 Lederkoffer ohne Einrichtung — leather suit case without fittings — valise en cuir sans compartiments — baúl de cuero sin departamentos — valigia di cuoio senza scompartimenti

07 Coupékoffer — travelling case — malle — baúl — baule

08 Kabinenkoffer — cabin trunk — malle de cabine — baúl de camarote — valigia cabina

09 Schrankkoffer — wardrobe trunk — malle armoire — baúl armario — valigia armadio

10 Handschrankkoffer — small wardrobe trunk — malle armoire portable — baúl armario portátil — valigia armadio portabile

11 Suitcase (flache Form) — attaché case — nécessaire, malle de robe — maleta para traje (forma plana)— valigia per vestito

12 Weekendsuitcase — week end suit case — nécessaire pour fin semaine – maletín para excursiones — valigia per escursioni

13 Stadtköfferchen — small hand case, attaché case — mallette (petite valise) — maletín, maleta — valigetta

14 Maulbügeltasche — bag with metal opening — sac avec fermeture à charnière — saco con boquilla — valigia con chiusura a cerniera

15 Patentsack — kit bag — sac patenté — saco para ropa con cierre patentado — borsa brevettata

16 Keiltasche — handbag with metal opening — sac en coin, sac cunéiforme — saco forma cuña — borsa cuneiforme

17 Sporttaschen — sporting cases (e. g. cricket bag, hockey bag etc.) — sacs de sport — sacos para deporte — borse da sport

18 Tenniskoffer — tennis case — mallette de tennis — maleta para tenis — valigetta da tennis

19 Tennisetui — tennis racket case — étui à raquette de tennis — estuche para raqueta de tenis — porta-racchette

20 Hockeyetui — hockey case — étui à crosse de hockey — estuche para bastón de hockey – portabastoni di hockey

21 Badekoffer — beach case — valise (mallette) de bain — maletín para baño — valigetta da spiaggia

22 Badetasche — beach bag — sac de bain — saco para baño — borsa da spiaggia

23 Baderolle — beach holdall — serviette de bain — envoltura para servicio de baño—fodero per costume da bagno

24 Picknickkoffer — picnic case — mallette de „picnic"— maletín para piknik — valigetta da „picnic"

25 Hutkoffer — hat box — boîte (étui) à chapeau — sombrerera de cuero — porta-cappello

26 Zylinderkoffer — silk hat case — boîte (étui) à chapeau à haute forme — sombrerera chistera, sombrerera galera — portacilindro

27 Kragen- und Krawattenetui und -kasten — collar case — étui et boîte à cols et cravattes — estuche y caja para cuellos y corbatas — scatola per colli e cravatte

28 Hemdenmappe — shirt case — gaine pour chemises — porta-camisas, estuche para camisas — fodero per camice

29 Reisetaschen für Herren und Damen — travelling cases for ladies and gentlemen — sacoches de voyage (sacs-voyage) pour Dame et Monsieur — bolsas de viaje para señoras y hombres — borse da viaggio per Signore e Signori

30 Einkaufstasche — shopping bag — sac à provisions — bolsa para la compra — borsa da spesa

31 Citybag — attaché case — sac de ville — pequeña maleta — citybag

32 Derbytasche — Derby bag — sac „derby" — saquito (bolsillo) „Derby" — borsa „derby"

33 Reisenecessaire — travelling requisites — nécessaire de voyage — nécessaire de viaje — valigia con articoli da viaggio, nécessaire da viaggio

34 Etui leer — unfitted case — étui vide — estuche vacío — astuccio vuoto

35 Etui gefüllt — fitted case — étui plein — estuche completo — astuccio pieno (riempito)

36 Manicure-Etui — manicure set — étui à manicure — estuche para manicura — astuccio da „manicure"

37 Flakonetui — case fitted with bottles — étui à flacon — estuche para frascos — astuccio per flacone

01 Scherenetui — scissors case — étui à ciseaux — estuche para tijeras — astuccio per forbici
02 Werkzeugetui — tool case — étui à outils — estuche para herramientas — astuccio per arnesi
03 Besteckketui — canteen case — étui à services — estuche para cubiertos — astuccio per posate
04 Luftkissenetui — air cushion cover — étui à coussin pneumatique — estuche para almohadas de goma — astuccio per cuscino pneumatico
05 Schreibzeugetui – writing case — plumier en cuir souple — estuche para plumas — astuccio per l'occorrente per iscrivere
06 Bleistiftetui — pencil case — étui à crayons – estuche para lápices — porta-lapis (matita)
07 Photoetui — photograph case — étui pour appareil photographique — estuche para aparato fotográfico — astuccio per apparecchio fotografico
08 Schreibkästchen — pen case — plumier en cuir rigide — porta-lápiz, estuche para plumas, lápices etc. — scatola con l'occorrente per iscrivere
09 Schreibmappe — writing compendium — buvard — carpeta para escribir — cartella da scrittoio
10 Photoalbum — photograph album — album à photographies — album para fotografías — album da fotografie
11 Photorahmen — photograph frame — cadre à photographies — marco para fotografías — cornice da fotografie
12 Buchhülle — book cover – couverture de protection pour livres — cubierta para libros — custodia per libri
13 Stulpkasten (leerer Lederkasten) — leather box — boîte en cuir vide — caja de cuero para tapar, vacía — scatola vuota di cuoio
14 Geldtasche für Fuhrleute, Straßenbahnschaffner usw. — money satchel (for omnibus conductors etc.) — sac à argent pour camionneur et contrôleur — bolsa para cobradores de tranvías, etc. — borsa per fatturino
15 Geldtransporttasche (am Leib zu tragen) — money bag (purse) — sac pour transport d'argent (à porter à dos d'homme) — cartera para cobradores (para llevar al cuerpo) — borsa per trasporto di denaro (a portare addosso)
16 Uhrenetui (für Schreibtisch und Reise) — clock case — étui à montre — estuche para reloj de mesa y viaje — astuccio per orologio
17 Aktenmappe — brief case — serviette — cartera para documentos — cartella
18 Diplomatenmappe – portfolio — serviette diplomatique — cartera para diplomáticos — cartella diplomatica
19 Wechselmappe — draft case — portefeuille pour traites – cartera para banqueros, portafolio para letras de cambio — portafoglio per cambiali
20 Schulmappe — school case — serviette d'écolier — cartera para escolares — cartella di scuola
21 Schulranzen — school satchel — sac d'école — mochila — cartella di scuola
22 Musikmappe — music-case, music-holder — porte-musique — cartera de música — cartella da musica
23 Damentasche — ladies' handbag — sac de dame — bolsillo para señoras — borsa da Signora
24 Bügeltasche — ladies' handbag with metal opening — sac avec fermeture à charnière — bolsa con boquilla, — borsa con chiusura a cerniera
25 Tasche mit Reißverschluß — bag with zip fastener — sac avec fermeture éclair — bolsa con cierre relámpago, cremallera — borsa — con chiusura lampo
26 Besuchstasche — visiting bag — sac à visite — bolsillo de lujo — borsetta da visita
27 Seidentasche — silk bag — sac en soie — bolsillo de seda — borsa di seta
28 Stofftasche — fabric bag — sac en étoffe — bolsillo en tela — borsa di stoffa
29 Kindertasche – children's bag — sac d'enfant — bolsillo para niño — borsa da bambino
30 Börse — purse — bourse — bolsa — borsa
31 Tresor — treasury note case — trésor — tresor o cofrecito para alhajas — tesoro
32 Portemonnaie — purse — portemonnaie — portamoneda — porta-monete
33 Geldscheintasche – wallet — portefeuille pour billets de banque — cartera para billetes de banco — portafoglio per biglietti di banca
34 Brieftasche — letter case — portefeuille — cartera — portafoglio
35 Führerscheintasche — licence case — étui pour permis de conduire — estuche (cartera) para carnet — busta per la patente
36 Zigarrenetui — cigar case — étui à cigares — cigarrera, estuche para cigarros — porta-sigari
37 Zigarettenetui – cigarette case — étui à cigarettes — pitillera, porta-cigarillos — porta-sigarette
38 Tabakspfeifenetui — pipe case — étui à pipe — estuche para pipa — astuccio per la pipa
39 Tabaksbeutel — tobacco pouch — blague à tabac (en cuir) — bolsa (bolsita) de cuero para tabaco — borsa da tabacco (di cuoio)
40 Gürtel — belt — ceinture — cinturón — cintura, cigna
41 Schmuckkasten — jewel case — écrin à bijoux — estuche para alhajas — astuccio per gioielli
42 Schönheitskasten — vanity case — nécessaire de toilette — nécessaire de

toilette — scatola di toilette

01 Hundesportartikel — dog requisites – harnachement pour chiens — guarnición para perros — bardatura per cani

02 modisch, elegant — stylish — à la mode, élégant — moderno, elegante — di moda, elegante

V.

03 Schuhe und Schuhherstellung
Shoes and their manufacture
Chaussures et leur fabrication
Calzados y su fabricación
Calzature e la loro fabbricazione

1.

04 Stiefel
Boots
Bottes et bottines
Botas y calzados
Stivali

05 Schnürstiefel — lace boots, bals — bottines à lacer — borceguíes — stivaletti allacciati

06 Knopfstiefel — button boots — bottines à boutonner — borceguíes con botones — stivaletti abbottonati

07 Zugstiefel — elastic boots (elastic side spring or Chelsea) — bottines à élastique — botas con elástico — stivaletti con elastico

08 Derbystiefel — Derby boots — bottines derby — botas „Derby" — stivaletti „derby"

09 Zwickelstiefel — elastic boots (gusset) — bottines à élastique — botas con elásticos — stivaletti con giuntini

10 Reitstiefel – riding boots — bottes d'équitation — botas de ir a caballo — stivaloni da cavalcare

11 Rohrstiefel — butcher boots (top boots) — bottines à tige — botas de caña — stivaloni

12 Schaftstiefel — top boots — bottines à haute tige — botas de caña alta — stivaloni

13 Marschstiefel — Wellingtons (marching boots) — bottes ou bottines de marche – botas de marcha — stivali da marcia

14 Schnallenstiefel — latchet boots (buckle) — bottines à boucles — botas con hebillas — stivaletti con fibbie

15 Skistiefel — ski boots — bottes ou bottines de ski — botas de ski — stivaletti da ski

16 Arbeiterstiefel — work boots — bottes ou bottines de travail — botas de obreros — stivaletti (o stivali) da operai

17 Wasserstiefel — fishing boots — bottes de mer — botas impermeables — stivaloni da pesca

18 Grubenstiefel — mine boots — bottes ou bottines pour la mine — botas de mineros — stivaletti da minatori

19 Eislaufstiefel — skating-boots — bottes ou bottines de patinage — botas de patinar — stivaletti da pattinaggio

20 Militärstiefel — military boots — bottes ou bottines militaires — botas de militares — stivali (o stivaletti) militari

21 Sportstiefel — sporting boots — bottines ou bottes de sport — botas de deporte — stivali (o stivaletti) da sport

22 Jagdstiefel — hunting boots — bottines ou bottes de chasse — botas de caza — stivali da caccia

23 Stulpenstiefel — top boots — bottes retroussées — botas a rodilleras — stivaloni

24 Keitstiefel — hessians — brodequins hauts à lacets — borceguíes altos — stivali da caccia allacciati

25 Herrenstiefel — men's boots — bottines pour hommes — botas para hombres — stivaletti da uomo

26 Damenstiefel — ladies' boots — bottines pour dames — botas para señoras — stivaletti da donna

27 Knabenstiefel — boys' boots — bottines pour garçonnets — botas para muchachos — stivaletti da ragazzo

28 Mädchenstiefel — girls' boots — bottines pour fillettes — botas para muchachas — stivaletti da ragazza

29 Kinderstiefel — children's boots — bottines pour enfants — botines para niños — stivaletti da bambini

30 Schuhwerk, Schuhzeug — footwear — chaussure — calzado — calzatura, calzamento

31 orthopädisches Schuhwerk — orthopaedic footwear — chaussures orthopédiques — calzado ortopédico — calzature ortopediche

32 niedere Gamasche — low leggings — guêtre basse — polaina corta — gambale basso

33 halbhohe Gamasche — high-low (half) leggings — guêtre montante – polaina semialta — gambale semialto

34 hohe Gamasche — high leggings — molletière et guêtre haute — polaina alta — gambale alto

2.

35 Schuhe
Shoes
Chaussures et souliers
Calzados
Specie di calzature

36 Schnürschuhe — lace shoes, tie shoes — chaussures à lacer — borceguíes — scarpe allacciate

37 Knöpfschuhe — button shoes — chaussures à boutonner — calzados con botones — scarpe abbottonate

38 Zugschuhe — elastic shoes (Chelsea) — chaussures à

élastique — calzados con elástico — scarpe con elastico

01 Derbyschuhe — Derby shoes — chaussures Derby — calzados „Derby“ — scarpe „derby“

02 Schnallenschuhe – buckle shoes — chaussures à boucles — calzados de hebillas — scarpe a fibbie

03 Spangenschuhe — bar shoes — souliers à brides — calzados de broches — scarpe a cinturino

04 Phantasieschuhe — fancy shoes — souliers-fantaisie — calzados de fantasía — scarpe a fantasia

05 Sportschuhe — sporting shoes — chaussures de sport — calzados de sport (deporte) — scarpe da sport

06 Pantoffel, Hausschuhe — slippers — souliers ou pantoufles d'appartement — zapatillas, pantuflos — pantofole (scarpe da casa)

07 Reiseschuhe — slippers — souliers de voyage — zapatillas de viaje — scarpe da viaggio

08 Tanzschuhe — dancing shoes — souliers de bal — calzados de baile — scarpe da ballo

09 Salonschuhe — court shoes — chaussures de luxe — calzados de lujo — scarpe di lusso

10 Wendeschuhe — turn shoes — souliers tournés — calzados vueltos (costura adentro) — scarpe rovesciate

11 Flechtschuhe — plaited shoes — souliers tressés — calzados de entretejido — scarpe intrecciate

12 Sandalen — sandals, Veldtschoens — sandales — sandalias — sandali

13 Gummischuhe — rubber shoes — chaussures de caoutchouc — chanclos — scarpe di gomma

14 Überschuhe — galoshes, over-shoes — galoches — calzados de abrigo — soprascarpe

15 Turnschuhe — gymnastic shoes — souliers de gymnastique — calzados de gimnástica — scarpe da ginnastica

16 Sandaletten — sandalettes — sandalettes — sandaletas — sandaletti

17 Opanken — sahara sandals — souliers à semelles embouties — sandalias Sahara — opanche

18 Opanketten — sahara sandalettes — sandalettes à semelles embouties — sandalias „Sahara“ — opanchette

19 Herrenschuhe — men's shoes — chaussures pour hommes — calzados para hombres — scarpe da uomo

20 Damenschuhe — ladies' shoes — chaussures pour dames — calzados para señoras — scarpe da donna

21 Knabenschuhe — boys' shoes — chaussures pour garçonnets — calzados para muchachos — scarpe da ragazzo

22 Mädchenschuhe — girls' shoes — chaussures pour fillettes — calzados para muchachas — scarpe da ragazza

23 Kinderschuhe – children's shoes — chaussures pour enfants — calzados para niños — scarpe da bambino

24 leichte Ware für Damenschuhe — women's light weight stock — cuir léger pour chaussures de dames — piel liviana para calzado de señoras — tipo leggero per donna

25 schwere Ware für Herrenschuhe — plump weight for men's shoes — cuir fort pour chaussures d'hommes — piel para calzado rústico — tipo pesante per uomo

26 Qualitätsschuhe — high-grade footwear — chaussures de qualité supérieure — calzado de calidad — scarpe fini

27 bessere Schuhwaren — better grade shoes — chaussures de bonne qualité — calzados de mejor calidad — scarpe di qualità superiore

28 Maßband — measuring tape — mètre à ruban — cinta de medida — cinta di misura

29 Stichmaß — size stick — pointure — medida de zapatero, compás – misura di punto

30 Maß nehmen — to take a measure, to measure — prendre la mesure — tomar medida — prendere misura

31 Größe — size — pointure — medida — misura

32 halbe Größe — half size — demi-mesure — media medida — mezzo numero

33 Form — mould, form — forme — forma — forma

34 Gelenk — joint — jointure — juntura — giuntura

35 Innenseite des Fußes — inner side of foot — part intérieure du pied — parte interior del pie — parte interiore del piede

36 Außenseite des Fußes — outer side of foot — part extérieure du pied — parte de afuera, afueras del pie — parte di fuori (esteriore) del piede

37 Hühnerauge — hard corn — œil de poule, cor — callo — callo

38 Rebhuhnauge — soft corn — œil de perdrix — callo blando — callo

39 Fußballen — ball of the foot — éminence du grand orteil — tenar — eminenza dell'alluce

40 Rist, Spann — arch of the foot, instep — cou-de-pied — garganta del pie — collo del piede

41 Knöchel — ankle — cheville du pied — tobillo — noce, malleolo

42 Ferse — heel — talon — talón — tallone

43 Fußsohle — sole of the foot — plante du pied — planta del pie — pianta del piede

44 große Zehe — big toe — gros orteil — dedo pulgar del pie — alluce (pollice del piede)

45 kleine Zehe — little toe — petit doigt du pied — dedo meñique del pie — dito mignolo del piede

01 Schwiele — bunion — cal — callo, juanete — callo
02 Schweißfuß — foot having excessive perspiratory excretion — pied suant — pie sudoroso – piede sudoroso
03 Plattfuß — flat foot — pied plat — pie plano — piede piatto
04 Spreizfuß — splayed foot (open-toed) — pied large (à doigts entr'ouverts) — pie de dedos esparrancados — piede a punta larga (coi diti sciolti)
05 Spitzfuß — pointed foot — pied pointu — pie empuntado — piede a punta
06 Senkfuß — foot showing ankles in a lower position than normal — pied plat (abaissé) — patón — piede piatto (abbassato)
07 gewölbter Fuß — arched foot — pied voûté — pie encorvado — piede vuoto
08 Hohlfuß — hollow foot — pied cambré — pie hueco — piede cavo (arcato)

3.

09 Schuhteile
Parts of shoes (components)
Parties de chaussures
Partes del calzado
Parti della scarpa

a)

10 Schaft (Oberteil)
Upper
Tige (dessus de chaussure)
Empeine (corte)
Tomaia

11 Oberleder — upper leather — cuir à dessus — pala, empeine — tomaio
12 Besatz — ornament, fancy trimming, facings — garniture — guarnición — guarnitura
13 Blatt, Vorderblatt — vamp – empeigne – corte, empeine — mascherina
14 Kappe — cap, counter — bouts et contreforts — contrafuerte — punta, mascherina
15 vordere Steifkappe — toe-puff — bout dur — punta dura, tope — cappellotto
16 Vorderkappe (außen auf) — toe cap — bout rapporté — puntera — puntina
17 Hinterkappe — counter, heel stiffener — contrefort — contrafuerte — contrafforte
18 Oberteil (Quartier) — quarter, top band — quartier — empeine — quartiere, quarto
19 Einsatz — insertion — quartier fantaisie — orladura — finimento
20 Hinterbesatz — backstrap — baguette arrière — corredera trasera — contrafforte
21 Hinterriemen — back strap — baguette — tira de unión de la piel con el contrafuerte — listino di dietro, listino posteriore
22 Ösenstreifen (Ösenriemen) – eyelet strap, stay facing – sous-œillet – cinta para ojetes — contro occhiello, sott'occhiello
23 Zunge, Lasche — tongue, toe wing — languette — lengüeta, portezuela — linguetta
24 Rutschriemen — inside backstrap – baguette glissoire — cinta de refuerzo interior — rinforzo interno
25 Bordüre — top band — bordure — ribete — lista in alto, bordura
26 Drellfutter — drill lining — doublure de toile — forro de alemanisco, dril — fodera di tela
27 Zwischenfutter — interlining — doublure intercalaire — forro intermedio — fodera intermediaria
28 Lederfutter — leather lining — doublure de cuir — forro de cuero — fodera di pelle
29 Köperfutter (Stoffutter allgemein) — twill, fabric lining — doublure en tissu — forro de grano —tessuto per fodere
30 Überstemmleinen — side linings — toiles pour monter ailettes — tela para reforzar costados — tela dura per foderine
31 Überzüge — covers — toiles, dessus, couvres — entelados, cubiertas, capas — fodera
32 Ösen — eyelets — œillets — ojetes — occhielli
33 Agraffen, Haken — lacing hooks — agrafes — ganchos, agrafas — ganci
34 Knopfagraffe — lacing stud — bouton-agrafe — gancho, agrafa botonera, botones rápidos — fermaglio-bottone, gancio
35 Knopfhalter — buttonstay — porte-boutons — apoyo de botón – sostegno di bottoni
36 flacher Knopf — straight button — bouton plat — botón recto — bottone liscio
37 gewölbter Knopf — wave button — bouton voûté — botón ondeado — bottone ondulato
38 Schnallen — latchets, buckles — boucles — hebillas — fibbie
39 Nieten — rivets — rivets — remaches — rivetti
40 Seitenfutter – side linings — doublures latérales — entretela de costado — fodera laterale della mascherina
41 Knöpfe — buttons — boutons — botones — bottoni
42 Nahtband — stay tape — galon de renfort pour couture arrière des tiges — cinta de costura — nastro per rinforzare la costura
43 Überstemme — side lining — ailettes intérieures — barretas — foderine
44 Gummizug – elastic gusset — élastique — elástico — elastico
45 Struppe — loop — tirette — oreja — tiranti
46 Biesen — beading, welting — plissage — vivos del calzado — bordo orlato
47 Seide — silk — soie — seda — seta
48 Garn — yarn, thread — fil — hilo — filo, filato
49 Oberfaden – upperthread — fil supérieur — hilo superior — filo superiore
50 Unterfaden — under thread — fil inférieur — hilo inferior — filo inferiore

01 Buggzement — folding cement — ciment à rempliер — cemento para dobladillar — cemento per ripiegare
02 Dextrin — dextrine — dextrine — dextrina — destrina
03 Wienerpapp (Klebstoff allgemein) — adhesive, Vienna paste — colle viennoise — cola vienesa — colla viennese
04 Schwärze — blacking — encre noire — tinta negra — nero
05 Farbe — dye — couleur — color — colore

b)

06 Boden (Bodenteile)
Soles (Bottom components)
Partie inférieure de la chaussure
Partes del piso (suela)
Fondo (parti del fondo)

07 Laufsohle — outsole — semelle — suela — suola
08 Zwischensohle — middle sole — semelle intercalaire — suela intermedia, entresuela — suola di mezzo, sottosuola
09 Brandsohle — insole — semelle-première — plantilla — sottopiede
10 Vorderkappe — toe cap — bout — puntafuerte — cappellotto
11 Hinterkappe — counter — contrefort — contrafuerte — contrafforte
12 Absatzbau — heel building — assemblage des sous-bouts — composición del tacón — composizione del tacco
13 Oberfleck — top piece — bonbout — tapa firme — sopratallone, sopratacco
14 Unterfleck — seat piece — sous-bout — tapa inferior – sottotallone, sottotacco
15 Absatzfleck — heel lift — bout — tapa — sopratacco
16 Keder — rand, welt (visible) — couche-point — cerco — giretto
17 Rahmen — welt — trépointe — vira — guardolo
18 Absatz — heel — talon — tacón — tacco
19 Gelenkstück — shank piece — pièce de cambrure — pieza de enfranque — fiosso, cambratura
20 Balleneinlage (Ausball)— bottom filler — pièce de renfort — refuerzo del tenar — riempimento
21 Deckbrandsohle — socks, sock lining — semelle de couverture ou semelle intérieure — plantilla interior de cobertura — copri-suole (sottopiede di copertura)
22 Kappensteife – puffs and stiffeners — raidisseur à base de celluloïd — refuerzo (contrafuerte, tope) de celuloide — colla per indurire punte e contrafforti
23 Lösungsmittel — solvent — dissolvant — disolvente — solvente
24 Klebestoffe — adhesives — colle — colas — colla
25 Kleber — adhesives — matières gluantes — materias glutinantes — agglutinanti, incollatore
26 Stifte — tacks — semences — semences — semenze
27 Zwickstifte – tacks, plugs — semences à monter — semences para montar — semenze per montare
28 Absatzstifte — heel pins — pointes pour talons — semences para tacones — chiodi per tacchi
29 Absatznägel — heel nails — clous pour talons — clavitos para tacones — chiodi per tacchi
30 Pflockholz — peg wood — bois à cheviller — madera para estaquillar — legno per inchiodare
31 Durchnähgarn — machine sewing (Blake) thread — fil à coudre de part en part — hilo para el cosido a punto de cadeneta — filo per cucitura „Blake“
32 Einstechgarn — Welt thread — fil à coudre en trépointe — hilo para empalmillar — filo per cucire il guardolo
33 Doppelgarn — outsole stitching thread — fil à coudre le petit point – hilo para puntear — filo per cucire a punto scoperto
34 Spulengarn — spool thread — fil pour la canette — hilo para la canilla (devanadera) — filo della spoletta
35 Schuhdraht, Pechdraht – shoe thread, waxed twine, wire for wire sewing — fil poissé — hilo encerotado — filo impeciato
36 Poliertinte — polishing ink — encre à déformer — tinta para pulir — inchiostro a sformare
37 Wachse — wax — cires — ceras — cere
38 Schwärze — blacking — encre à noircir — tinta negra — il nero
39 Farben — dyes, stains — couleurs — colores — colori
40 Appreturen — dressings — apprêts — aprestos — appretti
41 Lacke — varnishes, enamel — vernis — barnices — vernici
42 Reinigungsmittel — cleaners — produits de nettoyage – productos para limpiar — prodotti per pulire o nettare
43 Schnürsenkel — laces — lacets — cordones para calzado, herretes — stringhe, lacci
44 Sohlenimprägnierungsmittel — material for impregnating soles — produits à imprégner la semelle — productos para impregnar suelas — soluzione per impregnare le suole
45 Etiketten — labels — étiquettes — etiquetas — etichette
46 Spaltsohlen — split soles — semelles en croûtes — suelas de costra — suole di croste
47 Absatzschützer — heel preservers — protecteurs pour talons — protectores para tacones — protettore tacchi
48 Schuhcreme — shoe cream, polish — crème pour chaussures — crema para calzado — crema da scarpe

01 Schuhschmiere — grease for shoes, dubbin — graisse à souliers — grasa para calzado — grasso da scarpe

02 Schuhanzieher — shoe horn, jack – chausse-pied, corne à soulier — calzador — corno da scarpe

03 Schuhknöpfer — buttonhook — crochet à boutons — abotonador, abrochabotas — allaccia bottoni

04 Schuhfabrik — shoe factory — fabrique de chaussures — fábrica de calzado — calzaturificio

05 Schuhmacher — shoemaker (Flickschuster = cobbler, boot repairer) — cordonnier — zapatero — calzolaio

06 Heimarbeiter — home worker — ouvrier à domicile — trabajador caséro — lavoratore a domicilio

07 Schuhreparaturwerkstätte — shoe repair shop — atelier de réparation pour la chaussure — zapatería, taller de zapatería — officina per riparazioni di calzature, calzoleria

08 Holzbesohlung — wooden soles — semelage bois — solar de suelas de madera — suolatura di legno

09 gesägte Holzsohlen — sawed wooden soles — semelles sciées — suelas de madera aserradas — suole di legno segate

10 gedrechselte Holzsohlen — turned wooden soles — semelles tournées — suelas de madera torneadas — suole di legno tornite

11 starre Holzsohlen — rigid (inflexible) soles — semelles non flexibles (rigides) — suelas de madera rijidas — suole di legno rigide

12 Scharniersohlen — jointed soles — semelles à charnières — suelas de madera con gozne — suole di legno a cerniera

13 bewegliche, gegliederte Sohlen — flexible soles — semelles articulées — suelas de madera movibles — suole di legno articolate

14 Sohlen aus Strohgeflecht — braided straw soles — semelles en paille tressée — suelas de petate — suole di paglia

4.

15 Schuhmaschinen, Apparate und Werkzeuge
Shoe machinery, appliances and tools
Machines à chaussures, appareils et outils
Máquinas para calzado, aparatos y herramientas
Macchine per scarpe, apparecchi ed utensili

a)

16 Zuschneiderei
Clicking room
Atelier de coupe
Taller para preparar el corte
Reparto tagliatori

17 Modellgradiermaschine — pattern grading machine — machine à graduer les patrons — máquina para graduar los patrones — macchina a graduare i modelli

18 Modellschere — pattern shear — cisaille à couper — tijeras para modelos (patrones) — cesoia per modelli

19 Modelleinfaßmaschine — pattern binding machine — machine à border les patrons — máquina para rebordear patrones – macchina per filettare i modelli

20 Eckeneinschneidemaschine — corner cutting machine — machine à couper les coins — máquina para cortar ángulos de patrones — macchina per tagliare gli angoli

21 Modell-, Loch- und Setzmaschine — hole punching machine for patterns — machine à poser et percer — máquina para perforar y colocar — macchina per bucare ed applicare gli occhielli ai modelli

22 Nietmaschine — rivetting machine — machine à river — máquina para remachar — macchina a ribadire

23 Stempelmaschine — stamping or embossing machine — machine à timbrer — máquina para timbrar — macchina a timbrare

24 Ledermeßmaschine — measuring machine — machine à mesurer le cuir — máquina para medir la superficie del cuero — macchina a misurare la superficie delle pelli

25 Oberlederstanze — upper press knives — machine à découper le cuir à dessus — máquina para cortar empeines — trancia per tomaie

26 Kappenlochmaschine — toe-cap perforating machine — machine à percer les bouts — máquina para perforar contrafuertes — macchina a perforare le puntine

27 Riemenschneidmaschine — welt-cutting machine — machine à couper le cuir en lanières — máquina para cortar tiretas (correitas) — macchina per tagliare le striscie

28 Auszackmaschine — scalloping machine — machine à denteler — máquina para dentar — macchina a dentellare

29 Walkmaschine — moulding machine — machine à cambrer — máquina para moldear — macchina a cambrare

30 Zuschneidebretter — clicking boards — planches à découper — tablas para cortar — tavole per tagliatori

31 Modell — model of last — modèle, patron — modelo — modello

32 Gradieren — grading — graduer — graduar — graduare

33 Grundmodell — standard pattern, model — patron — patrón — modello

34 Halbzunge — half tongue watertight — demi-languette — media lengüeta, media portezuela — mezza linguetta

01 Beutelzunge — tongue watertight — languette-poche — lengüeta (portezuela) cosida en forma de bolsa — linguetta-borsa
02 Hinterriemenschleife — backstrap loop — baguette arrière — corredera de la tira del contrafuerte — tiranti di dietro
03 Hinterteil — back — arrière-part — parte trasera — parte posteriore
04 Besatzoberteil — golosh — borde — borde, orla — bordo, orlo
05 Jockei-Hinterriemen — jockey backstrap — baguette de la botte de jockey — tira trasera en la bota del jockey — tiranti di dietro negli stivali dei Jockey
06 Flügel — wing — ailette — corte, ala — taglio, ala
07 Flügelvorfuß — vamp (brogue wing) — empeigne — corte tope — quartiere
08 gerade Vorderkappe — straight toe — bout droit — puntafuerte recta — puntina retta
09 halbspitze Vorderkappe — semi-pointed, half-peak toe — bout demi-pointu — puntafuerte medio apuntada — puntina mezzo-appuntata
10 spitze Vorderkappe — pointed, peak toe — bout pointu — puntafuerte apuntada — puntina appuntata
11 verlängerte Vorderkappe — extended toe — bout allongé — puntafuerte larga (alargada) — puntina allungata
12 Zuschneiden, Stanzen — clicking of leather, sole cutting (with caster knife) — poinçonner, découper — cortadura, remachada — tagliatura, tranciatura
13 Schnallenriemen - straps — tirette de boucles — tiras, cinta de hebillas — cinta per fibbie
14 schneiden — to strip, to cut — couper — cortar, recortar — tagliare
15 Schnitt — edge — lisse — el corte, el canto — lissa
16 Schmalschnitt — pump edge — lisse étroite — de canto angosto — lissa angusta (stretta)
17 Breitschnitt — square edge — lisse large — de canto largo — lissa larga
18 Schnitt schneiden — to edge cut — couper la lisse — cortar canto — tagliare lisse
19 Knopflasche — scalloped button piece — œillet — oreja para botón — orecchia per abbottonare
20 Zuschneidemodell - clicking pattern — patron pour découper — modelo de corte — modello per tagliare
21 Ösenleder — inside facings — sous-œillets — pieza para ojetes — cuoio di magliette
22 Tuche für Schäfte — cloths for uppers — toile pour doubler tiges — entretela para cañas — tela per foderare tomaie
23 Handarbeitssystem — combination handwork system — système travail à main — sistema trabajo a mano — sistema lavoro a mano
24 umbiegen — to fold over — replier — dobladillar — piegare
25 Umgestaltung — alteration — transformation — alteración — trasformazione
26 Unterkante — under edge — lisse inférieure — canto inferior — lissa bassa
27 Oberkante — top band — bord supérieur — canto superior — lissa superiore
28 zusammenstoßend — joined — joint — juntado — giunto
29 zuspitzen — to taper — tailler en pointe — apuntar — appuntare
30 Markierschablone — stencil — patron pour marquer — dechado para marcar — modello per segnare
31 ausgelochtes Oberteil — punched golosh — quartier aux œillets — empeine ojeado — quartiere con occhielli
32 Perforierung — perforating (centre design) — perforation — perforación — perforazione
33 gestoßenes Knopfloch — stabbed hole — boutonnière poinçonnée — ojal punzado — occhiello puntato
34 gewalkt — crimped — cambré — moldeado, enfranado — gualcato
35 Hämmern — beating — marteler — batir — battere, cilindrare
36 auslochen — to perforate, to punch — perforer — perforar, hacer ojales — perforare

b)

37 Stepperei
Closing room
Atelier de piqûre
Taller para pespuntear
Reparto orlatura

38 Schärfmaschine — skiving machine — machine à parer — máquina para rebajar — macchina a smussare
39 Zementiermaschine — cementing machine — machine à cimenter — máquina para dar cemento — macchina a cementare
40 Buggmaschine — folding machine — machine à remplier — máquina para dobladillar — macchina a ripiegare
41 buggen, umbuggen — to fold over — remplier — dobladillar — ripiegare
42 Perforiermaschine — perforating machine — machine à perforer — máquina para perforar — macchina a perforare
43 Steppmaschine — stitching machine — machine à piquer — máquina para pespuntear — macchina per orlare
44 Einnadelflachmaschine — single needle flat bed sewing machine — machine à coudre plate à une aiguille — máquina para coser en plano con 1 aguja — macchina ad 1 ago base piana
45 Mehrnadelflachmaschine — multiple needle flat bed sewing machine — machine à coudre plate à plusieurs aiguilles — máquina para coser en plano

con varias agujas — macchina ad aghi multipli, base piana

01 Linksarmmaschine — left hand cylinder bed sewing machine — machine à coudre tubulaire, volant à gauche — máquina con brazo izquierdo — macchina a braccio cilindrico, volante sinistro

02 Rechtsarmmaschine — right hand cylinder bed sewing machine — machine à coudre tubulaire, volant à droite — máquina con brazo derecho — macchina a braccio cilindrico, volante destro

03 Säulenmaschine — post bed sewing machine — machine à coudre à pilier vertical (ou machine à champignon) — máquina para coser sobre columna — macchina a colonna

04 Zylindermaschine — side wheel cylinder sewing machine — machine à cylindre — máquina cilíndrica de coser con rueda lateral — macchina a cilindro

05 Knopflochausnähmaschine — buttonhole sewing machine — machine à coudre la boutonnière — máquina para coser ojales — macchina per cucire gli occhielli

06 Spannmaschine — two-needle flat bed staying machine or side-wheel cylinder staying machine — machine à tendre — máquina de dos agujas plana para coser tirantes o máquina cilíndrica de coser tirantes con rueda lateral — macchina a colonna 2 aghi, oppure macchina di prospetto punto a catenella

07 Doppelnahtmaschine — two-needle vamping flat bed sewing machine — machine à coudre plate à claquer à deux aiguilles — máquina a dos agujas para puntear — macchina a 2 aghi per l'attaccatura di mascherine

08 Spezialmaschine — special machine — machine spéciale — máquina especial — macchina speciale

09 Nahtausreibmaschine — seam rubbing machine — machine à rabattre la couture — máquina para asentar costuras — macchina per appianare le cuciture

10 Sturzmaschine — folding machine — machine à retourner — máquina para volver y asentar — macchina per rovesciare

11 Ösenmaschine — eyeletting machine — machine à poser les œillets — máquina para colocar (poner) ojetes — macchina occhiellatrice (per applicare gli occhielli)

12 Agraffenmaschine — hook setting machine — machines à poser les agrafes — máquina para colocar (poner) ganchos, agrafas — macchina per applicare i ganci

13 Knöpfesetzmaschine — button fixing machine — machine à poser les boutons — máquina para colocar (poner) botones — macchina per applicare i bottoni

14 Schaftschnürmaschine — upper lacing machine — machine à lacer les tiges — máquina para enlazar los cortes — macchina per allacciare le tomaie

15 Struppenschneidemaschine — loop cutting machine — machine à couper les tirettes — máquina para cortar los tirantes — macchina per tagliare i tiranti

16 unterlegt — backed — renforcé — reforzado — rinforzato

17 vernietet — clenched — rivé — remachado, con remaches — ribadito, con rivetti

18 Verzierungen — ornaments — ornements — ornamentos — ornamenti

19 Nahtband, Nahtstäbchen — stay tapes — baguette — vareta, punta de costura — bacchetta

20 steppen — to stitch — piquer — pespuntar — orlare

21 stürzen — to bead — doubler — doblar cosiendo — cucire doppio

22 Einfaßborde für Schaft (Oberteile) — top banding — bordure pour la tige — orla, ribete para las cañas de botas altas — orla di tomaia

23 ausgenähtes Knopfloch — worked button hole — boutonnière ourlée — ojal cosido, labrado — occhiello cucito

24 Biesenleder — welting — œillet de plissage — tira de cuero para vivos — cuoio per montare bordi

25 Biesenrahmen — beadings — plissage — vira insertando vivos — bordo orlato

26 Druckknöpfe — spring buttons — boutons de pression — automáticos, botones a presión — bottoni di pressione

27 Einfaßbänder — bindings — garnitures, bordures — ribetes, orlas para guarnecer — finimento

28 Einfassen — binding — border — ribetear, orlar — orlare

29 Gamaschenzubehör — legging fittings, accessories — garniture de guêtres — lo que apartenece a las polainas — guarnitura per gambali

30 einfache Strippenbänder — plain loopings — tirettes — tiras, orejas — tiranti, orecchie

31 Strippen mit eingewebten Namen — lettered loopings — tirettes avec nom entretissé — tiras con nombre insertado — tiranti con nome impresso (tessuto)

32 Besatzstäbchen — vamp stays — baguette — apoyo del corte al borde — bacchetta

33 genähtes Vorderteil — stitched forepart — front cousu — parte delantera cosida — fronte cucita

34 nähen — to stitch — coudre — coser, costurar — cucire

35 Naht — seam — couture — costura — cucitura

c)

01 Stanzerei
Press room
Atelier de découpage
Taller para preparar el ensolado
Reparto tranciatura

02 Brückenstanze — revolution press — presse à plateau mobile — máquina-prensa (guillotina) con puente movible — trancia a rivoluzione
03 Tellerstanze — open ended clicking press — presse à plateau — máquina-prensa con plato — trancia a piatto
04 Fleckstanze — cutting knives, press for heel lifts — machine à découper les bouts — máquina-prensa para cortar tapas — trancia per i fogli del tacco
05 Stückelstanze — small clicking press — machine à découper les morceaux de cuir — máquina-prensa para cortar cuero en dimensiones distintas — trancia per tomaie
06 Rangiermaschine — ranging machine — machine à couper le cuir en bandes — máquina para cortar bandas (tiras) de cuero — macchina per tagliare il cuoio in liste
07 Sohlenschneidmaschine - sole cutting or stamping machine — machine à découper les semelles — máquina para cortar suelas — macchina per tagliare le suole
08 Brandsohlenrißmaschine — insole channelling machine — machine à graver les semelles-premières — máquina para hacer hendidos a las plantillas — macchina per scalfire i sottopiedi
09 Sohlenrißmaschine — sole channelling machine — machine à graver les semelles — máquina para hacer hendidos a las suelas — macchina per scalfire le suole
10 Gemmaschine — gemming machine — machine gem à entoiler les premières — máquina para entelar — macchina per intelare i sottopiedi
11 Aufrauhmaschine — roughing-up machine — machine à rendre rugueux — máquina para cardar — macchina per arruvidire
12 Sohlenformpresse — sole moulding machine — machine à estamper les semelles — máquina para moldear las suelas — pressa per formare le suole
13 Absatzvorbaumaschine — heel building machine — machine à superposer les sous-bouts — máquina para preparar el tacón — macchina per comporre i tacchi
14 Absatzpresse — heel press or compressor — machine à serrer les talons — máquina para prensar tacones — pressa per tacchi
15 Zementiermaschine — cementing machine — machine à étendre la colle — máquina para dar cemento — macchina per cementare
16 Kederheftmaschine — rand tacking machine — machine à fixer les couche-points — máquina para fijar cercos — macchina per fissare il giretto
17 Egalisiermaschine — levelling machine — machine à égaliser — máquina para igualar — macchina per uguagliare
18 Sortiermaschine — sorting machine — machine à assortir — máquina para asortir, surtir — macchina per assortire
19 Kederschneidmaschine — rand cutting machine — machine à couper les couche-points — máquina para cortar cercos — macchina per tagliare i giretti
20 Kappenschleifmaschine - counter or stiffener buffing machine — machine à poncer les contreforts — máquina para afilar contrafuertes — macchina per pomiciare i contrafforti
21 Kappenauszackmaschine — stiffener gimping machine — machine à denteler les contreforts — máquina para dentar contrafuertes — macchina per dentellare i contrafforti
22 Stanzklötze — cutting blocks — billets — tajos de madera — ceppi
23 Stanzmesser — caster knives — emporte-pièces — sacabocados (troqueles) — fustelle
24 wasserdichter Kanevas — waterproof canvas — canevas imperméable — cañamaza impermeable - canavaccio impermeabile
25 Kanevas — canvas — canevas — cañamaza — canavaccio
26 Poplin — poplin — popline — poplina — poplina
27 gestückte Sohle — piece-sole — semelle rapiécée — suela en piezas — suola rappezzata
28 Halbsohle — half sole — demi-semelle - media suela — mezza suola
29 doppelte Sohle — clump — semelle double — suela doble — suola doppia
30 Spaltfleck, Spaltlederfleck — split lift — bout refendu — tapa de costra — tacco di spaccato
31 spalten — to split, to wedge — fendre — dividir, aserrar — fendere, spaccare
32 Keilspalten — wedge splitting — division cunéiforme — división cuneiforme — divisione cuneiforme
33 Gelenkeinlage — waist pad — insertion — enfranque, cojinete — cambrura
34 Stanzen, Zuschneiden — clicking, cutting — poinçonner — remache, corte — punzonare
35 Riß — channel, groove — gravure — hendido — increna
36 Außensohle — outsole — semelle — suela de afuera — suola di fuori, suola esteriore
37 aushöhlen, rissen - grooving, channelling — graver — ranunar, hender — scalfire
38 Herrichtung — closing — finissage — aderezo — preparazione

01 herrichten — to close uppers — dresser — aderezar — preparare
02 Gelenk — waist — cambrure — enfranque, juntura — cambratura
03 gelenkig – jointed, flexible — articulé, flexible — juntado, flexible — giuntato, flessibile
04 hinteres Gelenk — hind shank — arrière-jointure — enfranque trasero — cambrione posteriore

d)

05 Zwickerei
Making, lasting room
Atelier de montage
Taller del montado
Reparto montatura

06 Fersenheftmaschine — seat fastening machine — machine à ficher l'emboîtage — máquina para fijar taloneras — macchina per fissare il calcagno
07 Überholmaschine — pulling over machine — machine à mettre sur forme et à tirer en longueur — máquina para centrar el corte — macchina per premontare
08 Zwickmaschine — consol lasting machine — machine à monter — máquina para montar — macchina per montare
09 Spitzenzwickmaschine — toe lasting machine — machine à monter la pointe — máquina para montar puntas — macchina per montare le punte
10 Fersenzwickmaschine — heel seat lasting machine — machine à monter les emboîtages — máquina para montar traseras — macchina per montare il boettaggio
11 Anklopfmaschine – pounding-up machine — machine à battre la tige — máquina para asentar el montado — macchina per ribattere
12 Brandsohlenheftmaschine — insole tacking machine — machine à afficher les semelles-premières — máquina para fijar las plantillas macchina per fissare i sottopiedi
13 Täksheftmaschine – tacking machine — machine à afficher à la semence — máquina para fijar con semences — macchina per fissare a semenze
14 Sohlenheftmaschine — sole tacking machine — machine à afficher les semelles — máquina para fijar las suelas — macchina per fissare le suole
15 Sohlenauflegemaschine — sole laying machine — machine à poser les semelles — máquina para asentar las suelas — macchina per applicare le suole
16 Rißöffnermaschine — channel opening machine — machine à ouvrir la gravure — máquina para abrir el hendido — macchina per aprire la scalfittura
17 Zwickständer — lasting stands — étaux de montage — zócalo para montar — pilastri per montare
18 Kappeneinklebapparat — counter pasting apparatus — appareil à coller les bouts et contreforts — aparato para pegar los contrafuertes — apparecchio per incollare i contrafforti e le punte
19 Hammer — hammer (tool), driver (in the machine) — marteau — martillo — martello
20 Zwickzangen — lasting pincers — pinces à monter — tenazas para montar — pinze a montare
21 Gelenkzange — waist pincer — pinces à tirer la cambrure — tenaza para enfranques — pinze per i fiossi
22 Beißzange — pincers, cutting nipper — pinces — tenazuelas — tenaglie
23 Ölstein — oilstone — pierre d'huile, pierre douce — piedra aceitada para moler — pietra ad olio
24 Schuhständer — trees (lasting jack) — casiers — estante para calzado — scaffale
25 Schuhzubehör – grindery, accessories — garniture — artículos (afines) para calzado, accesorios, arreos — guarnitura per le scarpe
26 Spannung — tension — tension — tensión — tensione
27 Steifkappe — cased toe — bout dur — pieza reforzante del tope — cappellotto
28 Stoßkappe — blocked toe — bout — puntafuerte reforzada — puntina
29 Kappensteifleinen — toe puff material — toile pour renforcer contreforts — entretela para reforzar contrafuertes — tela per rinforzare contrafforti
30 strecken — to stretch — étirer — estirar con horma — stendere, stirare
31 schmaler Rahmen — narrow welt — trépointe étroite — vira angosta — guardolo stretto
32 mittelbreiter Rahmen — medium welt — trépointe moyenne — vira medio larga — guardolo mediano
33 Einkerben von Kappen — nicking — denteler contreforts — dentar puntafuertes — dentellare cappellotti
34 aufzwicken — to last a shoe — monter — montar — montare
35 Aufleger — layers — monteur (de semelles) — asentador (de suelas) — montatore (di suole)

e)

36 Bodenbefestigung
Bottom attaching room
Pose de la semelle
Colocación de la suela
Fissamento del fondo

37 Einstechmaschine — welt sewing machine or welter — machine à coudre en trépointe — máquina para empalmillar (emplantillar) — macchina per cucire il guardolo
38 Doppelmaschine — outsole stitcher — machine à coudre le point — máquina para puntear — macchina per cucire a punto scoperto
39 Durchnähmaschine — sole sewing machine or Blake

Sewer or McKay Sewer — machine à coudre de part en part (ou à coudre Blake) — máquina para coser a punto de cadeneta — macchina per cucire a dentro e fuori

01 Holznagelmaschine — wood pegging machine — machine à cheviller bois — máquina para estaquillar — macchina per inchiodare a stecchette di legno

02 Sohlenschraubmaschine — sole screwing machine — machine à visser les semelles — máquina para atornillar suelas — macchina per avvitare le suole

03 Riß-Schließmaschine — channel laying machine — machine à fermer la gravure — máquina para cerrar el hendido — macchina per chiudere l'increna

04 Ränderiermaschine — stitch wheeling machine — machine à faire le fauxpoint — máquina para marcar el punto — macchina per marcare il punto

05 Stichstuppmaschine — stitch separating machine — machine à poinçonner la couture — máquina para picar el punto — macchina per dividere il punto

06 Beschneidemaschine (je nach Art) — cutting machine, trimming machine, rounding machine — machine à rogner, machine à couper — máquina para recortar — macchina per rifilare

07 Falzmaschine — folding machine — machine à plier — máquina para plegar — macchina per piegare

08 Wendemaschine — turning machine — machine à retourner — máquina para dar vuelta — macchina per rovesciare

09 Stiftenraspelmaschine — peg rasping machine — machine à râper les chevilles de bois — máquina para raspar las estaquillas — macchina per raspare le punte

10 Leisten — last — forme — horma — forma

11 Einleistmaschine — lasting machine — machine à mettre sur forme — máquina para enhormar — macchina per introdurre le forme

12 Ausleistmaschine — last slipping machine — machine à enlever la forme — máquina para deshormar — macchina per levare le forme

13 Glättmaschine — levelling machine — machine à lisser — máquina para lisar — macchina per lisciare (spianare)

14 Anschlagfräsmaschine — heel seat trimming machine — machine à fraiser l'emboîtage — máquina para lijar boca-tapas — macchina per fresare la boetta

15 Absatzaufnagelmaschine — heel attaching machine, heeling machine — machine à clouer les talons — máquina para clavar tacones — macchina per inchiodare i tacchi

16 Stiftmaschine (Nagelmaschine) — loose nailer — machine à clouer — máquina para clavetear — macchina per incavigliare

17 Oberfleckstiftmaschine — slugging machine — machine à bonbouter — máquina para clavar tapas firmes — macchina per incavigliare i sopratacchi

18 Absatzfrontausglasmaschine — heel breast cutting or trimming machine — machine à verrer la gorge ou le devant du talon — máquina para lijar la frente de los tacones — macchina per vetrare la fronte dei tacchi

19 Absatzfrontbeschneidmaschine — heel breast machine — machine à rogner les bords du devant des talons — máquina para recortar la frente de los tacones — macchina per ritagliare la fronte dei tacchi

20 Fräsmesserschleifmaschine — cutter grinding machine – machine à aiguiser les fraises — máquina para afilar las cuchillas de fresar — macchina per affilare i coltelli-frese

21 Sohlenbenagelmaschine – hob nailing machine, sole nailing machine — machine à clouer les semelles — máquina para clavetear las suelas — macchina per guarnire le suole di chiodi

22 Agomaschine (allgemein) — stuck-on machinery — machine Ago — máquina „Ago" — macchina „Ago"

23 Agopressen — stuck-on presses, welding presses — presses Ago — prensas „Ago" — presse „Ago"

24 Aufrauhmaschine — roughing-up machine — machine à rendre rugueux — máquina para cardar — macchina per irruvidire

25 Oberfleckschleifmaschine — top lift scouring machine — machine à verrer le bonboutage — máquina para afilar las tapas firmes — macchina per pomiciare i sopra-tacchi

26 Absatzfräsmaschine — heel trimming machine — machine à fraiser les talons — máquina para fresar los tacones — macchina per fresare i tacchi

27 Absatzglasmaschine — heel scouring machine — machine à verrer les talons — máquina para lijar los tacones — macchina per vetrare i tacchi

28 Absatzfrontglasmaschine — heel breast scouring machine — machine à verrer la gorge ou le devant du talon — máquina para lijar la frente de los tacones — macchina per vetrare la fronte dei tacchi

29 Messerschleifmaschine — knife grinding machine — machine à aiguiser les lames — máquina para afilar cuchillas — macchina per affilare i coltelli

30 Transmission — shafting — transmission — transmisión — trasmissione

31 Vorgelege — countershaft — renvoi — contramarcha — rinvio

01 Scheibe (für den Antrieb) — pulley — poulie — polea — disco, puleggia
02 Rißmesser — channelling knife, grooving knife — couteau à graver — cuchilla de hacer hendidos — coltello a scalfire
03 Nadel — needle — aiguille — aguja — ago
04 Ahle — awl — alène — alesna — lesina
05 Fräsmesser — trimmer — fraise — cuchilla para fresar — coltello-fresa
06 Ablasser — feathering knife (hand), feathering device (machine) — ébourreur — desviradora (descejador) — refilatore
07 Klammern — clips, clasps, staple — crampons, crochets — horquillas, grapas, corchetes — grappe
08 rahmengenäht — welted — cousu à trépointe — cosido (a vira) — cucito a guardolo
09 geschraubte Stiefel — screwed boots — bottes vissées (au lieu de cousues) — botas con suelas atornilladas — stivali con suole avvitate
10 holzgenagelte Stiefel — pegged boots — bottines montées à chevilles de bois — botas estaquilladas — stivali inchiodati con stecchetti di legno
11 durchgenähte Stiefel — machine-sewn boots — bottes cousues de part en part — botas cosidas a punto de cadeneta, botas pespunteadas — stivali con cucitura Blake
12 drahtgenäht — wire sewn — cousu à fil de fer — cosido con hilo metálico — cucito con filo metallico
13 imitierte Veldtschoen — imitation Veldtschoen — imitation Veldtschoen — imitación Veldtschoen — imitazione Veldtschoen
14 Doppelsteppstich — outsole stitching — piqué-doublé — pespunte — orla doppia
15 rundumgenähte Schuhe — sewrounds — bottines cousues à l'entour — calzados cosidos alrededor — scarpe cucite tutt'intorno
16 Einbinden — binding — coudre, lier — coser para montar — cucire, legare
17 Einlage — insertion — cambrion, semelles — inserción, pieza de refuerzo — cambrione
18 Einschneiden — slashing — fendre, denteler, couper — dentar — dentellare
19 Einstechrahmen — welting (Goodyear and Rand) — trépointe — vira de puntar — guardolo
20 Ferse — seat, rand, heel — emboîtage — talonera — boettaggio
21 Fersen beschneiden — to round the seats — roquer l'emboîtage — recortar taloneras — ritagliare boettaggi
22 Front — front — front — frente — fronte
23 Gelbdoppeln – fair stitching — doubler en jaune — doblar en amarillo — doppiare in giallo
24 Ablassen — feathering — ébourrer — desvirar, descejar — refilare
25 Ablaßkante (der Sohle) — feather — bord ébourré — cantos desvirados (descejados) — bordo del guardolo refilato
26 Abnehmen — taking-off — ôter — sacar, quitar — levare, scorciare
27 amerikanischer Absatz — American heel — talon américain — tacón americano — tacco americano
28 deutscher Absatz — German heel seat — talon style allemand — tacón, medida alemana — tacco tedesco
29 Eisenabsatz — heel tip — talon ferré — taco de hierro — tacco ferrato
30 Louis-Absatz — Louis heel — talon Louis XV — tacón Luis XV — tacco Luigi XV
31 Befestigung — attaching — affermissement — ligadura, clavazón, costura — fermatura
32 Binden — binding — coudre, lier — coser, ligar — cucire, legare
33 Rahmenkante — seam — trépointe, bord — canto de vira — bordino
34 gestiftet — loose-nailed — cloué — claveteado — inchiodato
35 Besohlung — soling, resoling — ressemelage — sobrasolar zapatos — solettatura

f)

36 Ausputz
Finishing room
Finissage
Acabado
Finissaggio

37 Schuhausputzpräparate – finishing products for the shoe industry — produits de finissage pour chaussures — productos de finisaje para calzado — prodotti chimici e lucidi per calzature
38 Bodenglasmaschine — bottom scouring machine — machine à verrer les semelles — máquina para apomazar suelas — macchina per vetrare il fondo
39 Absatzglasmaschine — heel scouring machine — machine à verrer les talons — máquina para apomazar los tacones — macchina per vetrare il tacco
40 Bodenbimsmaschine — bottom buffing machine or Naumkeag — machine à poncer les semelles — máquina para apomazar suelas — macchina per pomiciare il fondo
41 Schnittfräsmaschine — edge trimming machine — machine à fraiser la lisse — máquina para desvirar cantos — macchina per fresare le lisse
42 Absatzfräsmaschine — heel trimming machine — machine à fraiser les talons — máquina para fresar tacones — macchina per fresare i tacchi
43 Schnittpoliermaschine — edge polishing machine — machine à déformer la lisse — máquina para pulir cantos — macchina per sformare le lisse
44 Warmpoliermaschine — hot polishing machine — machine à déformer à chaud — máquina para

pulir en caliente — macchina per sformare a caldo
01 Kaltpoliermaschine — cold polishing machine — machine à déformer à froid — máquina para pulir en frío — macchina per sformare a freddo
02 Stichstuppmaschine — stitch separating machine — machine à poinçonner la couture — máquina para picar el punto (costura) — macchina per dividere il punto scoperto
03 Roulettiermaschine — heel pricking machine — machine à marquer le point à la roulette — máquina para marcar el punto (ruletear) — macchina per marcare il punto
04 Bodenfärbmaschine — bottom staining machine — machine à teindre les semelles — máquina para teñir la suela — macchina per tingere il fondo
05 Wachsabreibmaschine — bottom finishing machine, machine for removing excess wax — machine à déformer les semelles — máquina para quitar la cera — macchina per strofinare la cera
06 Schaftreinigungsmaschine — upper cleaning machine — machine à nettoyer la tige — máquina para limpiar la caña (corte) — macchina per nettare le tomaie
07 Schaftausblockmaschine — boot or shoe treeing machine — machine pneumatique à astiquer la tige — máquina para retocar los cortes — macchina per gonfiare e stirare le tomaie
08 Prägemaschine — embossing machine — machine à imprimer — máquina para imprimir — macchina per punzonare
09 Faltenpresse — folding press — machine à serrer les plis — prensa de formar pliegues — pressa per fare le pieghe sul davanti della tomaia
10 Kartonheftmaschine — box-making machine — machine à agrafer les cartons — máquina para coser cajas de cartón — macchina per agganciare le scatole
11 Etikettiermaschine — labelling machine — machine à étiquetter — máquina para colocar (poner) etiquetas, máquina para rotular — macchina per applicare le etichette
12 Bodenputzmaschine — bottom finishing machine — machine à nettoyer la semelle — máquina para limpiar las suelas — macchina per finire il fondo
13 Kantensetzmaschine — edge-setting machine — machine à faire le mur — máquina para bruñir el canto — macchina per applicare il bordino
14 Einlegesohlen-Apparat — sock lining apparatus — outil à coller les premières blanches — aparato para poner (colocar) las suelas interiores — apparecchio per soletta
15 Markenstempelmaschine — trade mark embossing machine — machine à imprimer les marques de fabrique — máquina para imprimir la marca de fábrica — macchina per timbrare la marca di fabbrica
16 Bügelapparat — ironing apparatus — appareil à repasser — aparato para planchar — apparecchio per stirare
17 Poliereisen — polishing tool — fer à déformer — hierro para pulir — ferro a sformare
18 Polierscheibe — polishing disc — disque à déformer — disco para pulir — disco a sformare
19 Bügeleisen — finishing iron — fer à repasser — hierro para planchar — ferro a stirare
20 Täckzieher — tack puller — tire-semences — saca-semences — leva-semenze
21 Rollgestell — movable rack — chariot à roulettes — estante con ruedas, carretillo — carrello
22 Regal — stationary rack — casier — estante — scaffale
23 Schleife — bow, loop, slide — nœud — nudo, lazo — fiocco, nodo
24 Schuhriemen — latchets — cordons — cordones para calzado — stringhe, lacci
25 Absatzschweifung — heel-pitch — cambrure — corvadura del tacón — curvatura dei tacchi
26 stuppen — to indent — poinçonner — dentar, recortar — dentellare
27 polieren — to burnish — polir, brunir — pulir, bruñir — polire
28 Pomponschleife — pompom bow — pompon — nudo pompón — fiocco pompone
29 geprägt — embossed — imprimé — estampado — punzonato
30 Größenstempelung mit Farbe — size marking with colour — impression de la pointure en couleur — estampado de medidas en color — impressione della misura a colore
31 Absatzschwärze — heel black, quick black — encre noire pour talons — tinta para tacones — tinta per i tacchi
32 Abschrägung — bevel — biseautage — chaflán, desbaste en declive, bisel — smussatura
33 Stellring — collar — réglage — anillo conductor — anello conduttore
34 passen — to fit a foot — aller bien — ajustarse, ir bien — andar bene
35 schwarzer Boden — black bottom — semelle en noir — suela teñida en negro — suola annerita
36 äußere Stiche — facing stitches — couture extérieure — puntura de afuera — puntura di fuori (esteriore)
37 Kettenstich — chain-stitch — point de chaînette — punto de cadeneta — punta a catena
38 bimsen — to buff — poncer — apomazar — pomiciare (rivetrare)
39 Leistenschneider — last maker — formier — hormero — tagliatore di forme

01 Gestell — rack — casier — armazón — scaffale
02 Filz — felt — feutre — fieltro — feltro
03 Täckskanal — raceway — passe-semences — pasasemences — passa-chiodi
04 Tab — Tab (trade mark for edge cutters and irons) — Tab, marque de fabrique des outils pour travailler la lisse — Tab es una marca registrada para utensilios de cortar cantos — Tab, marca registrata di utensili per tagliare lisse
05 Zwickel — gore, gusset — élastique — entrepieza, escudete, elástico – elastico
06 drehen — to twist — tortiller — torcer, retorcer — torcere
07 Ausfülleisten, Fülleisten — shoe filler — forme pour remplir — horma a llenar — forma per riempire

5.

08 **Arbeitsvorgang bei der Herstellung eines Mac Kay-Schuhes**
Operations in the manufacture of a McKay (M. S.) shoe
Les différentes opérations de travail pour la fabrication d'une chaussure cousue blake
Las operaciones distintas de trabajo para la fabricación de un calzado del cosido blake
Andamento della lavorazione nella confezione di scarpe „Blake"

09 Leisten aufstellen — assembling — assembler ou placer les formes — surtir o preparar las hormas — assortire le forme di legno
10 Schäfte sortieren — upper sorting — assortir les tiges — surtir los cortes — assortire le tomaie
11 Brandsohlen heften — insole tacking — afficher les premières — fijar las plantillas — fissare i sottopiedi
12 Hinterkappen kleben — counter pasting — coller les contreforts — pegar los contrafuertes — incollare i contrafforti
13 Vorderkappen kleben — toe-puff pasting — coller les bouts — pegar los puntafuertes — incollare i cappellotti (cappelletti)
14 Fersen heften — heel seat tacking – afficher l'emboîtage (afficher la partie-arrière de la chaussure) — fijar las taloneras — fissare i calcagni
15 Überholen — pulling over — mettre sur forme — centrar el corte — premontare
16 Seiten zwicken — side lasting – monter les flancs, monter les côtés — montar costados — montare i fianchi
17 Spitzen zwicken — toe lasting — monter les pointes — montar puntas — montare le punte
18 Stifte ziehen — tack pulling — tirer les semences — sacar semences — levare i chiodi
19 Fersen zwicken — heel seat lasting — monter l'emboîtage — montar traseras — montare i calcagni
20 Anklopfen — pounding up — battre la tige — asentar el montado — ribattere
21 Gelenk heften — shank attaching — fixer la cambrure — fijar enfranques — fissare i cambrioni
22 Ausballen — bottom filling — remplir — rellenar — fare il riempimento
23 Sohlen heften — sole attaching — afficher les semelles — fijar suelas — fissare le suole
24 Ausleisten — last slipping — enlever la forme, sortir la forme — deshormar — levare le forme, estrarre le forme
25 Durchnähen — Blake or McKay sewing or machine sewing — coudre de part en part — coser a punto de cadeneta — cucire a dentro e fuori
26 Holznageln — wood pegging — cheviller bois — estaquillar — inchiodare con stecchette di legno
27 Riß zementieren — channel cementing — cimenter la gravure — dar cemento al hendido — cementare l'increna
28 Riß schließen — channel closing — fermer la gravure — cerrar el hendido — chiudere l'increna
29 Anschlag fräsen — heel seat trimming — fraiser l'emboîtage — recortado de pestañas — fresare la boetta
30 Glätten — levelling — lisser — lisar, alisar — lisciare
31 Schnitt fräsen — edge trimming, roughing – fraiser la lisse — fresar el canto (de bocatapas) — fresare la lissa
32 Schnitt anstreichen — painting the edge — passer l'encre sur la lisse — dar tinta al canto — tingere la lissa
33 Schnitt polieren — edge polishing (burnishing) — déformer la lisse — desvirar los cantos — sformare la lissa
34 Wachsen — waxing — cirer — encerar (dar cera) — dare la cera
35 Stich setzen — stitch wheeling — marquer le point à la roulette — marcar el punto — marcare il punto
36 Absatz setzen — heel setting — clouer les talons — asentar el tacón — comporre il tacco
37 Absatz fräsen — heel trimming — fraiser le talon — fresar el tacón — fresare il tacco
38 Absatz glasen — heel scouring (rough) — verrer le talon — lijar el tacón — vetrare il tacco
39 Absatz fein glasen — heel scouring (fine) — poncer le talon — apomazar el tacón — rivetrare il tacco
40 Oberfleck stiften — slugging — bonbouter — clavetear las tapas firmes — incavigliare il sopratacco

01 Absatzfront beschneiden — heel breasting — couper la gorge du talon, couper le devant du talon — recortar la frente de los tacones — ritagliare la fronte del tacco
02 Absatzfront glasen — heel breast scouring — verrer la gorge du talon, verrer le devant du talon — lijar la frente de los tacones — vetrare la fronte del tacco
03 Absatz schwärzen — heel inking — passer l'encre sur le talon — dar tinta a los tacones — annerire il tacco
04 Absatz polieren — heel polishing — déformer le talon — desvirar los tacones — sformare il tacco
05 Boden und Gelenk glasen — bottom and waist scouring — verrer la semelle et la cambrure — lijar la suela y el enfranque — vetrare il fondo e la cambratura
06 Boden und Gelenk färben — bottom and waist painting — teindre la semelle et la cambrure — teñir la suela y el enfranque — tingere il fondo e la cambratura
07 Boden und Gelenk polieren — bottom and waist finishing — polir la semelle et la cambrure — pulir la suela y el enfranque — sformare il fondo e la cambratura
08 Kanten setzen — edge setting — faire le mur — bruñir el canto — applicare il bordino
09 Roulettieren — heel pricking — marquer le petit point à la roulette — marcar el punto — marcare il punto
10 Ausleisten — last slipping, de-lasting — enlever (sortir) la forme — deshormar — levare le forme
11 Deckbrandsohlen kleben — sock lining pasting — coller les semelles de couverture (semelles intérieures) — pegar las suelas de cobertura (suelas interiores) — incollare coprisuole
12 Futter reinigen — lining cleaning — nettoyer la doublure — limpiar el forro — nettare la fodera
13 Markenstempel aufdrükken — trade mark embossing — imprimer les marques de fabrique — imprimir la marca de fábrica — stampare la marca di fabbrica
14 Bügeln — ironing — repasser — planchar — stirare
15 Appretieren — dressing, finishing — apprêter — dar apresto — apprettare
16 das Nachappretieren — final dressing — ré-apprêter — último apresto — l'apprettatura supplementare
17 Schuh reinigen — shoe cleaning — nettoyer la chaussure — limpiar el calzado — nettare la scarpa
18 Reparieren — repairing — réparer — hacer composturas — riparare
19 Kartonieren — packing — mettre en carton — poner en cajas de cartón, encartonar — mettere in scatole

6.

20 Arbeitsvorgang bei der Herstellung eines Rahmenschuhes

Operations in the manufacture of a welted shoe

Les différentes opérations de travail pour la fabrication d'une chaussure-trépointe

Las operaciones distintas de trabajo para la fabricación de un calzado obra de viras

Andamento della lavorazione nella confezione della scarpa a guardolo

21 Leisten aufstellen — assembling — assembler ou placer les formes — surtir y preparar las hormas — assortire le forme
22 Brandsohlen klammeraufheften — insole stapling — afficher les semelles-premières au crampon — horquillar las plantillas — fissare i sottopiedi a gancetti
23 Brandsohlenfersen fräsen — insole seat trimming — fraiser la partie-arrière de la semelle-première — fresar las taloneras de las plantillas — fresare il calcagno del sottopiede
24 Hinterkappen kleben — counter pasting — coller les contreforts — pegar los contrafuertes — incollare i contrafforti
25 Vorderkappen kleben — toe-puff pasting — coller les bouts durs — pegar los puntafuertes — incollare i cappellotti
26 Vorheft-Maschine — seat fastening machine — machine à afficher provisoirement – máquina para fijar provisionalmente — macchina per fissare la boetta
27 Vorhol-Tischzange — bench-pincer — pinces à tirer en longueur (à placer sur une table) — tenaza para estirar el corte — pinze per tendere la tomaia
28 Überholen — pulling over — mettre sur forme et tirer en longueur — centrar el corte — premontare
29 Fersenseiten heften — counter ends tacking — fixer les côtés de l'emboîtage — montar los costados — fissare i fianchi del calcagno
30 Klammerseiten zwicken — staple side lasting — monter les flancs (ou côtés) au crampon — montar los costados con horquillas — montare i fianchi a gancetti
31 Fersen zwicken — heel seat lasting — monter l'emboîtage — montar las traseras — montare i calcagni
32 Spitzen zwicken — toe lasting — monter les pointes (ou la pointe) — montar puntas — montare le punte
33 Spitzen eindampfen — toe mulling — passer la

pointe à la vapeur — vaporizar puntas — rammollire i puntali a vapore

01 Anklopfen — pounding up — battre la tige — asentar el montado — ribattere

02 Oberleder abschneiden — upper trimming — rogner (couper) la tige — recortar el empeine — refilare la tomaia

03 Draht entfernen — removing the wire — enlever le fil de fer — quitar el hilo de alambre — levare il filo di ferro

04 Brandsohlen rissen — insole channelling — gravurer les semelles-premières — hacer hendidos a las plantillas — scalfire i sottopiedi

05 Brandsohlenspitzen einschneiden — insole toe incising — inciser la pointe de la semelle-première — hacer incisiones en las puntas de las plantillas — intagliare le punte dei sottopiedi

06 Lippen zementieren — lip cementing — cimenter les lèvres de gravure — dar cemento a las pestañas — cementare le labbra

07 Lippen aufstellen — lip lifting — relever les lèvres de gravure — levantar las pestañas — alzare le labbra

08 Überziehen — lining, coating (cover) — entoiler — entelar — intelare

09 Rahmenaushöhl- und Egalisiermaschine — welt grooving and planing machine — machine à rainurer et égaliser la trépointe — máquina para ranurar y igualar la vira — macchina per scanalare ed eguagliare il guardolo

10 Rahmeneinstechmaschine — welt sewing machine or welter — machine à coudre en trépointe — máquina para empalmillar (emplantillar) — macchina per cucire il guardolo

11 Brandsohlenklammer ziehen — staple pulling — enlever les crampons de la semelle-première — sacar las horquillas de las plantillas — levare i ganci dai sottopiedi

12 Innennaht-Egalisiermaschine — inseam trimming machine — machine à rafraîchir la couture en trépointe — máquina para igualar la costura interior — macchina per eguagliare la cucitura interna

13 Glätten (Einstechnaht) — inseam rolling — rabattre la couture en trépointe — rebatir la costura de la obra de vira — appianare (la cucitura del guardolo)

14 Rahmenenden abschrägen und heften — welt butting and tacking — biseauter et fixer les extrémités de la trépointe — achaflanar y fijar los extremos de las viras — smussare e fissare le estremità del guardolo

15 rahmenklopfen — welt beating — battre la trépointe — amartillar las viras — battere il guardolo

16 Einlageaufheftmaschine — bottom filler tacking machine — machine à ficher les cambrions — máquina para fijar los cambrillones — macchina per fissare i cambrioni

17 Ausballen mit Kork — bottom filling with cork — remplir avec du liège — rellenar la suela con corcho — riempire le suole con sughero

18 zementieren — to cement — cimenter — dar cemento — cementare

19 Sohlenauflegemaschine — sole laying machine — machine à afficher les semelles — máquina para asentar las suelas — macchina per applicare le suole

20 Sohlenfersen heften — heel seat tacking — machine à afficher les semelles de l'emboîtage — máquina para fijar las taloneras — macchina per fissare i calcagni delle suole

21 Sohlenbeschneid- u. Rißmaschine — rough rounding and channelling machine — machine à brocher et graver sur forme — máquina para recortar las suelas y hacer el hendido — macchina per rifilare la suola e fare l'increna

22 Sohlengelenk schärfen — sole waist reducing machine — parer les semelles en cambrure — màquina para afinar los enfranques de las suelas — macchina per smussare la cambratura

23 Riß öffnen — channel opening, grooving – ouvrir la gravure — abrir el hendido — aprire l'increna

24 Vorfräsen (Fräsen) — trimming — fraisage préliminaire — fresado preliminar — prima fresatura

25 Doppeln – outsole stitching — coudre au petit point — puntear — cucire a punto scoperto

26 Rahmenkanten ablassen — welt feathering — ébourrer — desvirar (descejar) los cantos de las viras — refilare il bordo del guardolo

27 Schnitte anreiben — waxing the edges, edge dressing — passer l'encre sur la lisse — dar tinta a los cantos — incerare i bordi

28 Riß zementieren — channel cementing — cimenter la gravure — dar cemento al hendido — cementare l'increna

29 Riß schließen — channel closing — fermer la gravure — cerrar el hendido — chiudere l'increna

30 Stichform-Maschine — stitch wheeling machine — machine à marquer le petit point à la roulette — máquina para marcar el punto — macchina per marcare il punto

31 Stichstupp-Maschine — stitch separating machine — machine à poinçonner la couture — máquina para picar el punto — macchina per dividere il punto

32 Glätten – levelling, sleeking — lisser — lisar — spianare (lisciare)

33 Fersen nageln — heel seat nailing — clouer l'emboîtage — clavetear las taloneras — inchiodare il calcagno

01 Beschneiden — trimming — couper — recortar — refilare

02 Rißkanten bereiben — channel edge laying — ouvrir les gravures, rabattre les bords de la gravure — rebatir el borde del hendido — aprire scalfitture

03 Gelenkteil vorglasen (Gelenkglasen) – shank scouring — premier verrage du cambrion — lijar el enfranque en la primera operación — prima vetratura della cambratura

04 Absatz aufnageln — heel nailing or heeling — clouer les talons — clavar tacones — inchiodare il tacco

05 Oberfleck stiften — slugging — bonbouter — clavar la tapa firme — incavigliare il sopratacco

06 Absatz fräsen — heel trimming — fraiser les talons — fresar los tacones — fresare il tacco

07 Schnitte fräsen — edge trimming — fraiser les lisses — fresar (desvirar) los cantos — fresare le lisse

08 Absatz vorglasen — heel scouring (first operation) — premier verrage du talon — lijar el tacón en la primera operación — prima vetratura del tacco

09 Absatz nachglasen — heel scouring (second operation) — second verrage du talon — lijar el tacón en la segunda operación — vetratura supplementare del tacco

10 Absatzfront glasen — heel breast scouring — verrer la gorge du talon (ou le devant du talon) — lijar la frente de los tacones — vetrare la fronte del tacco

11 Gelenke zum Absatz ausgleichen — to rand — faire les raccords — hacer la unión del enfranque con el tacón — raccordo

12 Schnitte schwärzen — edge inking or blacking — passer l'encre noire sur les lisses — dar tinta negra a los cantos — annerire le lisse

13 Schnitte polieren — edge polishing — déformer les lisses — pulir cantos — sformare le lisse

14 Oberfleck glasen — top lift scouring — verrer les bonbouts — lijar las tapas firmes — vetrare il sopratacco

15 Boden glasen und bimsen — bottom scouring and buffing — verrer et poncer les semelles — lijar y apomazar las suelas — vetrare e pomiciare il fondo

16 Anschwärzen — blacking, inking — passer l'encre noire — dar con tinta negra — annerire

17 Absatz polieren — heel polishing — déformer le talon — pulir tacones — sformare il tacco

18 Kanten roulettieren — edge pricking — rouletter les bords — ruletear los cantos — sformare i bordi

19 Bodengelenk und Oberfleck polieren — waist and top lift polishing — déformer la cambrure et le bonbout — pulir el enfranque y la tapa firme — sformare il fiosso ed il sopratacco

20 Kanten setzen — edge setting — imprimer le bord des semelles à la roulette — bruñir el canto — mettere il bordino colorato

21 Verzierungsrädchen — ornamenting wheel — roulette à orner — ruedecita para adornar — roletta per ornare

22 Oberfleckstifte reinigen — heel slug cleaning — nettoyer le bonboutage — limpiar los clavitos de la tapa firme — pulire le punte del sopratacco

23 Oberflecke reinigen — top lift cleaning — nettoyer les bonbouts — limpiar las tapas firmes — pulire il sopratacco

24 Ausleisten — last slipping, de-lasting — sortir la forme — deshormar — estrarre le forme

25 Sohlen stempeln – bottom stamping — marquer les semelles — marcar las suelas — timbrare le suole

26 Täkse entfernen — tack pulling — enlever les semences — sacar las semences — levare le semenze

27 Fersenkappenstück einlegen — inserting heel pad — appliquer la talonnette — colocación de la taloneta — applicare tallonette

28 Futter reinigen — lining cleaning — nettoyer la doublure — limpiar el forro — pulire la fodera

29 Verputzen — repairing — réparation — reparación, compostura — riparazione

30 Bügeln und Appretieren — ironing and dressing — repasser et apprêter — planchar y dar apresto — stirare ed apprettare

31 Boden, Absatz und Schnitt nachbürsten — bottom, heel and edge brushing — brosser une deuxième fois les semelles, talons et lisses — cepillar por segunda vez a las suelas, tacones y cantos — spazzolare il fondo, il tacco e le lisse

32 Stiefel schnüren — boot lacing — lacer la chaussure — enlazar los cortes — applicare la stringa

33 Nachsehen — checking, inspecting — examiner — examinar — controllare

34 Karton stempeln und einkartonieren —box stamping and packing – marquer le carton et mettre en carton — marcar el cartón y encartonar — timbrare le scatole e mettere nelle scatole

7.

35 Arbeitsvorgang in der Stanzerei

Operations in the press room

Les opérations de travail dans l'atelier de découpage

Las operaciones distintas de trabajo en la sección de cortar

Andamento del lavoro nella tranciatura

01 Sohlen egalisieren — sole levelling — égaliser les semelles — igualar las suelas — uguagliare le suole

02 Sohlen stempeln — sole stamping — marquer les semelles – marcar las suelas — timbrare le suole

03 Sohlen aufrauhen — sole roughing — rendre rugueux les semelles — cardar las suelas — irruvidire le suole

04 Sohlengelenk schärfen — waist reducing — parer les semelles en cambrure — afinar el enfranque de las suelas — assottigliare il cambrione

05 Sohlen zementieren — sole cementing — cimenter les semelles — dar cemento a las suelas — cementare le suole

06 Absatzfleck aushöhlen — lift gouging — creuser les sous-bouts — ranurar (ahuecar) la tapa del tacón — scavare i fogli

07 Melvostreifen schneiden für Schrägflecke — composition leather cutting for wedge lifts — couper le melbo en bandes pour sous-bouts obliques — cortar melbo en tiras para tapas oblicuas — tagliatura di fogli smussati in cuoio artificiale

08 Fleck setzen – positioning heel lift, setting heel lifts — poser les sous-bouts — poner las tapas — mettere in posizione sottotacchi

09 Absatz vorbauen — heel building — composer le talon, assembler les sous-bouts — preparar el tacón — comporre il tacco

10 Absatz pressen — heel pressing — serrer le talon — prensar (comprimir) el tacón — comprimere il tacco

11 Absatzfront beschneiden – heel breasting — gouger le devant du talon — recortar la frente del tacón — ritagliare la fronte del tacco

12 Kappen schärfen — stiffener skiving — parer les contreforts — afinar los contrafuertes — smussare i contrafforti

13 Kappen glasen — stiffener scouring — verrer les contreforts — lijar los contrafuertes — vetrare i contrafforti

14 Kappen auszacken — stiffener gimping — denteler les contreforts – dentar los contrafuertes — dentellare i contrafforti

15 Kappen rollen — stiffener rolling – rouler les contreforts — rollar los contrafuertes — arrotolare i contrafforti

16 Kappen vorformen — stiffener rough moulding — galber les contreforts — encorvar los contrafuertes — sagomare i contrafforti

17 Kappen formen — stiffener moulding — mouler les contreforts — moldear los contrafuertes — formare i contrafforti

18 Kappenformmaschine — stiffener moulding machine — machine à mouler les contreforts — máquina para moldear los contrafuertes — macchina da formare i contrafforti

8.

19 Arbeitsvorgang bei einem Damenschuh, der Mac Kay gezwickt und Ago geklebt wird, mit Louis XV.-Absatz

Operations in the manufacture of a women's shoe, which is McKay lasted and cemented, with Louis XV heel

Les différentes opérations de travail pour la fabrication d'une chaussure pour dames montée blake et collée ago, à talon Louis XV.

Las operaciones diferentes de trabajo en la fabricación de un calzado para señoras montado blake y pegado „Ago", provisto de un tacón Louis XV.

Andamento del lavoro nella confezione della scarpa incollata da donna, montatura „Blake", con tacco Louis XV.

20 Leisten aufstellen — assembling — placer ou assembler les formes — preparar (surtir) hormas — assortire le forme

21 Schäfte sortieren —upper sorting — assortir les tiges — surtir empeine (cortes) — assortire le tomaie

22 Brandsohlen heften — insole attaching – afficher les semelles-premières — fijar plantillas — fissare i sottopiedi

23 Hinterkappen kleben — counter pasting — coller les contreforts — pegar contrafuertes — incollare i contrafforti

24 Vorderkappen kleben — toe-puff pasting — coller les bouts — pegar puntafuertes — incollare i cappellotti (cappelletti)

25 Fersen heften — seat attaching — afficher l'emboîtage — fijar taloneras — fissare il calcagno

26 Überholen — pulling over — mettre sur forme et tirer en longueur — centrar el corte —premontare

27 Seiten zwicken — side lasting — monter les flancs (les côtés) —montar costados — montare i fianchi

28 Spitzen zwicken — toe lasting — monter les pointes — montar puntas — montare le punte

29 Stifte ziehen — tack pulling — tirer les semences — sacar semences — levare i chiodi

30 Fersen zwicken — heel seat lasting — monter l'emboîtage — montar traseras — montare il calcagno

31 Oberleder und Futter abschneiden — upper and lining trimming — couper la tige et la doublure — recortar empeine y forro — tagliare la tomaia e la fodera

01 Anklopfen — pounding up — battre la tige — asentar el montado — ribattere

02 Gelenk heften — shank tacking — afficher la cambrure — fijar el enfranque — fissare il cambriglione

03 Ausballen mit Kork — bottom filling with cork — remplir avec du liège — rellenar la suela con corcho —riempire il fondo con sughero

04 Sohlen agoisieren — sole cementing — étendre la colle „ago" sur les semelles – dar la cola „Ago" a las suelas — trattare le suole per fissarle con„Ago"

05 Oberleder aufrauhen — upper roughing — rendre rugueux le bord de la tige — cardar el empeine — irruvidire la tomaia

06 Sohlen heften — sole attaching — afficher les semelles — fijar suelas — fissare le suole

07 Sohlen aufkleben — sole cementing — coller les semelles — pegar suelas — incollare le suole

08 Holzabsatz anpassen — wood heel fitting—ajuster le talon de bois — ajustar el tacón de madera — adattare il tacco di legno

09 Hals agoisieren — breast cementing — passer la colle „Ago" sur la gorge — dar la cola a la gorja de la frente – trattare la gola con „Ago"

10 Absatz vorbefestigen — fastening the heel provisionally — fixer provisoirement les talons — fijar provisionalmente el tacón — fissare il tacco provvisoriamente

11 Absatzfront anpressen — breast pressing — coller la gorge — pegar la frente de los tacones — comprimere la fronte del tacco

12 Hals beschneiden — breast trimming — couper le bord de la gorge — recortar el canto de la frente — refilare la gola

13 Oberfleck stiften — slugging – bonbouter – clavar la tapa firme — incavigliare il sopratacco

14 Oberfleck fräsen — top lift trimming — fraiser les bonbouts — fresar la tapa firme — fresare il sopratacco

15 Schnitt fräsen — edge trimming — fraiser la lisse — fresar el canto —fresare le lisse

16 Gelenk fräsen — shank trimming — fraiser la cambrure — fresar el enfranque — fresare il fiosso

17 Färben — dyeing, painting — teindre — teñir — tingere, colorare

18 Schnitt und Oberfleck vorpolieren — edge and top lift smoothing — déformer les lisses et les bonbouts — pulir el canto de la frente y pulir por primera vez la tapa firme — sformare lisse e sopratacchi

19 Wachs auftragen — waxing — passer la cire — dar la cera — dare la cera

20 Schnitt polieren — edge finishing — déformer la lisse — pulir (desvirar) el canto — sformare le lisse

21 Hals polieren — breast polishing — déformer la gorge — pulir la frente (gorja) — sformare la gola

22 Hals bimsen — breast buffing — poncer la gorge — apomazar la frente (gorja) — pomiciare la gola

23 Boden und Oberfleck glasen — bottom and top lift scouring — verrer les semelles et les bonbouts — lijar (apomazar) las suelas y las tapas firmes — vetrare il fondo ed il sopratacco

24 Boden färben — bottom painting — passer l'encre sur les semelles — teñir las suelas — tingere il fondo

25 Boden polieren — bottom polishing — polir les semelles — pulir las suelas— sformare il fondo

26 Kanten setzen — edge setting — imprimer le bord de la semelle à la roulette — bruñir los cantos — mettere il bordino colorato

27 Schuh putzen — shoe cleaning — nettoyer la chaussure — limpiar el calzado — nettare la scarpa, pulire la scarpa

28 Ausleisten — last slipping, de-lasting — sortir la forme — deshormar — estrarre la forma

29 Absatz aufnageln — heel attaching — clouer les talons – clavar los tacones — inchiodare il tacco

30 Stifte stecken — nailing (slugging) — remplir le chargeur de clous—cargar clavos para clavar tacones — caricare chiodi per tacchi

31 nageln — to nail — clouer — clavar — chiodare

32 Warenzeichen, Fabrikmarke — trade mark — marque de fabrique — marca de fábrica — marca di fabbrica

33 Markenstempel aufdrükken — trade mark embossing — apposer la marque de fabrique — imprimir la marca de fábrica — applicare la marca di fabbrica

34 Patent — legal patent — patent, brevet — patente — patente, brevetto

35 Deckbrandsohlen einlegen — sock lining — placer les semelles de couverture (ou semelles intérieures) — colocar (poner) las plantillas de cobertura (suelas interiores) — introdurre i copri-suole (o sottopiedi di tela)

36 Futter reinigen — lining cleaning — nettoyer la doublure — limpiar eg forro — pulire la fodera

37 Bügeln — ironing — repasser — planchar — stirare

38 Appretieren — dressing — apprêter — dar apresto — appretare

39 Nachappretieren — final dressing — ré-apprêter — volver a dar apresto — ripetere l'apprettatura

40 Abbürsten mit der Maschine —machine brushing — brosser à la machine — cepillar con la máquina — spazzolare con la macchina

41 Reparieren — repairing — réparer — hacer composturas — riparare

01 Kartonieren — packing, boxing — mettre en carton — encartonar — mettere in scatole

VI.

02 Leimleder, Haare, Abfälle
Glue stock, hair, trimmings
Colle, poils, déchets
Recortaduras, pelo, recortes
Carniccio, peli, cascami

03 Aas, Scherfleisch — fleshings — débris d'écharnage, chair — carne, descarne, carnaza — carne, carniccio, carne di scarnatura

04 Abschnitte — trimmings, cuttings — copeaux, rognures — recortes, retazos, retales, recortaduras — scarti, ritagli di cuoio

05 Beine — legs — pattes — piernas, patas — zampe, zampette

06 Bindegewebesubstanz — gelatinous fibre, connective tissue — tissu cellulaire — fibra gelatinosa, tejidos celularios — fibra gelatinosa (glutinosa), tessuto gelatinoso cellulare

07 Blanchierspäne – whitenings — dérayures de blanchissage — virutas del desbaste, recortes del blanqueo — scarti di sbianchitura

08 Lohfalzspäne — vegetable shavings — dérayures végétales — recortes de curtición vegetal — rasatura vegetale

09 Chromfalzspäne – chrome shavings — dérayures de chrome — recortes (borra) de piel curtida al cromo — rasatura al cromo

10 Falzspäne — shavings — dérayures — recortaduras, virutas – limbello di cuoio, rasatura

11 Fleischspalt — flesh split — croûte — descarne, costra, serraje — croste

12 Gallerte — jelly — gelée — gelatina — gelatina, glutine

13 gallertartig — gelatinous — gélatineux — gelatinoso — gelatinoso, glutinoso

14 Gelatine — gelatine — gélatine — gelatina — gelatina

15 technische Gelatine (Leimgelatine) — technical gelatine — colle-gélatine — gelatina técnica — gelatina di colla

16 Gelatineemulsion — gelatine emulsion — émulsion gélatine — gelatina emulsión, emulsión de gelatina — gelatina emulsione

17 Haare — hair — poils — pelos — peli

18 gewaschene Haare — clean washed hair — poils lavés — pelos lavados — pelo lavato (pulito)

19 ungewaschene (nasse) Haare — unwashed hair, wet hair — poils non lavés — pelos sin lavar (sucios) — pelo non lavato (bagnato)

20 Hasenleim — hare (coney) glue — colle de lapin — cola de conejo — colla di lepre

21 leeres Horn — empty horn — corne évidée — asta vacía — tubo del corno

22 Hornschlauch, Hornpeddig — horn pith — cornillon (os dans l'intérieur de la corne) — macho de asta — embola

23 Stirnknochen — frontal bone — os frontal — hueso frontal — osso frontale

24 Köpfe — heads — têtes — cabezas — teste

25 Lederabfälle — leather cuttings, leather waste — — déchets de cuir, chutes de cuir — recortes, retazos — ritagli (cascami) di cuoio

26 Pergamentlederabfälle — parchment leather trimmings — déchets de cuir parchemin — recortes (retazos) de pergamino — scarti di cuoio pergamena

27 Lederabfälle, noch für Lederwaren brauchbar — leather scraps suitable for leather goods — déchets de cuir utilisables pour maroquinerie — recortes utiles para artículos de cuero — ritagli di cuoio utilizzabili per oggetti di cuoio

28 Schleifmehl — buffing powder — poussière de meulage — polvo de esmerilar — polvere di smerigliatura

29 Ledermehl — leather powder — poudre de cuir — harina de cuero, cuero en polvo, raspaduras de piel tintada — polvere di cuoio, farina di pelle conciata

30 Leim (Lederleim) — glue — colle (animale) — cola, cola animal — colla

31 leimgebend — gelatinous — collagène, glutineux — viscoso, glutinoso — vischioso, glutinoso

32 Leimleder, Leimgut — glue stock, spetches — carnasse (auch „colle" genannt) — recortaduras de piel (de que se hace cola), carnaza — materiale per colla, carniccio, spaccatura, pelle da colla

33 frisches Leimleder (ungekälkt) — green glue stock — colle fraîche non chaulée — recortaduras, carnaza verde (fresca) — gelatina fresca (non messa in calce), carniccio fresco (non calcinato)

34 gesalzenes Leimleder — green salted glue stock — colle salée — recortaduras de pieles saladas, carnaza salada — carniccio salato

35 handgeschorenes Leimleder — hand-cut glue stock, hand-fleshings — colle à la main — recortaduras cortadas a mano, retales cortados a mano — gelatina manipolata

36 maschinengeschorenes Leimleder — machine cut glue stock, machine fleshings — colle à la machine — recotaduras a máquina, retales cortados a máquina — gelatina produzione meccanica, carniccio a macchina

37 Leimsieder — glue boiler — fabricant de colle — fabricante de cola — fabbricatore (bollitore) di colla

38 Nebenprodukt — by-product — sous-produit —

subproducto — sottoprodotto, cascami
01 Kanin-Nudeln — rabbit skin pieces, coney shreds — vermicelles de lapin — filetes de conejo casero — vermicelli di coniglio
02 Hasen-Nudeln — hare skin pieces, hare shreds — vermicelles de lièvre — filetes de liebre — vermicelli di lepre
03 Wildkanin-Nudeln — rabbit skin pieces, coney shreds — vermicelles de garennes — filetes de garena (conejos de campo) — vermicelli di garenna
04 Ohrenränder — ear borders — bordures (tours) d'oreilles — bordes de la oreja — margine dell'orecchio
05 Schabsel — shavings, scrapings — poussures, tranchures, raclures — raspaduras — raschiature
06 Schnitzel (Leimlederausdruck) — pieces, fleshings — carnasses, rognures — viruta fina, retales — ritaglio
07 zerschnitzeln, zerschneiden — to shred — découper finement — picar — tagliuzzare, fare a pezzetti
08 Schwanzhaare - tail hairs — crins, poils de queue — pelos de cola, cerda — crine (peli) della coda
09 Schweifquaste — tail tassel, tail tuft — toupet de la queue, émouchet — punto de la cola — fiocco (ciuffo) della coda
10 Spalt — split — croûtes — costra, serraje — croste, spaccature
11 Kalkspalt — limed split — croûtes sur chaux — serraje (costra) de la cal — spaccature in calce, spaccature calcinate
12 gepickelter Spalt — pickled split — croûtes picklées — costra piklada — spaccature (croste) picklate
13 spalten — to split — refendre — dividir, aserrar — spaccare le pelli

INDEX

Deutsch — German — Allemand — Alemán — Tedesco

Die erste Ziffer bezeichnet die Seite, die zweite Ziffer die Nummer des Wortes; der Buchstabe „D" bedeutet „Definition".

A

B

C

F

L

M

N

O

P

Q

W

Z

English — Englisch — Anglais — Inglés — Inglese

The first number indicates the page, the second the number of the word; the letter „D" signifies „definition".

A

B

C

G

H

M

N

O

T

U

V

W

Y

Z

Français — Französisch — French — Francés — Francese

Le premier chiffre indique la page, le second chiffre le numéro du mot; la lettre „D" signifie „définition".

A

B

C

H

I

J

K

L

M

T

U

V

Y

Z

Español — Spanisch — Spanish — Espagnol — Spagnolo

La primera cifra designa la página, la segunda cifra il número de la palabra; la letra ,,D' ' significa ,,definición".

A

B

C

D

E

F

M

N

O

P

Q

R

S

T

U

V

Italiano — Italienisch — Italian — Italien — Italiano

La prima cifra disegna la pagina, la seconda cifra il numero della parola;
la lettera ,,D'' significa ,,definizione''.

A

B

C

G

I

K

L

N

Q

R

S

T

Z

Deutsch—Russisch—Немецко—русский словарь

Die Ziffern verweisen auf Seite und Nummer der Wortgruppe im I. Teil des Buches

Цифры указывают на страницу и номер группы слов в первой части книги

A

Aas, Scherfleisch мездра, срезанная со шкуры 85/03

Aasseite бахтарма; мездряная сторона 15/03

Abbürsten mit der Maschine чистить щеточной машиной 84/40

Abdampfen, Eindampfen выпаривание, испареие 47/39

abdampfen, verdampfen выпаривать, испарять 47/38

abdasseln удалять личинки овода из шкуры животного 18/03

Abdecker, Schinder живодер; съемщик шкур 14/15

Abdeckerei живодерня 14/14

Abdeckerhäute шкуры, снятые в живодерне 2/06

abdunkeln beim Färben оттенять при крашении 35/18

Abfall отбросы 52/03

abfärben обесцвечивать 64/05

Abfett дегра 32/25

abgemistet очищенный от помета 21/17

abgeschliffener Narben шлифованное лицо 60/30

abglasen лощить 37/32

abkühlen охлаждать 14/30

Abkühlung охлаждение 14/04

Ablader выгрузчик; экспедитор 23/07

ablagern lassen, altern оставлять кожи вылеживаться, созревать 33/04

Abnarbeisen нож для снятия лица; стальная острая цикля 38/08

Abnehmen снятие 77/26

Abnutzung, Tragen изнашивание 63/37

Abriebfestigkeit прочность на истирание 63/40

Absatz каблук 70/18

Absatz aufnageln прибить каблук 82/04

Absatzaufnagelmaschine машина для набивки каблуков 76/15

Absatzbau постройка каблука 70/12

Absatz feinglasen тонко стеклить каблук 79/39

Absatzfleck набойка для каблука 70/15

Absatzfleck aushöhlen выдалбливать опорную поверхность каблука 83/06

Absatz fräsen фрезеровать каблук 79/37

Absatzfräsmaschine машина для фрезеровки каблуков, для обтачивания каблуков 76/26

Absatzfront anpressen прижимать фронт каблука 84/11

Absatzfrontausglasmaschine машина для стекления фронта каблуков 76/18

Absatzfrontbeschneidemaschine машина для обрезки фронта у каблука 76/19

Absatzfront beschneiden обрезать фронт у каблука 80/01

Absatzfront glasen стеклить фронт каблука 80/02

Absatzfrontglasmaschine машина для стекления фронта каблука 76/28

Absatz glasen стеклить каблук 79/38

Absatzglasmaschine машина для стекления каблука 76/27

Absatzleder каблучная кожа 56/07

Absatz nachglasen дополнительно стеклить каблук 82/09

Absatznägel гвозди для каблуков 70/29

Absatz polieren полировать каблук 80/04

Absatzpresse пресс для каблуков 74/14

Absatz pressen прессовать каблук 83/10

Absatz setzen прибивать каблук 79/36

Absatzschützer предохранитель каблука 70/47

Absatzschwärze чернь для каблуков 78/31

Absatz schwärzen чернить каблук 80/03

Absatzschweifung выгиб, кривизна каблука 78/25

Absatzstifte штифты для каблуков 70/28

Absatz vorbauen предварительно скрепить каблук 83/09

Anklopfmaschine загоночная машина 75/11
Ankunftshafen порт прибытия; порт назначения 23/10
ansäuern подкислять 43/19
Anschlag fräsen фрезеровать аншлаг 79/29
Anschwärzen чернение 82/16
Anschwellung (Schwulst) опухоль 20/13
ansteckend заразный, инфекционный 20/12
Antikvachetten античные вашеты 57/19
Antilope антилопа 4/13
antiseptisch, fäulniswidrig антисептический, противогнилостный 44/17
Appretieren апретирование, финиш 80/15
appretieren апретировать, отделывать 37/14
Appretiermaschine апретировочная машина 37/17
Appretur zum Verdecken апретура для покрытия царапин 52/21
Appreturmittel средства для апретирования 52/22
Appreturen апретуры 70/40
Arbeitshandschuh рабочая перчатка 61/04
Arbeitsstiefel сапоги или ботинки для рабочих / рабочая обувь / 67/16
Arbeitsvorgang . . . MacKay рабочий процесс при производстве обуви „Мак-Кай“ 79/08
Arbeitsvorgang bei einem Damenschuh рабочий процесс при производстве дамской затяжной обуви „Мак-Кай“ и клейка способом-„Аго“, с каблуком Людовика XV 83/19
Arbeitsvorgang in der Stanzerei рабочий процесс в штамповальном отделении 82/35
Arbeitsvorgang . . . Rahmenschuh рабочий процесс при изготовлении рантовой обуви 80/20
Arbiter, Schiedsrichter арбитр; третейский судья 22/34
Arbitrage арбитраж; записка курса 22/29
Arbitragekammer палата третейского суда 22/33
Arbitrageklausel условие арбитража; оговорка арбитража 22/31
Arbitrageregel правила арбитража 22/32
Arsenäscher мышьяковый зольник 26/11
arsenhaltig мышьяковистый 44/21
arsenige Säure мышьяковистая кислота 44/22
Arsenik, Arsen мышьяк 44/19
arseniziert напитанный мышьяком дезинфицированный раствором мышьяка и затем высушенный на воздухе / 13/11
Arsensäure мышьяковая кислота 44/20
Asche зола 44/23
Aescher зольник 25/24
Aescher alter, Aescher fauler зольник старый, зольник гнилой 26/16
Aescherbrühe, Aescherflüssigkeit зольная жидкость, зольный раствор, известковое молоко 26/09
Aescher, den, abschwächen смягчать зольник 26/13
—, — aufziehen, aufschlagen перебирать шкуры в зольнике / переносить шкуры из одного зольника в другой / 26/21
—, — verbessern обострять зольник 26/14
Aescherfaß зольный барабан 26/03
Aescherflecken пятна от зольника 64/11
Aescher frischer свежий зольник 26/15
Aeschergang зольный ход 26/20
Aescher gebrauchter, schwacher использованный зольник, слабый зольник 26/19
— grauer зольник серый 26/17
Aeschergrube зольная яма 26/02
Aescherhaspel зольный гашпель 26/04
Aescherkalk известь для зольника 26/08
Aeschern, das золение, золка / бучение шкур в ваннах известью, мышьяком, сернистым натрием и т. д. для разрыхления волоса / 25/23
äschern золить 25/25
Aescherwerkstatt зольное помещение; зольное отделение 26/01
Aescherzange зольные щипцы 26/06
Astrinde кора суков/кора малых ветвей/ 41/27
aufbewahren складывать, хранить 10/33
auf dem Baum bearbeiten обрабатывать на колоде 25/02
— den — schlagen помещать на колоде 25/01
— Stangen aufhängen вешать, развешивать на шесты 36/08
— der Stange trocknen сушить на шесте 36/07
aufgepreßter Narben, Chagrinnarben тисненое лицо; шагреневое лицо 39/08
aufgetaut растаянный 13/09
aufhellen mit Säure кисловать; отбеливать кислотами 32/22

Ausziehen экстракция, выщелачивание 47/40
ausziehen aus den Sätzen вынимать из сыпни насухо 30/15
Aether эфир 47/37
Aetzbaryt, Barythydrat едкий барий; гидрат окиси бария 46/01
ätzend едкий 45/41
Aetzfarben едкие краски 21/01
Aetzkali едкий калий 46/04
Aetzkalk, gebrannter Kalk едкая известь, жженая известь 54/28
Aetznatron едкий натр 53/03
Automobilleder автомобильная кожа 57/22

B

Bablah, Babul баблах / стручки акации / 42/36
backig со щеками / башка вырезана „U"-образно из морды, позади ушей, так-что остаются только щеки/15/11
1. Bad beim Zweibadverfahren первая ванна при двухванном методе дубления 31/28
2. Bad (Reduktionsbad) вторая ванна / восстановительная ванна/31/29
Badekoffer чемодан для купальных принадлежностей 65/21
Baderolle сумка для купальных принадлежностей в виде пледа 65/23
Badetasche сумка для купальных принадлежностей 65/22
Bakterien бактерии 12/01
Bakterienschaden повреждение, вызванное бактериями 12/03
Bakterienwachstum развитие бактерий 12/02
bakteriologisch бактериологический 20/02
Balleneinlage заполнение 70/20
Bandmesser ленточный нож 28/08
Bandmesserspaltmaschine ленточная двоильная машина 28/07
Barkometer, Brühmesser, Spindel баркометр, ареометр 44/31
Barythydrat, Aetzbaryt гидрат окиси бария, едкий барий 46/01
Base основание 44/33
basisch основной 44/34
basischer Farbstoff основной краситель 44/35
Bastard, Cabretten помесь 59/43
Bauch und Klauen falzen строгать живот и лапы 33/15
Bäuche брюх, живот 56/03
Bauchspalt ополки 61/40
Bauchspeicheldrüse поджелудочная железа 44/25
Bauernfelle шкуры из крестьянского убоя и убоя из-за болезни скота 2/07
Baumarbeiter рабочий, обрабатывающий шкуры на колоде 24/39
Baumwollfarbstoff краситель для хлопка 46/42
Bazillen, Bakterien бациллы, бактерии 20/04
Befestigung скрепление 77/31
Beiladung догрузка 23/17
beim Färben abdunkeln оттенять при крашении 35/18
Beimischung, Zusatz примесь, добавка 55/23
Beine ноги 85/05
bei Seehund und Robbe das Fett abstoßen удалять жир с кожи тюленя 34/21
Beißzange клещи-кусачки 75/22
Beize мягчение 28/13
Beize (in der Färberei) протрава 50/20
Beize aus Hühner- oder Taubenmist шакша / настой из куриного или голубиного помета/28/16
Beizbütte чан для отрубного киселя 29/05
beizen мягчить / удаление зольных остатков, одновременно разрыхление шкуры перед дублением/28/15
— der Farbe претравливать 35/17
Beizenfarbstoff протравной краситель 50/21
Beizflecken пятна от неудовлетворительного мягчения 64/16
Beizhaspel мягчительный гашпель 29/07
Beiztrommel мягчительный барабан 29/06
Bekleidungsleder кожа для одежды 60/07
belegte Kipse покрытые кипсы 13/16
benagt обгрызанный 18/24
Benzin бензин 44/38
Berberitze барбарис 44/27
Berberitzenauszug барбарисовый экстракт 54/33
Berberitzensaft сок барбарисовых ягод 44/26
Berberitzenwurzel корень барбариса 44/28
berechnetes Gewicht зафактурированный вес 8/12
Berufender апеллянт 22/37
Berufung апелляция 22/35
Berufungskammer апелляционная палата 22/36

Besatz обшивка, гарнитур 69/12
Besatzoberteil верхняя часть гарнитуры 72/04
Besatzstäbchen столбик для обшивок 73/32
besondere Bedingungen специальные условия; особые условия 23/04
Beschlagnahme конфискация 23/42
beschlagnahmen конфисковать 23/43
beschneiden обрезать 14/31
Beschneiden обрезка 82/01
Beschneidemaschine машина для обрезывания 76/06
Beschnitt обрез 14/32
beschwert утяжеленный 13/17
Beschwerungsmittel утяжеляющие средства, вещества 55/01
Besohlung подбивка подметки 77/35
Bestecketui футляр для прибора / столового / 66/03
bestreuen, sprenkeln засыпать, крапить 36/15
Besuchstasche визитная сумка 66/26
Beutelzunge мешочный язычок 72/01
Bezeichnung für eine Haut, die im Bauch und Hals dick ist название шкуры, толстой на животе и воротке, сравнительно тонкой на хребте 6/31
Biber бобр 4/29
Bienenwachs пчелиный воск 44/37
Biesen задний вкладной ремешок 69/46
Biesenleder кожа для заднего вкладного ремешка 73/24
Biesenrahmen рант для заднего вкладного ремешка 73/25
Bieter, Bewerber предлагающий, наддатчик, претендент 22/01
bimsen пемзовать, шлифовать 38/05
Bimsstaub порошок пемзы 48/31
Bimsstein пемза в кусках 38/10
Bimswalze, Dolierrad, Schleifzylinder пемзовый шлифовальный вал; наждачный круг; пушильный круг 38/09
Bindegewebe соединительная ткань 17/02
Bindegewebesubstanz вещество соединительной ткани; коллаген 17/01
Binden связка 77/32
Binderiemen ушивальник; ремешок 56/19
Biologe биолог 20/06
Birkenöl березовый деготь 45/01
Birkenteeröl березовый деготь 45/02
Birkenteeröl, Juchtenöl юфтовый деготь 45/02
Bittersalz, schwefelsaure Magnesia горькая соль, сернокислый магний, сульфит магния 47/36
Blanchiereisen бланшир; нож для бланшировки 34/26
blanchieren бланшировать / удаление неровностей на лице или также на бахтарме кожи, выдубленной бланширом или бланшировальной машиной / 34/24
Blanchiermaschine бланшировальная машина 34/27
Blanchierspäne бланшировальные стружки 85/07
Blanchierstahl сталь для бланшировки 34/25
Blankleder, Geschirrleder бланковая кожа, глянцевая кожа, шорно-седельная кожа 56/23
Blanktran отбеленный рыбий жир 46/30
Blasbalgleder кожа для кузнечных мехов 57/02
Bläschen пузырек, прыщ 20/19
Blatt, Vorderblatt союзка 69/13
Blattgold листовое золото 49/04
Blauholz, Campecheholz сандал, кампешевое дерево 45/32
blechig жестообразный 62/25
Blechmarke жестяные марки; жестяные клейма 23/22
Bleiche mit Bleizucker беление свинцовым сахаром и серной кислотой 32/18
Bleichextrakt экстракт для беления 45/10
Bleichkalk, Chlorkalk белильная известь 45/06
Bleichmittel отбеливающее вещество 45/05
Bleiessig свинцовый уксус 49/34
Bleiglätte свинцовый глет; окись свинца 50/02
Bleistiftetui футляр для карандашей 66/06
Bleisulfat, schwefelsaures Blei сернокислый свинец 49/35
Bleiweiß свинцовые белила 55/06
Blöße голье / обезволошенная и мягченная шкура / 29/08
Blößengewicht гольевой вес / вес шкур после удаления башки, ног, волоса и т. д., однако перед двоением / 9/03
Blume, Ausschlag цвет, налет / дубителя и жира / 64/30
Blut кровь 45/07
Blutalbumin кровяной альбумин 45/09
Blutflecke кровяные пятна 12/04

C

D

Dachs барсук 4/25
Damenschuhe дамские полуботинки 68/20
Damenstiefel дамские сапоги 67/26
Damentasche дамская сумка 66/23
Dampfschwitze паровое швицевание 27/05
das Aeschern золение, золка / бучение шкур в ваннах известью, мышьяком, сернистым натрием и т. д., для разрыхления волоса / 25/23
— Gesamtlösliche общие растворимые 54/21
— Leder mit Lohe bestreuen засыпать кожу корьем 30/16
— letzte Walken последнее валяние 30/30
Dasselbeule желвак, вызванный оводом 17/30
Dasselfliege овод 17/28
Dasselfliegenplage поражение от овода 17/29
Dassellarve личинка овода 17/31
Dassellarvenloch свищ 17/32
Daumen большой палец 61/08
das Walken валяние 30/29
Deckbrandsohle наклейка 70/21
Deckbrandsohlen einlegen вкладывать наклейку 84/35
Deckbrandsohlen kleben клеить наклейку 80/11
Deckelfelle der Häuteballen кроющие шкуры шкурного тюка 13/21
dehnbar, streckbar растяжимый, тягучий 63/02
Delphintran дельфиновая ворвань 45/03
den Aescher abschwächen смягчать зольник 26/13
— — aufziehen, aufschlagen перебирать шкуры в зольнике / переносить шкуры из одного зольника в другой / 26/21
— — verbessern, anschärfen обострять зольник 26/14
denaturieren денатурировать 10/08
Denaturierungsmittel средство для денатурирования 10/09
den Narben abstoßen снять лицо стругом 34/29
— — spalten двоить лицо / замшевое дубление/28/02
Derbyschuhe башмаки „Дерби“ 68/01
Derbystiefel сапоги „Дерби“ 67/08
Derbytasche сумка „Дерби“ 65/32
der mittlere Teil beim zweimaligen Spalten средняя часть при двукратном двоении 28/04
desgarriert обрезанная шкура / без башки, ног, хвоста, вымени и т. д./ 16/25
Desinfektion дезинфекция 13/12
Desinfektionsbad дезинфицирующая ванна 18/15
Desinfektionsmittel дезинфицирующее средство 13/13
Destillation дистилляция, перегонка 47/22
destillieren дистиллировать 47/21
deutscher Absatz немецкий каблук 77/28
Dextrin, Stärkegummi декстрин 47/13
Dextrose декстроза 47/14
dicht, geschlossen плотный / с лица/ 7/18
dichtes, volles Haar густой волос 6/21
dick, rund толстый, круглый 6/32
Dickhäuterfelle шкуры толстокожих животных 4/37
die am Rahmen hängenden Häute bewegen передвигать шкуры, развешенные на рамах 26/28
die geschmierten Leder ablagern оставлять кожи в кучах для лучшего впитывания жира 34/22
— Grube abtränken наполнять ямы; заливать водой или дубильным соком 30/08
— Leder dampf werden lassen отвлаживать кожи протягиванием через воду или засыпкой в увлажненные опилки 36/16
— Sommermonate летние месяцы / время, когда животные имеют более короткий волос или шерсть/6/05
— Schneide des Falzes umlegen заворачивать, загибать лезвие фальца 34/04
— Weiche отмока, замочка 24/19
Digallussäure дигалловая кислота 47/15
Diplomatenmappe портфель для дипломатов 66/18
Dividivi диви-диви 42/34
Dongola-Gerbung донгола-дубление / комбинированное дубление квасцами и гамбиром/31/24
Doppelgarn двойные нитки 70/33
Doppelmaschine доппельмашина 75/38
Doppeln удваивать 81/25
Doppelnahtmaschine доппельмашина 73/07
Doppelsteppstich двойная строчка, двойной шов 77/14

doppeltchromsaures Natron двухромокислый натрий 52/42
doppelte Sohle двойная подошва 74/29
doppelt gebrannt вдвое выжженный 21/07
Dorsch навага 47/24
Dotter, Eidotter, Eigelb желток 55/18
Draht entfernen удалять проволоку 81/03
drahtgenäht сшитые проволокой 77/12
Dreiäscherverfahren система трехзольников 26/32
drehen скручивать 79/06
Dreikronenöl масло „Три короны" / шведский сорт масла/54/18
Drellfutter тиковая подкладка 69/26
Druckknöpfe кнопки 73/26
Drüsen железы 16/28
Dunkeltran бурый рыбий жир; неочищенный рыбий жир 46/28
dunkle Luftflecken auf lohgaren Ledern темные воздушные пятна на краснодубленых кожах 64/23
dunkle Stellen bei ungenügender Beize темные места, получающиеся при недостаточном мягчении 64/18
dünn, platt, flach тонкий, плоский 6/33
Dunst im Schiffsraum испарения в трюме 23/37
durchgefärbt прокрашенный насквозь 35/26
durchgegerbt продубленный; прокрашенный насквозь 31/07
durchgenähte Stiefel прошитые сапоги 77/11
Durchgerbezahl, Durchgerbungszahl число продуба 33/03
durchkreuzt помесь 5/17
Durchnähen прошивание 79/25
Durchnähgarn прошивные нитки 70/31
Durchnähmaschine прошивная машина 75/39
durchscheinend просвечивающий, прозрачный 7/37
durchschlagen (Fett usw.) проходить насквозь / жир, краска, дубитель / 64/27
durchschnittlich средний 23/31
Durchschnittsgewicht средний вес 8/19
durch unsachgemäßes Schwitzen hervorgerufene Zerstörung des Narbens разрушение лицевого слоя шкуры, вызванное нецелесообразным швицеванием 27/08

E

Eckhaut des Stapels боковая шкура штабеля 10/39
Egalisiermaschine машина для выравнивания 74/17
Eichel жолудь 42/25
Eichelbecher желудовая чашечка; плюска 42/26
Eichenholz дубовая древесина 42/21
Eichenholzextrakt экстракт дубовой древесины 42/22
Eichenlohgerbung дубление дубовой корой 29/28
Eichenrinde дубовая кора 41/01
Eichenrindegerbsäure дубо- дубильная кислота 51/40
Eichhorn белка 4/34
Eidechse ящерица 4/48
Eidechsleder кожа ящерицы 61/17
Eigenschaften свойства 5/24
Einarbeitung подготовка шкур к водяным работам 24/17
Einbadgerbung однованное дубление 31/26
Einbinden связка 77/16
einbrennen вжигать 34/15
eindicken, extrahieren сгущать, экстрагировать 30/18
einen Stoßglanz geben, glanzstoßen давать глянец, лощить 37/26
einfache Strippenbänder ушки 73/30
Einfaßbänder тесьма 73/27
Einfaßborde für Schaft кайма для голенищ 73/22
Einfassen обшивание лентой 73/28
eingetragene Handelsmarke зарегистрированная торговая марка 23/20
einfarbig одноцветный 6/15
einheimisch туземный, местный 5/27
einheimische Häute местные шкуры 5/25
Einkaufstasche сумка для покупок 65/30
Einkerben von Kappen зарубка капиков 75/33
Einlage вкладка 77/17
Einlageaufheftmaschine закрепляющая машина для вкладочной стельки 81/16
Einlegesohlenapparat аппарат для вкладывания стельки 78/14
Einleistmaschine машина для вкладывания колодок 76/11
Einnadelflachmaschine плоскошвейная машина с одной иголкой 72/44
einsalzen in Salzlake тузлучить 9/31
Einsatz вставка 69/19
Einschneiden надрезание 77/18
einschnurren стягивать 63/28

Einstechgarn проколочные нитки 70/32
Einstechmaschine проколочная машина 75/37
Einstechrahmen ранты 77/19
eintauchen, baden погружать, купать 18/17
Einweichgewicht (Einarbeitungsgewicht) вес перед размочкой / вес шкур, подготовленных к водяным работам/ 9/01
Eisenabsatz железный каблук 77/29
Eisenalaun железные квасцы 49/24
Eisenchlorid хлорное железо 52/25
Eisengerbung железное дубление 32/27
Eisenoxyd окись железа 52/26
Eisenoxydulsalz соль закиси железа 48/21
Eisenschwärze железная чернь 47/08
Eisenvitriol железный купорос; сернокислое железо 48/22
Eislaufstiefel сапоги или ботинки для коньков 67/19
Eiter гной 20/16
eiterig гнойный 20/17
Eiweiß белок; яичный альбумин 43/25
eiweißartig белковый, альбуминозный 43/26
Eiweißstoffe белковые вещества 43/27
elastisch, nachgiebig эластичный, упругий 62/40
Elastizität, Nachgiebigkeit эластичность, податливость, упругость 62/39
Elch, Elentier лось 4/10
Elefant слон 4/38
Ellagensäure эллаговая дубильная кислота 47/34
Ellagsäure эллаговая кислота 47/33
Empfang прием 22/17
empfangen принимать 22/18
Empfänger, Konsignatar получатель, приемщик 23/08
emulgieren эмульгировать 47/35
entborken снимать борку с коры 40/04
entfärben обесцвечивать 35/24
Entfärbungsmittel обесцвечивающее вещество; осветляющее вещество 47/09
Entfernen von überschüssigen Gerbstoffen und Fett удаление избыточных дубящих веществ и жира слабыми щелочными и мыльными растворами 31/19
entfetten обезжиривать 34/23
entfleischen, auf dem Aas ausstoßen мездрить / удаление остатков мяса и сала со шкуры валом со спиральными ножами или ручной скобелью/ 25/06
Entfleischmaschine мездрильная машина 25/08
Entfleischung мездрение 25/07
enthaaren обезволашивать 27/13
Enthaaren und Spalten обезволашивание и двоение 27/11
Enthaarmaschine волосогонная машина 27/17
enthaarte Haut обезволошенная шкура 3/27
Enthaarung обезволашивание 27/12
Enthaarungsmittel волосогонные средства, обезволашивающие средства 47/12
enthärten смягчать / воду / 53/10
enthärtetes Wasser смягченная вода 24/31
enthorntes, (hornloses) Vieh безрогий скот 5/22
entkalken обеззоливать 28/14
Entkälkungsmittel обеззоливающее средство 47/10
entpickeln распиккелевывать / обработка пиккелеванных шкур раствором поваренной соли, содержащим избыточную углекислую известь/29/22
entquellen, verfallen machen вызывать опадение 26/25
entrinden, schälen снимать кору, сдирать кору 40/03
entsäuern удалять кислоту 32/01
entwerten обесценивать 7/43
Entwertung, Minderwertigkeit обесценение; неполноценность 7/41
entwollen обесшерстить 27/14
entwollte Schaffelle овчина без шерсти 3/18
Entwollung обесшерстение 14/34
entzünden, reizen воспаляться, раздражать 19/15
Entzündung, Reizung воспаление, раздражение 19/14
Epidermis, Oberhaut эпидермис / покровный слой шкуры/15/02
Erdalkali окись щелочноземельных металлов 43/33
Erdalkalikarbonat углекислая щелочноземельная соль 43/34
Erdalkalisalz щелочноземельная соль 43/35
erhitzt нагретый 13/01
Erhitzung нагрев 13/02
Erle ольха 42/12
Ersatzmittel, Ledererersatz заменитель кожи 62/08

Erstarrungspunkt точка затвердевания; точка замерзания 46/37
erste Instanz первая инстанция 22/30
erster Glanz, erste Appretur первый глянец 37/18
Esel осел 3/02
Essig, Weinessig уксус, винный уксус 54/32
Essigäther уксусноэтиловый эфир 43/08
Essigsäure уксусная кислота 43/12
Essigsäuregärung уксуснокислое брожение 43/13
essigsaures Blei, Bleizucker уксуснокислый свинец, свинцовый сахар 43/11
essigsaures Eisen уксуснокислое железо 43/10
— Eisenoxydul уксусножелезистая соль 48/20
essigsaure Tonerde уксуснокислый алюминий 43/44
Esche ясень 42/13
Etiketten ярлыки, этикетки 70/45
Etikettiermaschine машина для этикетирования 78/11
Etui gefüllt полный футляр 65/35
— leer пустой футляр 65/34
Euter вымя 15/32
Excelsiormühle мельница „Эксцельзиор" 40/17
Expertise экспертиза 23/38
Extrakt, Auszug экстракт, вытяжка 30/19
gemischter Extrakt смешанный экстракт 47/44
Extraktgerbung соковое дубление; дубление экстрактом 30/17
Extraktivstoffe экстрактивные вещества, извлекающие вещества 47/43

F

Faden des Falzmessers загиб, заворот лезвия фальца 34/03
Fahlleder мостовье 58/05
falscher Boden ложное дно 40/18
Falte складка 12/13
faltige Haut шкура со складками 63/32
Falzbock фальцбок / колода для строгания кож / 33/17
Falzeisen für schwere Häute фальц для строгания тяжелых кож 34/02
falzen фальцовать, строгать / удаление неровностей с бахтармы фальцем или фальцмашиной, когда кожа выдублена и еще не высушена/33/12
Falzen nach der Beize фальцовка после мягчения; строжка после мягчения 29/09
Falzer фальцовщик, строгаль 33/13
Falzgewicht строганый вес 33/14
Falzmaschine фальцмашина, строгальная машина 34/07
Falzmesser, Falzeisen фальц, струг 34/01
Falzplatte доска фальцбока 33/18
Falzspäne стружки 85/10
Farbe краска, цвет 46/35
Färbebad, Farbflotte красильная ванна 47/30
farbecht прочный / о краске / 63/34
Farbe, die mit Brühen angestellt wird краска, составленная только заличными соками 48/30
Farben краски 70/39
färben красить 34/30
Färben крашение 84/17
färben auf der Tafel красить на столе 35/03
Farben auftragen наносить краску 34/35
Färben durch Eintauchen крашение погружением 35/14
Farbengang заличный ход 31/04
färben im Walkfaß красить в барабане 35/08
Färben in der Haspel крашение в гашпеле 35/10
färben in der Mulde красить в корыте, мульде 35/04
— mit der Bürste красить щеткой 35/02
Färber красильщик 34/32
Färberei, Färbraum красильня; красильное помещение 34/33
Farben mischen смешивать краски 34/34
Farbfaß, Färbetrommel красильный барабан 35/09
Farbflecken цветные пятна 13/24
Farbholz красильное дерево 47/31
Farbholzauszug экстракт красильного дерева 47/32
farbig цветной 58/24
Farbleder flammen, sengen, schönen оживлять, подцвечивать, углублять окраску окрашенной кожи 35/19
Färbmaschine красильная машина 35/11
Farbstoff Pigment краситель, пигмент 46/36
Farbüberzug покрытие краской 35/01
Färbung окраска, крашение 34/31
Färsen, Rinder, Kalbinnen выростки, молодой рогатый скот, нетели / местно различные названия для молодых коров, не бывших тельными / 1/20

faserig волокнистый 16/38
Faß бочка 23/25
fassen (derFarben) восприниматься, браться / о краске / 35/15
Faßgerbung барабанное дубление 30/24
faul, faulend, faulig гнилой, прелый 11/23
faulen, verfaulen гнить, сгнивать 11/26
faule Weiche гнилая отмока 24/20
faulige Gärung гнилостное брожение 48/17
Fäulnis, Zersetzung гниение, разложение, распад 11/21
fäulnisfähig способный к гниению 11/27
fäulniswidrige Mittel, Antiseptikum антисептические вещества 44/18
Fäustling рукавица 61/14
fegen сметать 10/26
fehlerfrei без пороков, без повреждений 13/27
fehlerhaftes Bronzieren неправильное бронзирование 64/06
feines Salz мелкая соль 9/21
feinwollig тонкошерстый 6/22
Fellschabe, Speckkäfer кожеед / жук / 18/27
Fensterleder оконная замша 61/01
Ferse пята, пятка 77/20
Fersen beschneiden обрезать пятки 77/21
— heften скреплять пятки, задники 79/14
Fersenheftmaschine сметочная машина для пяток 75/06
Fersenkappenstück einlegen вкладывать задний капик 82/27
Fersen nageln прибивать пятки 81/33
Fersenseiten heften прикреплять бока пятки 80/29
Fersen zwicken затягивать пятки, задники 79/19
Fersenzwickmaschine затяжная машина для пяток 75/10
Fertigleder готовая кожа 39/28
fest (Leder) крепкий, прочный 62/19
— (Gerbstoff) твердый / например, дубильный экстракт / 53/11
fester Extrakt твердый экстракт 47/41
Festigkeit прочность, сопротивление 62/20
festnarbig крепкий, прочный / о лице / 63/14
Fett жир, сало 17/04
Fett abstoßen удалять жир 34/19
— — bei Seehund und Robbe удалять жир с кожи тюленя 34/21
— aus Abstoßfett und Blanchierspänen ausgeschmolzen жир, вытопленный из жиротброса, полученного при отделке кожи, снятой платиром, и из бланшировальных стружек 54/12
synthetische Fette синтетические жиры 52/30
Fettausschlag налет жира 12/33
Fett-Ausstoßmaschine машина для удаления жира 34/20
fetten жировать 34/08
fettes Öl жирное масло 48/10
Fettgerbung жировое дубление 32/15
fettig жирный, сальный 7/31
Fettlicker, Fettschmiere жировая эмульсия, жировая смазка 48/09
fettlickern, degrassieren жировать 34/17
Fett, Schmiere, Schmierfett жир, жировая смазка 48/08
Fettsäure жирная кислота 48/11
Fettschwanzschaffelle жирнохвостые овчины 3/31
Fett-, Talgdrüsen сальные железы 16/30
feucht влажный, сырой 10/19
Feuchtigkeit влажность 10/20
Fichte, Rottanne ель 41/28
Fichtenholz сосновая древесина 42/01
Fichtenrinde еловая кора 41/02
Filterglocke фильтровальный колокол 40/19
Filterkerze фильтровальная свеча 40/20
Filterverfahren фильтрационный метод 48/24
Filz войлок 79/02
Finger палец 61/09
fingierter Narben „ложное лицо“ 63/24
Fischhäute рыбьи шкуры 5/01
Fischleder рыбья кожа 61/19
Fischöl, Tran рыбий жир, ворвань 48/25
Fischotter выдра 4/31
Fisettholz, Fustikholz фустик, физетовое дерево 48/36
fixieren закреплять, фиксировать 35/16
Fixierungsmittel закрепитель, закрепляющее средство 48/28
flach тонкий, ровный, плоский 62/23
— verschiffen плоско грузить на корабль 23/15
— verstauen плоско грузить 23/13
Flakonetui футляр для флаконов 65/37
Fläme пах 15/30
Flechsen сухожилья 16/15
Flechtschuhe плетеная обувь 68/11
Fleck пятно 13/22
fleckig, gefleckt пятнистый 6/17
Fleck setzen ставить набойку 83/08
Fleisch, Aas мясо, мездра 17/03

G

gebrauchter Aescher, schwacher ... использованный зольник, слабый зольник 26/19
gebrochener Narben ломаное лицо 7/16
gebundene Säure связанная кислота 48/27
gedrehter Riemen крученый ременный канат 56/20
gedrungen, voll, lederhaft разбученный, полный 7/05
Gefälle заготовка сырья 6/11
gefettet жированный 57/32
Gefrieranstalt, Kühlhaus холодильник 14/02
gefroren замороженный 13/08
gehackte Rinde рубленая кора 40/36
gehörntes Vieh рогатый скот 5/21
Geißfelle (Mutterziegen) козьи шкуры 3/07
Gelatine желатин 85/14
Gelatineemulsion эмульсия желатина 85/16
Gelbbeeren, Kreuzbeeren желтые, персидские ягоды 51/07
Gelbholz желтое дерево 48/37
Geldscheintasche бумажник для банкнот 66/33
Geldtasche für Fuhrleute ... денежный мешок для трамвайных кондукторов, извозчиков и т. д. 66/14
Geldtransporttasche мешочек для денежного транспорта / носится на теле 66/15
Gelenk (techn.) геленок 75/02
Gelenk сустав, сгиб 68/34
Gelenkeinlage простилка геленка 74/33
Gelenke zum Absatz ausgleichen выравнивать геленки к каблуку 82/11
Gelenk fräsen фрезеровать геленку 84/16
— heften прикреплять геленку 79/21
gelenkig гибкий 75/03
Gelenkstück геленка 70/19
Gelenkteil vorglasen предварительно стеклить геленку 82/03
Gelenkzange клещи для геленок 75/21
gelöschter Kalk гашеная известь 52/33
gemahlene Rinde молотая кора 40/37
gemahlenes Salz молотая соль 9/22
gemischte Gerbung комбинированное дубление / дубление различными дубителями, также хромом и растительными дубителями, одно за другим / 31/23
Gemse серна 4/09
Gemsleder кожа из шкуры серны 60/11
genähtes Vorderteil шитая союзка 73/33
genarbt, gekörnt мерейный 63/26
genärbtes Rindschuhleder мерейная обувная кожа из шкуры яловки, с глянцем 58/01
gepickelte Schafblößen пиккелеванное голье овечьих шкур 3/25
gepickelter Spalt спилок из пиккелеванного голья 86/12
gepökelt соленый с добавкой селитры 11/31
geprägt тисненый 78/29
gepreßt genarbtes Glanzleder тиснено-мерейная глянцевая кожа 58/04
gerader Knopf плоская пуговица 69/36
gerade Vorderkappe прямой носок 72/08
geräuchert продымленный 13/07
Gerbanlage дубильная установка 24/15
Gerbebrühe дубильный сок 54/07
Gerbemittel дубильные материалы 54/11
gerben дубить 24/12
Gerber кожевник 24/06
Gerberbaum колода 24/37
Gerberei кожевенный завод, дубильня 24/14
Gerberei процессы при производстве кожи; дубление 24/04
Gerbfaß, Gerbtrommel дубильный барабан 30/25
Gerbgrube дубильный чан 30/03
Gerbrinde дубильная кора 40/35
gerbsauer таннат 31/13
Gerbsäure, Tannin дубильная кислота, таннин 48/04
Gerbsäurelösung раствор дубильной кислоты 31/14
Gerbsäuremesser кислотомер; ацидиметр для дубильной кислоты 31/15
gerbsaurer Kalk таннат кальция 54/09
gerbsaures Salz таннат, соль дубильной кислоты 54/08
vegetabilischer Gerbstoff растительный дубитель 40/01
synthetische Gerbstoffe синтетические дубители 47/45
unsulfitierter Gerbstoffauszug несульфитированный дубильный экстракт 48/01
Gerbstoffbestimmung определение дубящих веществ 40/29
Gerbung дубление 24/13
Gerbvermögen, gerbende Eigenschaft дубящая способность, дубящие свойства 54/13
gereinigtes Wollfett ланолин; очищенный шерстяной жир 49/33
gerieben обтертый 20/40
gering, untergeordnet незначительный; подчиненный 7/38

geronnene Milch, Quark свернувшееся молоко, творог 47/07
Gerste ячмень 44/32
gesalzene Häute und Felle мокросольные шкуры 8/04
gesalzenes Leimleder соленая мездра, идущая на варку клея 85/34
Gesamthärte (des Wassers) общая жесткость / воды / 54/20
Gesamtlösliche, das общие растворимые 54/21
gesättigte Fettsäure насыщенная жирная кислота 48/12
— Salzlake насыщенный тузлук 10/02
geschächtet, geschochten зарезанный / еврейский ритуальный рез шеи/15/12
geschlossener Narben плотное лицо 7/19
geschmeidig, biegsam гибкий 62/34
geschmiertes Leder жированная кожа / смазанная жиром / 58/03
geschnittene Rinde резаная кора 41/23
geschorene Lammfelle, Scherlinge стриженые шкуры ягнят 3/19
— Schaffelle стриженые шкуры овец 3/20
geschraubte Stiefel винтовальные сапоги 77/09
geschwärzt черненый 57/30
Geschwürbildung образование язв 19/09
Geschwüre язвы, нарывы 19/08
gespaltene Haut раздвоенная шкура 28/03
gespeilt шпилькованный / растягивание шкур на досках или рамах. Лапы растягиваются деревянной шпилькой в противоположность сушке, при которой материал завешивают только через шест / 12/09
Gestell подставка, штатив 79/01
gestiftet штифтованный 77/34
gestochen колотый / в противоположность умерщвлению по еврейскому ритуалу/15/13
gestockt, gedrungen разбученный 7/07
gestoßenes Knopfloch пробитая петля 72/33
gestreckte Stellung растянутое положение 12/10
gestückte Sohle починенная подошва 74/27
gesund здоровый 7/26
Gesundheitszertifikat санитарное удостоверение 23/05
gewalkt мятый 72/34
gewalztes Leder прокатанная кожа, вальцованная кожа 56/11
gewaschene Haare мытый волос 85/18
Gewebe ткань 16/39
gewichste Kalbleder ваксовый опоек 59/15
gewichste Kipse ваксовые кипсы 58/11
Gewicht вес 8/07
Gewichte und Beschaffenheit вес и свойства / кондиция и ее недостатки / 8/02
Gewichtsabnahme, Gewichtsverlust потеря в весе, убыль веса 8/24
Gewichtsabweichung отклонение веса 8/21
Gewichtsgrenzen пределы веса 8/20
Gewichtsklasse весовой класс 22/09
Gewichtsliste список веса 22/08
Gewichtsvergütung возмещение веса 8/22
Gewichtszertifikat отвес 8/16
gewölbter Knopf сводчатая пуговица 69/37
Giftäscher мышьяковый зольник 51/20
Giftlösung раствор яда 18/16
Gips гипс 9/18
Gipsflecken гипсовые пятна 11/29
Glacé-Leder лайковая кожа 60/22
Glanz, Stoßglanz, Appretur апретура, глянец, лоск, блеск 52/23
Glanzabkochung отвар глянца 37/20
Glänze глянец 51/21
glänzend блестящий 51/22
glänzende Häute блестящие шкуры 6/27
—, lebhafte, blanke Fleischseite блестящая, чистая бахтарма 11/11
glänzendes Haar блестящий волос 11/16
Glanzrinde зеркальная кора; кора, снимаемая с дуба в возрасте от 12 до 18 лет / диаметр ствола до 12 см / 41/24
Glanzstoßmaschine лощильная машина; лощилка 37/27
Glanzstoßzylinder лощильный цилиндр; лощильный валик 37/30
Glasierglas лощильное стекло 37/33
Glasiermaschine лощильная машина 37/34
Glas zum Glanzstossen стекло для лощения 37/31
glatt гладкий 63/25
glatte Fleischseite гладкая бахтарма 11/12
— Häute гладкие шкуры 6/26
Glätteisen нож для удаления из голья извести, грязи и подседа 29/16
Glätten разглаживание, глажение 79/30

glätten, ausstreichen, stoßen чистить подсед; подбривать; отжимать; разводить отжимным камнем / очистка лица от подседа, остатков извести и мягчительной жидкости/29/10
Glätten (Einstechnaht) глажение / рантового шва / 81/13
glatter Draht гладкая проволока 20/29
glattes Rindleder глянцевая кожа для дорожных принадлежностей 57/27
—, glänzendes Haar гладкий блестящий волос 6/19
Glättmaschine машина для удаления из голья извести, грязи и подседа 29/15
Glättsteine отжимной гладильный камень 29/14
glatt zurichten давать гладкую отделку, давать финиш 37/21
gleitfrei нескользящий 64/36
Glockenmühle мельница с дробильным механизмом конической формы 40/21
Glyzerin глицерин 49/03
Gradieren градирование 71/32
Grasfresser шкуры выростков; травники 1/11
grauer Aescher серый зольник 26/17
Griebe шкварка 49/06
Griff ощупь, щуп 62/36
griffig, geschmeidig мягкий на ощупь 62/35
Grind, Räude шелуди, парша 19/05
grindig, krätzig, räudig шелудивый, паршивый 19/07
grobe Lohe крупное корье; крупная дубильная кора 40/31
grobes Salz крупная соль 9/20
grobnarbig с грубым лицом 7/09
grobwollig грубошерстый 6/23
Größe размер, номер обуви 68/31
Größe des Felles величина шкуры 9/05
Größenstempelung штемпелевание величины / номера, краской / 78/30
große Zehe большой палец ноги 68/44
großfrüchtige Eiche крупноплодовый дуб 41/14
Grube, die, abtränken наполнять ямы; заливать водой или дубильным соком 30/08
Grubengerbung дубление в ямах; сыпочное дубление 30/02
Grubenstiefel сапоги или ботинки для горнорабочих / шахтерская обувь / 67/18
Grund грунт / сандаловый отвар при чернении / 45/18
Grund, Grundschleim грунт, слизь 52/34
grundieren грунтовать 39/15
Grundmodell основная модель 71/33
Grundwasser грунтовая, подпочвенная вода 24/26
grüner Schimmel зеленая плесень 12/26
Grüngewicht парной вес / вес свежеубитой, обтекшей, несоленой шкуры/ 8/13
Gummiabsätze резиновые каблуки 62/14
Gummiarabikum гумми-арабик 49/07
Gummisohlen резиновая подошва 62/13
Gummischuhe резиновая обувь 68/13
Gummizug резина 69/44
Gurt пояс, кушак 56/31
Gürtel пояс 66/40
Gürtelspalt спилок для поясных ремней 61/30
gut beschnittene Häute und Felle хорошо обрезанные шкуры 14/33
gute Natur, kräftig beschaffen хорошая натура 7/35
guter Abzug хорошая съемка, хорошее сдирание 14/28
gut gestellt незаполистый 7/04
— konserviert, ausgesalzen, durchgesalzen хорошо консервированный, высоленный, просоленный насквозь 11/02

H

Haar волос 16/31
Haare волосы 85/17
Haarbalgmilbe червь волосяной сумки 19/24
Haarbalgräude парша волосяной сумки 19/25
Haarbaum колода для обивки шерсти; колода для дернения шерсти 27/15
Haardefekte дефекты волос 19/22
Haareisen, Haarmesser, Putzmesser тупик 27/16
Haarflechte лишай, поражающий корни волос 19/26
haarlässig, matt пускающий волос / дающий волос / ; матовый 11/18
Haarlässigkeit состояние, при котором волос „идет“ 11/19
Haarleder кожа с волосом 59/30
Haarlinge волосатник 18/31
haarlos безволосый 19/28
Haarpilzstippen волосо-грибковое разъедание / раньше ошибочно называлось солевым разъеданием / 19/23

Haarseite волосяная сторона 7/25
Haarseite außen волосяной стороной наружу 10/44
Haartasche волосяная сумка 16/32
Haartrockenapparat аппарат для сушки волос 27/19
Haarwaschmaschine шерстомойная машина 27/18
Haarwurzel корень волоса 16/33
Hafer овес 50/34
Haifisch акула 5/02
Haifischtran акулья ворвань 52/27
halbe Croupon половинки крупонов 56/01
— Größe полуразмер 68/32
halbgestreckt полурастянутое положение 12/11
halbgrün полуконсервированный, полупарной 11/07
halbhohe Gamasche полувысокая гамаша 67/33
Halbsohle подметка 74/28
Halbroß, Jährling годовалый жеребенок/ в возрасте свыше 6 месяцев / 2/21
halbspitze Vorderkappe полуострроконечный носок 72/09
Halbwollschaffelle короткошерстая овчина 3/17
Halbzunge полуязычок 71/34
Hals вороток конины / часть конины выше задней лапы, до башки / шея 2/15
— agoisieren клеить шейку способом „Аго" 84/09
— beschneiden обрезать шейку 84/12
— bimsen пемзовать шейку 84/22
Hälse воротки 56/02
— (Roß) вороток конины 59/07
gewalzte Hälse вальцованные воротки 56/09
unzugerichtete Hälse неотделанные воротки 56/10
Hals polieren полировать шейку 84/21
Halsspalt воротковой спилок 61/41
Hämatin гематин 49/11
Hammel баран / кастрированный / 3/22
Hammeltalg баранье сало 50/26
Hammer молот, молоток 75/19
Hämmern уколачивание 72/35
hämmern уплотнять; уколачивать молотом 37/10
Handarbeitssystem система работы вручную 72/23
Handfläche ладонь 61/07
Handgelenk сустав руки 61/10
handgenarbt накатанный вручную 38/16
handgeschorenes Leimleder мездра, срезанная со шкуры вручную 85/35
Handhaspel гашпель с ручным приводом 30/34
Handschuhe перчатки 60/20
Handschrankkoffer ручной чемодан -шкаф 65/10
Handschuhfabrik перчаточная фабрика 61/06
Handschuhfabrikation производство перчаток 61/11
Handschuhleder перчаточная кожа 60/19
— mit Eigelb behandeln обрабатывать перчаточную кожу желтком 32/08
Handschuh-, Wild-, Sämisch- und Fensterleder перчаточная кожа, замша и оконная замша 60/18
Handschuhmacher перчаточник 61/05
Handschuhstickerin перчаточница 61/12
handstollen разбивать вручную 36/23
Hängeäscher зольник, в котором шкуры развешивают, вместо забрасывания в раствор / 26/29
Hängefarbe суспендер / чан для залички вразвес / 31/05
Harn моча 21/18
hart твердый 62/28
Härte des Wassers жесткость воды 24/32
hartes Wasser жесткая вода 24/30
hartnarbig с жестким лицом 7/11
Harz смола 52/05
harzig смолистый 52/07
Harzöl смоляное масло 52/06
Hase заяц 4/19
Haselnußbaum ореховое дерево, лесной орех 42/16
Hasenleim заячий клей 85/20
Hasen-Nudeln заячья лапша 86/02
Haspel гашпель 30/33
Haspelgefäß баркас/чан с мешалкой для дубления или крашения кож/30/35
haspeln обрабатывать в гашпеле 30/32
Hausenblase рыбий клей 49/26
Hausmarder, Steinmarder белодушка, каменная куница 4/28
Hausschuhe домашняя обувь 68/06
Haut, fehlerfreie шкура без изъяна безукоризненная 17/10
—, weißgare кожа, дубленная квасцами 32/06
—, lohngegerbte кожа, дубленная за сдельную плату 39/37
Hautausschlag сыпь 19/10
Häute шкуры 1/16
Häuteauktion аукцион кожсырья 21/28

Hornschlauch содержимое рога 85/22
Hornstöße удар рогом 20/42
Hufe копыто 16/19
Hundekot собачий помет 28/19
Hundekotbeize мягчитель из собачьего помета; собачья шакша 28/20
Hundesportartikel сбруя для собак 67/01
Hühnerauge мозоль 68/37
Hühnermistbeize, Hühnerkotbeize шакша из куриного помета; мягчитель из куриного помета 28/16
Hühnerkot, Hühnermist куриный помет, куриная шакша 28/17
Hülse, Schote, Samenhülse стручок 42/33
Hundeleder собачья кожа 60/15
hungrig тощий, пустой 63/04
Hutkoffer шляпная картонка 65/25
Hutleder шапочная кожа 60/08

I

Iltis хорек 4/23
im Faß schmieren жировать в барабане 34/13
imitierte Veldtschoen имитация „Вельдшоен" 77/13
im Kleiebad beizen киселевать; мягчить отрубным киселем 28/23
impfen прививать, вакцинировать 19/30
Impfstoff, Lymphe вакцина 20/01
Impfung прививка, вакцинация 19/31
im Viereck gefaltet сложенный в виде четырехугольника 12/14
— Walkfaß fallen падать в валяльном барабане 30/31
in der Beize verfallen опадать в мягчительной жидкости 29/01
Indigo индиго 49/21
Indigokarmin индигокармин 49/22
indisches Haarschaffell (Bastard) бастард / индийская овчина с шерстью / 3/24
Inlandware местный товар, товар собственной страны 5/28
Innennaht-Egalisiermaschine машина для выравнивания внутреннего шва 81/12
Innenseite des Fußes внутренняя сторона ноги 68/35
in Salzlake gelaugt выщелоченный в тузлуке 9/34
— — — und getrocknet выщелоченный в тузлуке и высушенный 10/01
— — gesalzene Haut соленая в тузлуке шкура 9/33
Insekt насекомое 18/18
Insektenfehler повреждение, причиненное насекомыми 17/27
Insektenschutzmittel предохранительное средство против насекомых 19/02
Insektenstich укус насекомого 18/19
insektentötend уничтожающий насекомых 18/37
Insektenvernichtungsmittel средство для уничтожения насекомых 19/01
Internationale Gerbervereinigung международный союз кожевников 22/38
— Häutehändlervereinigung международный союз торговцев шкурами 22/39
internationaler Kontrakt международный контракт; международный договор 22/40
internationale Lieferungsbedingungen международные условия доставки 23/01
Isländisches Moos карагенский мох / исландский / 49/18

J

Jagdstiefel охотничьи сапоги 67/22
Japanwachs японский воск 49/28
Jauche навозная жижа 21/19
jochdruckfrei без следов от ярма 21/23
Jodkalium иодистый калий 51/29
Jodzahl иодное число 49/23
Jokei-Hinterriemen задний ремешок для „жокеев" 72/05
Juchtenleder юфть 58/07
— gezogener Narben рифленая юфть / раньше - лицо вручную, тянутое циклей с зубцами, теперь - прессованное / 58/09
— runder Narben мерейная юфть / с круглой мереей / 58/08
junge Ochsen бычки 2/01

K

Kabinenkoffer каютный чемодан 65/08
Käfer жук 18/33
Kalbfelle опойки 1/03
Kalbleder опоек 59/11
Kalbskopfspaltmaschine машина для двоения телячьей башки 28/09
Kalbspalt опойковый спилок 61/27
Kalialaun калийные квасцы 51/25
Kalilauge раствор едкого калия 46/02
Kalium калий 51/26
Kaliumbichromat двухромокислый калий 44/40

Kaliumkarbonat, kohlensaures Kali углекислый калий 45/35
Kalkäscher известковый зольник 26/07
Kalkbrei, Schwödebrei известковая кашица для намазывания на шкуры 27/02
kälken золить, известковать 25/25
Kalkflecken известковые пятна 64/12
Kalk löschen гасить известь 26/33
Kalkseife известковое мыло 49/38
Kalkschatten известковая тень 64/13
Kalkspalt спилок с голья 86/11
Kalkstein известняк 49/39
Kalkwasser известковая вода 49/40
kältebeständiges Öl холодоустойчивое масло 48/35
Kältebeständigkeit холодоустойчивость 64/02
Kältesprünge трещины вследствие холода 64/01
Kaltpoliermaschine машина для холодной полировки 78/01
Kaltwasserschwitze холодное швицевание 27/04
Kamel верблюд 4/35
Kammfett конский жир 49/15
Kammstuhllaufleder гонковая кожа для текстильной промышленности 57/07
Kammzug стальная цикля с зубцами 39/02
Kanevas канва 74/25
Känguruh кенгуру 4/14
Känguruhleder кожа из шкуры кенгуру 60/16
Kaninfell кроличья шкурка 4/22
Kanin-Nudeln кроличья лапша 86/01
Kanten setzen ставить кант, край 80/08
Kantensetzmaschine машина для обводки каймы 78/13
Kaolin каолин 49/29
Kappe капик 65/14
Kappen auszacken зазубривать капики 83/14
Kappenauszackmaschine зубовырезная машина для капиков 74/21
Kappeneinklebeapparat аппарат для вклейки капиков 75/18
Kappen formen предварительно формовать капики 83/17
Kappenformmaschine машина для формовки капиков 83/18
Kappen glasen стеклить капики 83/13
— rollen катать капики 83/15
— schärfen спускать, скоблить капики 83/12
Kappenschleifmaschine шлифовальная машина для капиков 74/20
Kappensteife жесткость капика 70/22
Kappensteifleinen спецлен для капиков 75/29
Karbolsäure карболовая кислота, фенол 45/34
Karnaubawachs карнаубский воск 45/38
Karrenwalze каток для прокатки кож 37/08
Kartonieren картонирование 80/19
Karton stempeln und einkartonieren штемпелевать картон и укладывать туда обувь 82/34
Kasein казеин 45/39
Kastanieneiche каштановый дуб 41/09
Kastanienholz древесина каштана 42/19
Kastanienholzextrakt экстракт древесины каштана, экстракт каштанового дерева 42/20
Katechu катеху 42/43
Katechugerbsäure катеху, дубильная кислота 54/10
Katze кошка 4/18
Kautschuk каучук 49/20
Keder кранец 70/16
Kederheftmaschine машина для пришивки кранцев 74/16
Kederschneidmaschine резальная машина для кранцев 74/19
Kehle глотка, горло 15/28
Keilspalten двоение клином 74/32
Keiltasche клинообразная сумка 65/16
Kermes- oder Scharlacheiche кошенильный дуб, кермесоносный дуб 41/08
Kernholz сердцевина дерева 46/40
kernig плотный, полный 62/21
Kernigkeit полнота 62/22
Kernloch дыра в крупоне / дыра внутри линии, идущей от плечевой впадины вертикально к огузку / 17/13
Kernspalt крупонный спилок 61/42
kerntrocken сильно высушенный 36/09
Kettenstich цепной шов 78/37
Kesselstein котельная накипь 45/12
Kidgerberei кидовое дубление; лайковое дубление 32/07
Kieselkreide кремневый мел 52/32
Kieselsäure кремневая кислота 52/31
Kinderschuhe детские ботинки 68/23
Kinderstiefel детские ботинки 67/29
Kindertasche детская сумка 66/29
Kinnbacke челюсть 15/25
Kino кино / сгущенный сок растений, „Pterokarpus“ / 43/01
Kipshäute vom gefallenen Tier, кипсы, снятые с падали 2/11
Kitt цемент; мастика 46/05

Klammern скобки, скобы 77/07
Klammerseiten zwicken затягивать бока 80/30
Klärbecken отстойный чан; отстойник 24/36
klären осветлять, очищать 46/25
klassifizieren, sortieren классифицировать, сортировать 22/15
Klauen лапы 16/08
Klauenfett копытное масло 50/27
Kleber клейковина 70/25
Klebestoff склеивающее вещество / клей / 70/24
Kleie отруби 45/19
Kleienbeize опара; отрубный кисель 28/22
kleines Halbhaar полукороткая шерсть 5/38
kleine Zehe малый палец ноги 68/45
Kleinvieh мелкий скот 5/23
Klette репейник 21/21
klettenbehaftete Felle шкуры, пораженные репейником 21/22
Klinge клинок, лезвие 34/06
Klopfhammer молот для уплотнения кожи 37/11
Knabenschuhe полуботинки для мальчиков 68/21
Knabenstiefel ботинки для мальчиков 67/27
Knick изгиб 64/03
Knickfestigkeit прочность на изгиб 63/39
Knie колено 16/12
kniestollen разбивать коленом 36/22
Knöchel лодыжка 68/41
Knochen кость 16/17
Knochenleim костяной клей; желатин 45/14
Knochenmehl костяная мука 45/15
Knochenöl костяное масло 45/13
Knopfagraffe пуговичная застежка 69/34
Knöpfe пуговицы 69/41
Knöpfesetzmaschine пуговичная машина 73/13
Knopfhalter закрепка для пуговиц 69/35
Knopflasche язычок для пуговиц 72/19
Knopflochausnähmaschine петельная машина 73/05
Knöpfschuhe полуботинки на пуговицах 67/37
Knopfstiefel ботинки на пуговицах 67/06
Knoppern кноперсы / наросты от укуса осы / 42/32
Knorpel хрящ 16/16
Kofferleder чемоданная кожа 56/36
Kohlensäure углекислота, двуокись углерода 45/36
kohlensaurer Kalk, Kreide углекислый кальций, мел 45/28
kohlensaures Alkali углекислая щелочь 43/31
Kollodium коллодий 46/31
Kollodiumwolle коллодиальная вата 46/32
Kolonialhäute колониальные шкуры 5/30
Kolophonium колофоний; канифоль 46/33
Kommissariat Kipse комиссариатские кипсы; шкуры кипсов, битых на крупных бойнях / кипсы из государственных боен, фактически только обозначение сортимента особенно высококачественных „Агра-кипсов“/ 2/10
konservieren консервировать 9/06
Konservierung консервирование 9/07
Konservierungsfehler пороки от консервирования 11/08
Konservierungsmittel консервирующее средство 9/08
Kontraktbeschreibung составление договора 23/02
Kontraktformular договорный бланк 22/41
Kopallack копаловый лак 46/38
Köperfutter киперная подкладка / матерчатая подкладка / 69/29
Kopf башка / шкуры / ; голова 15/06
Köpfe башки 56/04
— und Beine abschneiden отрезать башки и лапы 27/21
köpfig с башкой / круглая башка / без более подробных указаний - кругло резанный, полные щеки без морды 15/07
Kopfspalt башковой спилок 61/39
Korduanleder кордованская кожа / мягкая кожа растительного дубления, черная или цветная, изготовляется из всех видов шкур, в последнее время, — главным образом, из шпигеля / 57/33
Kork пробка 46/41
Korkeiche пробковый дуб 41/12
Korkschicht пробковый слой 40/32
Körper, Kernigkeit полнота 7/32
Kot, Mist, Dünger помет, удобрение 50/10
Kotbad шакша 47/27
Kotbeize, Mistbeize шакша; мягчительная жидкость из помета 47/28

Kottonöl, Baumwollsamenöl хлопковое масло; масло из семян хлопка 46/43
kräftig im Kern полный, зернистый 7/36
Kragen- und Krawattenetui und Kasten футляр и ящик для воротников и галстуков 65/27
krank больной 20/08
Krankheit der Schafe Cockle кокл = болезнь, при которой под шкурой образуются гнойные пузырьки, образующие на лицевой стороне шкуры многочисленные шишкообразные утолщения 19/16
Krankheit des Tieres болезнь животного 20/07
Krankheitskeime возбудители / зародыши / болезни 20/09
Krapp, Färberröte крапп / корень марены / 50/06
Krätze чесотка 19/06
Kratzenleder кожа для кардных, чесальных лент / в текстильной промышленности / 57/05
Krawatte узкая часть шкуры между воротком и хазом 2/18
Kreosot креозот 47/02
Kreppgummi крепoвая резина 62/12
Kresotinsäure крезотиновая кислота 47/03
Kreuzung помесь 5/16
Krispelholz накатная доска 38/23
Krispelholz mit durchlöchertem Zinnbeschlag накатная доска с продырявленной оловянной обойкой, для накатывания тюленьих шкур 38/26
Krispelmaschine мерейная машина 38/25
Krispeltisch стол для накатки 38/24
kristallisieren кристаллизировать 10/05
Kristallsoda кристаллическая сода 10/11
Krokodil крокодил 4/47
Krokodilleder крокодиловая кожа 61/18
Krotonöl кротоновое масло 47/04
Krücke кочерга; пехло 26/30
Kübel бадья 31/01
Kufe, Bottich чан, чанок 35/12
Kühe коровы 1/21
kühlen охлаждать 10/35
Kühlräume холодильные помещения 4/03
Kullen сдирание шкуры в виде мешка 14/24
Kummetleder хомутная кожа 56/25
Kumtdruck давление хомута, нажим хомута 21/25
Kunstleder кожемит, искусственная кожа 62/10
Kupfervitriol медный купорос; сернокислая медь 46/39
Kurbelwalke ударная молотовая мялка 30/36
Kurkuma куркума 54/24
Kürschner скорняк; меховщик 61/03
kurzes Sommerhaar короткая летняя шерсть 5/35
kurzhorniges Vieh короткорогий скот 5/20
kurzklauig коротколапый / ноги отрезаны на уровне колена / 16/09
kurzwollig короткошерстый 6/25

L

Laboratorium лаборатория 25/20
Lackabfälle отходы лаковой кожи 62/01
Lacke лак 70/41
Lack, Firnis лак, олифа 54/29
lackieren лакировать 39/21
Lackierfabrik лакировочная фабрика 39/17
Lackierofen печь для сушки лакированных кож 39/19
Lackierraum помещение для лакирования 39/18
lackiert лакированный 59/19
Lackkessel котел для варки лака 39/20
Lackleder лакированная кожа 58/21
— im Freien trocknen сушить лакированную кожу на вольном воздухе 39/24
Lackmus лакмус 50/03
Lackspalt лакированный спилок 61/31
Lackvachetten лаквашеты 57/20
Laderaum трюм 23/11
Lagerung хранение, складывание 21/34
Lammfelle шкуры ягнят 3/12
— geschorene, Scherlinge шкуры ягнят, стриженые 3/19
Lampenruß ламповая сажа 49/32
Landhaut шкуры из деревни 6/09
Landschlachtung убой скота в селе 6/08
lange Wunde длинная рана 20/33
langer Narben ленгрин; кожа с накатом, с рисунком в виде продолговатых зерен 63/21
langes Winterhaar длинная зимняя шерсть 5/36
langhorniges Vieh длиннорогий скот 5/19
langklauig длиннолапый / ноги обрезаны выше задних когтей или задних пальцев / 16/10
Langschwanzschaffelle длиннохвостые овчины 3/30

langwollig длинношерстый 6/24
Larve, Made личинка, червяк / червяки, образующиеся вследствие распада в местах и углах недостаточно консервированной шкуры / 18/22
Latex латекс 55/21
Lattenrost решетка, брусчатый ростверк 10/27
Laufsohle подошва 70/07
Lauge щелочь 50/05
Laus вошь 18/30
lauwarm теплый 50/04
Lebenseiche американский дуб 41/13
Lebertran, Dorschlebertran рыбий жир 46/27
Lederabfälle отходы кож 61/36
Lederarten виды кожи 55/24
lederartig, lederähnlich кожеподобный, кожеобразный 62/11
Leder beschweren утяжелять кожу 31/12
Leder, das, mit Lohe bestreuen засыпать кожу корьем 30/16
Lederdicke, Durchmesser толщина кожи, диаметр 39/34
Leder, die, dampf werden lassen отволожить кожи протягиванием через воду или засыпкой в увлажненные опилки 36/16
—, falbes блеклая, белесоватая кожа 58/06
—, geklopftes уплотненная, уколоченная кожа 56/08
—, geringwertiges малоценная кожа, недоброкачественная кожа 65/02
—, hochwertiges высококачественная кожа 65/01
—, die, geschmiert ablagern оставлять кожи в кучах для лучшего впитывания жира 34/22
Ledereigenschaften und Fehler свойства и пороки кожи 62/16
lederfarbig цвета кожи, кожецветный 63/07
Leder für Dichtungen кожа для уплотнений 57/09
— — die Seitenteile des Sattels кожа для боковых частей седла 56/29
— — Einstechrahmen рантовая кожа 56/22
— — Webevögel кожа для гонков / составных частей ткацкого станка / 57/03
Lederabfälle noch für Lederwaren brauchbar отходы кож, пригодные еще для кожаных изделий 85/27
Lederfutter кожаная подкладка 69/28
Lederhandel торговля кожами 39/35
Lederhaut кориум; кожное вещество шкуры 16/34
Lederherstellung производство кожи 24/03
Leder in der Kruste мостовье/выдубленная, высушенная, но не отделанная кожа / 56/12
Lederkoffer кожаный чемодан 65/04
Lederkoffer mit Einrichtung кожаный чемодан с устройством 65/05
— ohne Einrichtung кожаный чемодан без устройства 65/06
Lederkohle уголь из отбросов кожи 49/36
Lederkonservierungspräparate препараты для консервирования кожи 55/14
Lederlack лак для кожи 39/22
Leder lagern хранить кожи, складывать 39/27
— lohgar, in der Kruste краснодубленая кожа / неотделанная /; кожа в корке 33/02
Ledermehl порошок из кожи 85/29
Ledermeßmaschine футомерная машина 71/24
Lederöl кожевенное масло 37/13
Lederpappe кожаный картон / спецкартон из кожаных волокон / 62/09
Ledersubstanz кожное вещество 62/17
Lederschmiere жировальная смесь 34/11
Lederwichse вакса для кожи 37/36
leer пустой, тощий 7/08
leeres Horn пустой рог 15/16
leere Schwänze пустой хвост 16/23
Lefze губа 15/24
Legstahl сталька 34/05
leicht beschädigt с малым повреждением 13/28
leichte Häute легкие шкуры 1/19
— Kühe легкие коровы 1/22
Leim (Lederleim) клей / клей из отбросов кожи / 85/30
leimgebend дающий клей 85/31
Leimleder, Haare, Abfälle мездра, идущая на варку клея; волос, отбросы 85/02
—, Leimgut мездра, идущая на варку клея 85/32
Leimsieder клеевар 85/37
Leinöl льняное масло 49/43
Leinölfirnis олифа; вареное льняное масло 49/44
Leinsamen льняное семя 48/29
Leinsamenschleim раствор слизи льняного семени 49/42
Leisten колодки 76/10
— aufstellen посадить на колодку 79/09

Leistenschneider закройщик колодок 78/39
Lentiskus фисташковое дерево 42/41
letzter Äscher последний зольник 54/05
— Auslaugbottich последний экстрактор; последний чан для выщелачивания 54/04
— Glanz последний глянец 37/19
lichtecht светопрочный 63/35
Linksarmmaschine леворукавная машина 73/01
Linolensäure линоленовая жирная кислота 49/41
Lippen aufstellen ставить, поставить губы 81/07
— zementieren цементировать губы 81/06
lisierte Spalte вальцованный спилок 62/04
Loch дыра 17/11
löcherig дырявый, свищеватый 17/12
Lohbrechmaschine корьеломка 40/10
Lohfeuerung отопление одубиной 40/25
lohgar краснодубленый; выдубленный растительными дубителями 56/17
lohgare Kipse краснодубленые кипсы 58/10
lohgarer Spalt краснодубленый спилок 62/05
lohgare Spaltabfälle краснодубленые отходы от спилков 62/06
Lohgerber, Rotgerber кожевник по растительному дублению; кожевник по краснодубному дублению 24/07
Lohgrube дубильная яма, дубильный чан 30/06
Lohhut шапка 30/11
Lohkorb корзина для корья и одубины 40/15
Lohkuchen брикет из одубины 40/34
lohmahlen молоть корье 40/12
Lohmühle мельница для измельчения коры 40/11
Lohnetz сетка для вытаскивания одубины 40/16
Lohngerbung наемное дубление; дубление за сдельную плату 39/36
Lohfalzspäne краснодубные стружки 85/08
Lohofen печь для топки одубиной 40/27
Lohpresse пресс для одубины 40/24
Los доля, часть 22/04
losnarbig, rinnender Narben рыхлое лицо, текучее лицо 63/15
Lohschaufel лопата для коры 40/13
Lohspeicher амбар для корья 40/14
löslich растворимый 47/19
Lösungsmittel растворитель 70/23
Louis-Absatz каблук Людовика XV 77/30
Luchs рысь 4/24
Luftbad воздушная ванна 36/11
luftdurchlässig воздухопроницаемый 62/29
lüften проветривать; вентилировать 23/16
Luftkissenetui чехол для пневматической подушки 66/04
lufttrocken воздушносухой 12/07
lufttrockene Häute und Felle воздушносухие шкуры, пресносухие шкуры 8/05
Luxusleder изящные сорта кожи 52/42

M

Mädchenschuhe полуботинки для девочек 68/22
Mädchenstiefel ботинки для девочек 67/28
Magnesiumchlorid хлористый магний 50/09
Magnesiumkarbonat углекислый магний 50/08
Mähne, Kamm грива 2/19
Malettrinde кора малетто 42/05
Mangan марганец 50/07
Mangrove мангрова 42/06
Manicure-Etui футляр для маникюра 65/36
Manteltaschenleder кожа для чемоданов и др. дорожных принадлежностей 56/37
Marder куница 4/27
Markenstempel aufdrücken прикладывать фабричную марку 80/13
Markenstempelmaschine машина для отпечатывания фабричной марки 78/15
Markierschablone шаблоны для отметки 72/30
Markierung маркировка 23/19
marmoriert окрашенный под мрамор 64/25
Marmorierung крашение под мрамор 64/26
Marschstiefel походные сапоги или ботинки 67/13
Maßband мерка 68/28
Maß nehmen снимать мерку 68/30
maschinengeschorenes Leimleder мездра, срезанная со шкуры машиной 85/36
Mastfalten складки от вскармливания 7/33

Mastfelle шкуры откормленных животных 1/08
— (Leder) опоек из шкуры откормленного животного 59/16
Mastvieh скот, откормленный на убой 5/15
matt (vom Glanz) матовый / о глянце / 63/09
mattes Kid матовая кидская кожа 63/13
Mattglanz матовый глянец, матовая кожа 63/10
matt zugerichtet матово-отделанный 63/11
— zugerichtete Kalbleder матово-отделанный опоек 63/12
Maulbügeltasche чемодан с металлическим шарниром 65/14
Maulesel, Maultiere мулы 3/01
Maul- und Klauenseuche ящур 19/29
Maulwurf крот 4/30
mechanischer Abzug механическая съемка / механическое резание передвижным ножом и защитным приспособлением от подрезов / 14/19
Meerschweintran ворвань из морских свиней 51/23
Mehl мука 50/11
Mehrnadelflachmaschine плоскошвейная машина с несколькими иголками 72/45
Melasse мелясса, патока 50/19
Melvostreifen schneiden резать мельбополосы для косых набоек 83/07
Memelnarben лицо „Мемель" 63/23
Menschenhaut человечья кожа 5/03
messen измерять 39/25
Messerschleifmaschine машина для точки ножей 76/29
Meßmaschine футомерная машина для измерения площади кожи 39/26
Mestizo местицо / шкура испанско-американской первоначальной породы скота, скрещенного с английским скотом / 6/13
Metzger мясник 14/06
Metzgerei мясная лавка 14/07
Metzgerinnung цех мясников 21/30
Metzgerschnitte, Fleischerschnitte подрез, прорез, вызванный мясником 17/18
mikrobisch микробный 20/05
Mikroorganismen микроорганизмы 20/03
Milbe клещ 18/23
Milchsäure молочная кислота 49/30
Milchsäuregärung молочнокислое брожение 49/31
milchsaures Antimon молочнокислый антимон, молочнокислая сурьма 44/15
Milchvieh дойный скот 5/14
milder Äscher слабый зольник 26/12
Militärleder кожа для военных снаряжений 57/26
Militärstiefel солдатские сапоги или ботинки / военная обувь / 67/20
Milzbrand сибирская язва 19/19
Milzbrandbazillus бацилла сибирской язвы 19/21
Milzbrandspore споры / зародыши бактерий сибирской язвы / 19/20
Mimosa, Mimosenrinde, Wattlerrinde мимоза, кора мимозы 42/07
Mimosenrindenextrakt, Wattlerrindenextrakt экстракт мимозы; мимозовый экстракт 42/08
Mindergewicht неполновесный 8/23
Minderwert малоценность; недоброкачественность 7/42
mineralische Gerbung минеральное дубление 32/26
Mineralöl минеральное масло 50/14
Mineralsäure минеральная кислота 50/13
Mirbanöl, Nitrobenzol мирбановое масло, нитробензол 50/15
Mischfarben смешанные краски 50/16
Mist помет, навоз 21/15
mistig, mit Mist behaftet грязный; загрязненный пометом 21/16
mit Dampf schwitzen швицовать паром 27/06
— Dassellarven behaftete Haut шкура, пораженная свищами; свищавая шкура 18/01
— der Faust ausstoßen сдирать кулаком 14/22
— erdiger Fleischseite с загрязненной землей бахтармой 13/18
— Gummilösung bestreichen смазывать раствором резины; покрывать раствором резины 39/23
— Lohe gerben дубить корьем; дубить дубильной корой 30/01
— Nägeln oder Kieten с ногтями или задними когтями или пальцами 16/11
— Naphthalin behandeln обрабатывать нафталином 10/12
— Säure gebleichte Leder mit Wasser auswaschen промывать водой кожи, отбеленные кислотой 32/21
— Sumach nachgerben сумахировать 31/10
— Teerstricken gebündelt связанный смоляными веревками 23/24

mittelbreiter Rahmen средне - широкий рант 75/32
Mittel zum Abdunkeln средство для оттенения, углубления оттенка / при крашении кожи / 52/10
Möbelleder мебельная кожа 57/01
Möbelvachetten мебельные вашеты 57/18
Modell модель 71/31
modisch, elegant модный, элегантный 67/02
Moellon, Degras моеллон, дегра 50/18
Molke сыворотка 50/17
Motte, Fellmotte, Pelzmotte моль / шкурная моль, меховая моль / 18/32
mottenbeschädigt поврежденный молью 18/20
Mühle zum Zerkleinern der Lohe мельница для измельчения дубильной коры 40/09
Mulde, Trog корыто, мульда 35/05
Murmeltier сурок 4/33
Musikmappe портфель для нот 66/22
Muster, Probe образец; проба 23/26
Mützenschirmleder кожа для козырьков 57/13
Myrobalanen миробаланы 42/37

N

Nachahmung von Wildleder (Nubuck) имитация замши / набук / 60/29
Nachappretieren дополнительное апретирование 80/16
Nachsehen проверка 82/33
Nachäscher обжорный зольник 26/23
nach dem Färben rein machen чистить кожу после крашения 35/23
nachfalzen, egalisieren дострагивать 33/16
nachfärben вторично красить, докрашивать 35/22
nachfleischen вторичное мездрение / после золки / 27/09
nachgerben додубливать 31/09
— mit Eigelb додубливать желтком 32/12
nachpantoffeln вторично мереить 38/19
nachsalzen досаливать 9/26
nachstollen вторично разбивать 36/28
nachstreichen вторично подбривать; очищать 29/17
nachwalken вторично валять; вторично мять 31/08
Nacken spalten двоить шиворот / отщепление толстых частей шиворота / 28/01
Nadel иголка, игла 77/03
nageln прибивать кожи на рамы; прибивать гвоздями, вбивать гвозди 36/01
nähen шить 73/34
nähren питать 32/10
Nahrung, Emulsion лаковый обжор; эмульсия / квасцовое дубление / 32/11
Naht шов 73/35
Nahtausreibmaschine машина для разглаживания шва 73/09
Nahtband, Nahtstäbchen вшивная тесьма 73/19
Naphthalin нафталин 10/13
Nappa „наппа" 60/21
Narbe рубец, шрам 20/31
Narben лицо 16/36
narbenbeschädigt с поврежденным лицом 20/25
narbenbrüchig ломкий / о лице / 7/15
Narbenbrüchigkeit ломкость лица 7/14
Narben, den, abstoßen снять лицо стругом 34/29
—, —, spalten двоить лицо / замшевое дубление / 28/02
Narbenfehler пороки лица 7/28
Narbenplatte плита для тиснения лица 39/06
Narbenpreßrolle прессовальный ролик для лица 39/04
Narbenplüsch кожа с пушеным лицом 59/25
narbenpressen тиснение лица 39/05
narbenrein с чистым лицом 63/20
Narbenrisse шрамы; царапины на лице 20/27
Narbenrolle мерейный ролик 39/03
Narbenschäden повреждение лица 20/24
Narbenschmiere лицевая смазка 49/05
Narbenspalt лицевой спилок / овечья кожа / 61/33
Narbensprengung, Narbenbruch излом лица 17/24
Nase нос 15/22
Nasenlöcher, Nüstern ноздри 15/23
naß мокрый 10/18
Natriumsulfat, Glaubersalz сернокислый натр, глауберовая соль 53/27
Natronalaun натровые квасцы 52/39
Natronhydrat, Ätznatron водная окись натрия, едкий натр 53/03
Natronlauge раствор едкого натра 46/03
naturfarbig натурального цвета 35/25
natürliche Form, natürliche Stellung натуральное положение 12/12
Naturnarben натуральное лицо 63/19
Nebenprodukt побочный продукт 85/38

O

P

Pappel тополь 42/18
Paraffin парафин 51/01
Paraffinöl парафиновое масло 51/02
Parasiten паразиты 18/36
parasitentötend уничтожающий паразитов 19/03
Pariser, Hamburger, flammierte Schnitte „Парижские“, „Гамбургские“ подрезы / длинные, параллельно идущие подрезы на боках / 17/20
Partie партия 10/36
passen подходить, быть впору 78/34
Pastellfarben пастельные краски 51/05
Patent патент 84/34
Patentsack патентованная сумка 65/15
Pech смола, вар 51/16
Pechflecken смоляные пятна 13/25
Peitschenleder кожа для изготовления кнутов 56/35
Pelze меха 61/02
Pelzfärberei красильня мехов 39/38
Pelzfelle меховые шкурки 5/05
Pelzhändler торговец мехами 61/03
Pelzwerk, Rauchware, Rauchwerk меха, меховые товары 5/04
Pendelwalze маятниковая вальцмашина 37/09
Pepton пептон 51/06
Perforiermaschine перфорировальная машина / для пробивания отверстий / 72/42
Perforierung перфорировка, просверливание 72/32
Pergament пергамент 51/03
Pergamentgerbung пергаментное дубление 32/31
Pergamentleder пергаментная кожа 57/12
Pergamentlederabfälle отходы пергаментной кожи 85/26
Permanganatbleiche беление перманганитом 32/19
Petroläther петролейный эфир 51/10
Petroleum нефть, керосин 51/09
Pfaffen труба в сыпном чану / для наливания соков, воды и их выкачивания / 30/10
Pfannensteine тигельная накипь / загрязнения, осаждающиеся при испарении соляного раствора на тигеле / 9/17
Pferdebremse слепень 18/05
Pfirsichholz персиковое дерево 39/01
Pflanzeneiweiß растительный белок, растительный альбумин 43/28
pflanzliche Gerbung растительное дубление 29/27
Pflockholz деревянные кольца 70/30
Phantasieschuhe фантазийная обувь 68/04
Phlobaphene, Gerberrot флобафены 51/11
Phloroglucin флороглюцин 51/12
Phosphorsäure фосфорная кислота 51/13
Photoalbum фотоальбом 66/10
Photoetui футляр для фотоаппарата 66/07
Photorahmen рамки для фотографий 66/11
1. Pickelbad первая ванна из пикkеля / раствор серной кислоты и поваренной соли / 29/23
2. Pickelbad вторая ванна из пикkеля 29/24
pickeln пикkелевать / обработка шкуры солью и кислотой / 29/21
Picknickkoffer чемоданчик для пикника 65/24
Pigmentfinish отделка пигментами 51/15
Pikrinsäure пикриновая кислота 51/14
pißbauchig с брюхом, загрязненным мочей 21/20
Pittlinge, Kipse, Zwicker, Pinken выростки, кипсы = те же самые, немного старше и лучше кормленные 1/14
Plattfuß плоская стопа 69/03
Plüschleder плюшевая кожа 59/24
Plüschspalt плюшевый спилок 61/28
Pocken оспа 19/13
Poliereisen дощило, гладило 78/17
polieren полировать, плюшевать 37/16
Polierscheibe полировочный диск 78/18
Poliertinte политура 70/36
Pomponschleife помпон 78/28
Poplin поплин / материя / 74/26
porös пористый 62/30
Portefeuilleleder портфельная кожа 57/10
Portefeuillespalt портфельный спилок 61/32
Portemonnaie портмоне 66/32
Posten партия 22/06
Pottasche поташ 51/24
Pottasche, kohlensaures Kali поташ, углекислый калий 45/35
Prägemaschine машина для тиснения 78/08
Praktiker практик 25/19
Preßtalg прессованное сало 51/32
Prima, Gute (Rohfelle) первый сорт, шкуры высокого качества 13/30
Privatkontrakt частный договор 23/03

Riemenschneidmaschine машина для разрезывания крупонов на ремни 71/27
Riesenschlange удав, боа 4/51
Rinde der immergrünen Eiche кора вечнозеленого дуба / зимнего дуба / 41/18
— — Korkeiche кора пробкового дуба 41/21
— — Sommer- und Stieleiche кора летнего дуба 41/17
— in Bündeln кора в связках 41/22
Rinden, Lohe кора, корье 40/02
Rindenschäler, Schäleisen корочистка 40/07
Rindenschneider корьерезка 40/08
Rinderpest чума рогатого скота 20/10
Rindertalg говяжье сало 44/36
Rindleder lackiert лакированная кожа из шкур рогатого скота 58/22
Rindoberleder chromgar хромовая верхняя кожа из шкур рогатого скота 58/12
— lohgar краснодубленая верхняя кожа из шкур рогатого скота 57/28
Rindspalt яловый спилок 61/26
Rindsportleder спортивная водонепроницаемая кожа / ватер-пруф / 58/15
Ringflechte плешной лишай 19/27
rippig, faltig ребристый, морщинистый 7/34
Riß надрез 74/35
Rißkanten bereiben натирать канты рисса, надреза 82/02
Rißmesser надрезочный нож 77/02
Riß öffnen открыть рисс 81/23
Rißöffnermaschine надрезочная машина 75/16
Riß schließen закрыть рисс, надрез 81/29
Rißschließmaschine машина для закрытия надрезов 76/03
Riß, Sprung седина, трещина 63/18
— zementieren цементировать рисс, надрез 81/28
Rist подъем ноги 68/40
Rizinusöl касторовое масло 45/40
Robbe тюлень 4/42
Roggen рожь 52/08
Roggenmehl ржаная мука 52/09
Rohhäutelager склад для кожсырья 10/29
Rohrstiefel высокие сапоги 67/11
Rohrzucker тростниковый сахар 45/33
Rolle aus Buchsbaum oder Pockholz ролик, каток из замшита или гваякового дерева 37/29
Roßbox росс-бокс 59/06
Roßchevreaux росс-шевро 59/05
Roßhaar конский волос 2/20
Roßhäute конины сырые / лошадиные шкуры / 2/14
Roßkastanie конский каштан / обычный / 42/17
Roßleder конская кожа 58/25
Rostflecken, Eisenflecken ржавые пятна 13/26
Roteiche красный дуб 41/05
roter Arsenik красный мышьяк 51/42
rote Schwellbeize кислый дубильный сок 52/02
Rotholz, Brasilholz красное бразильское дерево 45/21
Rotschecken красно-пятнистые опойки 2/05
rot und blau angelaufen окрашиваться в красный и синий цвет 12/05
Rove, Bassoragalle ровэ, бассорские орешки 42/27
Rüböl репное масло 51/41
Rücken хребет, спина 15/04
Rührstange, Krücke мешалка 30/12
Ruß сажа 52/35
Rutschriemen скользкий ремень 69/24

S

Sachverständiger эксперт 23/39
Sackgerbung мешочное дубление 32/32
Saffianleder, Maroquinleder сафьян 60/05
Saft (in Bäumen) соки (в деревьях) 52/14
Sägemehllager помещение для отвлаживания древесными опилками 36/13
Sägespäne древесные опилки 52/19
saisontrocken сезонно-сухой 12/17
Saline солеварня 9/24
Salizylsäure салициловая кислота 52/11
Salonschuhe салонная обувь, роскошная обувь 68/09
Salpetersäure азотная кислота 44/24
Salz соль 9/12
— ausschütteln стряхивать соль 10/25
kristallisiertes Salz кристаллизованная соль; соль в кристаллах 9/23
Salzdenaturierung денатурирование соли 10/07
salzen солить 9/25
Salzflecke солевые пятна 11/33
salzfleckig имеющий солевые пятна 11/34
Salzfraß солевое разъедание 11/35
Salzgeld денежные расходы по засолке 22/03

Seifenschmiere жировальная эмульсия; мыльная эмульсия 52/38
Seifenschwärze мыльная чернь 52/37
Seite, Hälfte der Haut пола шкуры 16/02
Seiten края, полы 55/34
—, Flanken, Bäuche полы, боковые части, брюха 16/03
Seitenfutter боковая подкладка 69/40
Seiten zwicken затягивать бока 79/16
Sekunda второй сорт 13/31
Selbstspalten отслаивание 12/32
Semichromleder семихром; полухромовая кожа / комбинированного растительного и хромового дубления/ 58/02
Senföl горчичное масло 50/25
Seronen эмбалаж / часть бычачьей шкуры, в большинстве случаев из спины, служащая для упаковки табака или руды, ввозимых из Центральной Америки / 4/01
Sesamöl сезамовое масло 52/24
Shorthorn шортхорн / шкура безрогого чистой породы английского скота/ 6/14
sich erhitzen нагреваться 13/03
Siedesalz поваренная соль 9/15
Sikkativ сиккативы 52/29
Silicofluorid кремневофтористая соль 53/01
Skistiefel сапоги или ботинки для лыж 67/15
Snobarinde кора сосны pinus halepensis 42/10
Soda, kohlensaures Natron сода, углекислый натрий 52/40
Sohlen agoisieren клеить подошвы способом „Аго" 84/04
Sohlen aufkleben приклеивать подошвы 84/07
Sohlenauflegemaschine машина для накладывания подошв 75/15
Sohlen aufrauhen пушить подошвы, ворсовать подошвы 83/03
bewegliche gegliederte Sohlen сгибающиеся составные подошвы 71/13
Sohlenbenagelmaschine машина для набивки подошвенных гвоздей 76/21
Sohlenbeschneid- und Rißmaschine машина для обрезки подошвы и порезочная машина 81/21
Sohlen egalisieren выравнивать подошвы 83/01
Sohlenfersen heften прикреплять пятки подошвы 81/20
Sohlenformpresse пресс для формовки подошвы 74/12
Sohlengelenk schärfen спускать, соскабливать геленку подошвы 81/22
Sohlen heften прикреплять подошвы 79/23
Sohlenheftmaschine машина для скрепления подошв 75/14
Sohlenimprägnierungsmittel средства для пропитывания подошвы 70/44
Sohlenrißmaschine машина для надреза подошв 74/09
Sohlenschneidemaschine машина для вырезки подошв 74/07
Sohlenschraubmaschine машина для привинчивания подошв 76/02
Sohlen stempeln штемпелевать подошвы 82/25
— aus Strohgeflecht подошвы из плетеной соломы 71/14
— zementieren цементировать подошвы 83/05
Sohlleder подошвенная кожа 55/25
Sohllederabfälle отходы подошвенной кожи 62/02
Sohlleder (altgegerbt) подошвенная кожа / старого чисто растительного дубления / 55/31
Sohlederäscherung im warmen Wasser золение подошвенной кожи в теплой воде 26/27
Sohlleder lohgar, Unterleder краснодубленая подошвенная кожа; кожа для низа обуви 55/26
Sohlleder (Vacheleder) подошвенная кожа / полувал / / выражение для жесткой подошвенной кожи для обувной промышленности в противоположность стародубленой подошвенной коже для починки обуви / 55/28
— walzen прокатывать, вальцовать подошвенную кожу 37/06
Sohllederkernstücke подошвенный крупон 55/33
Sohlspalte подошвенный спилок 61/22
Sommereiche, Stieleiche летний дуб 41/03
Sommerhaar летняя шерсть 6/03
Sommerhase заяц летний 4/21
Sommerhäute летние шкуры 5/39
Sommermonate, die летние месяцы / время, когда животные имеют более короткий волос или шерсть / 6/05
Sonnenbleiche, Rasenbleiche беление на солнце; луговое беление 32/17

sonntrocken высушенный на солнце 12/18
sonnverbrannt сожженный солнцем 13/06
sorgfältig behandelt тщательно обработанный 11/01
Sorte сорт 22/07
Sortierer сортировщик 22/10
Sortiermaschine сортировочная машина 74/18
Sortierung, Wahl сортировка 22/11
Sortiment ассортимент; выбор 22/12
sporig со спорами / зародышами бактерий / 12/28
Statistik статистика 22/24
Sublimat сублимат, хлорная ртуть 44/39
substantiver Farbstoff субстантивный краситель 47/17
Suitcase плоский чемодан 65/11
Sulfitzelluloseauszug сульфитцеллюлозный экстракт 53/29
sulfoniertes Klauenöl сульфированное копытное масло 53/31
— Öl сульфированное масло 53/30
Sumach сумах / листья различных растений „Rhus" / 42/39
sumachgar дубленный сумахом 31/11
Sumachbrühe сумаховый сок 53/36
süße Lohbrühe сладкий сок 54/01
Süßwasserschaden повреждение, вызванное пресной водой 23/36
Schabebaum колода для мездрения шкур 24/38
Schabeisen скобель 25/11
Schabenfraß обгрызанный кожеедами 18/28
Schabrackenleder чепрак; кожа, у которой обрезаны шиворот и полы 56/30
Schabsel оскребки 86/05
Schächtschnitt подрез от неправильной съемки 17/17
Schaden вред, повреждение 6/37
— убыток; ущерб 23/33
Schäden verursacht am lebenden Vieh прижизненные повреждения шкуры животного 20/23
schadhaft, beschädigt поврежденный 6/38
Schaf, Mutterschaf овца 3/21
Schaffelle овчины 3/10
— geschoren овечьи шкуры стриженые 3/20
— in Kreuzform овчины, сшитые крестообразно 3/35
— — Rockform овчины, сшитые в виде куртки 3/34
Schafleder und Wildleder овечья кожа и замша / за исключением перчаточной кожи / 60/01
Schaft заготовка, союзка 69/10
Schäfte sortieren сортировать голенища 79/10
Schaftreinigungsmaschine машина для чистки голенищ 78/06
Schaftschnürmaschine машина для связки заготовки 73/14
Schaftstiefel сапоги с голенищами 67/12
Schälbeil топор для снятия коры с дерева 40/06
Schälholz, geschältes Holz обезкоренное дерево 40/05
Schärfmaschine точильный станок; аппарат для сточки концов 72/38
Scharlachbeere кермес; дубовая кошениль 52/20
Scharniersohlen деревянные подошвы на шарнирах 71/12
Schattenfleck теневодобное пятно 64/14
schattentrocken высушенный в тени 12/19
scheckig пестрый 6/16
Scheibe (für den Antrieb) шайба, шкив / для привода / 77/01
Schellack шеллак 52/28
Scherdegen острый мездряк 25/09
scheren мездрить / удалять перед двоением слишком толстые места шкуры машиной или острым мездряком / 25/12
Scherenetui футляр для ножниц 66/01
Scherenschnitte подрез от ножниц 14/35
scherenschnittige Schaffelle овчина с подрезами / из-за неправильной стрижки / 14/36
Scheuerstellen места трения 20/43
Schiedsgericht третейский суд 22/28
Schiffahrtsgesellschaft пароходное общество, пароходство 24/02
Schild совер; хаз / задние лапы и круп конской шкуры / 2/16
Schilder совер, хаз 59/08
schimmeln плесневеть; покрываться плесенью 12/27
schimmelige Fleischseite заплесневшая бахтарма; бахтарма, покрытая плесенью 13/20
schlachten убивать, колоть, резать 14/10
Schlachthaus бойня 14/01
Schlachthaushaut шкуры из бойни 6/07
Schlachtperiode время убоя 6/10
Schlachtung убой 14/09
— und Schlachtfehler убой скота и пороки от убоя 13/35

Schlamm, Kot, Schmutz шлам, помет, грязь 21/11
Schlange змея 4/50
chlecht abgezogen, verschlachtet плохо снятый 14/29
schlecht aufgeschnitten плохо разрезанный 14/27
— konserviert плохо консервированный 11/06
Schleife бант, петля 78/23
schleifen, wetzen, schärfen точить 28/12
—, bimsen, dolieren шлифовать, пемзовать, / шлифование шероховатостей, неровностей с бахтармы / 38/05
Schleifmaschine, Doliermaschine шлифовальная, пушильная, пемзовальная машина 38/07
Schleifmehl шлифовальный порошок 85/28
Schleifmittel точильный, шлифовальный материал 38/14
Schleifpapier шлифовальная бумага 38/13
Schleifstein точильный камень 28/11
Schleim, Pflanzenschleim растительная слизь 50/22
schleimig слизистый 50/23
Schlichtbaum деревянный станок, в котором зажимаются кожи, подвергаемые шлихтовке 37/03
schlichten, Narbenfehler ausschlichten шлихтовать; удалять пороки лица 37/01
Schlichtmond круглый, лунообразный тупик 37/04
Schlichtzange щипцы, которыми кожа прикрепляется к раме для шлихтовки 37/05
Schlitzkopf башка / шкуры /; голова 15/09
schmaler Rahmen узкий рант 75/31
Schmalschnitt узкая выкройка 72/16
Schmaschen шкурки - выпородки и шкурки ягнят, убитых после рождения 3/15
schmelzen, auflösen плавить, растворять 10/04
Schmiere жировальная смесь для смазывания кож 47/26
schmieren смазывать жиром 34/10
— mit der Hand жировать вручную 34/12
schmierig грязный, сальный 11/20
Schmirgelscheibe наждачный круг 38/11
Schmirgelsteine наждачные камни 38/12
Schmierwalkfaß жировальный барабан 34/14
Schmuckkasten шкатулка для драгоценностей 66/41
Schmutz, Schleim гнейст, слизь 29/18
—, Unreinlichkeit грязь, нечистота 6/35
schmutzig, beschmutzt, kotig грязный, нечистый 21/12
schmutzige Fleischseite загрязненная бахтарма 13/19
Schnallen пряжки 69/38
Schnallenleder кожа для пряжек; кожа для застежек 56/27
Schnallenriemen ремень для пряжек 72/13
Schnallenschuhe башмаки с заставками 68/02
Schnallenstiefel сапоги или ботинки с заставками 67/14
Schneide des Falzes umlegen заворачивать, загибать лезвие фальца 34/04
schneiden резать 17/21
Schnellgerbung скорое дубление 33/01
Schnitt выкройка, покрой, раскрой 72/15
— anstreichen окрашивать шнит, разрез 79/32
Schnittböcke кастрированные козлы 3/09
Schnitte срезы 17/15
— fräsen фрезеровать шниты 82/07
— schwärzen чернить шниты 82/12
Schnittfräsmaschine машина для фрезеровки шнитов 77/41
schnittfrei без подрезок 17/09
schnittig порезанный 17/16
Schnitt polieren полировать шнит, разрез 79/33
Schnittpoliermaschine машина для полировки шнитов 77/43
Schnitt schneiden вырезать выкройку 72/18
— und Oberfleck vorpolieren предварительно полировать шнит и верхнюю набойку 84/18
Schnitzel (Leimlederausdruck) обрезки 86/06
Schnürsenkel шнурки 70/43
Schnürschuhe башмаки на шнурках 67/36
Schnürstiefel сапоги на шнурках 67/05
schöner Narben красивое лицо 7/03
Schönheitskasten туалетный несессер 66/42
Schönungsmittel, Nuancierungsmittel оттеняющие средства, средства для оживления красок 53/23
Schragen козлы 17/25

Schwefligsäureanhydrid сернистый ангидрит 53/33
schwefligsaures Natron сульфит натрия, сернистокислый натр 53/06
Schweifbein хвостовая кость 16/22
Schweifhaare хвостовый волос 16/26
Schweifquaste кисть хвоста 16/27
Schweinehäute свиные шкуры 4/03
Schweinsleder свиная кожа 60/17
Schweißdrüsen потовые железы 16/29
Schweißfuß потливая нога 69/02
Schwellfarben кислотная заличка 54/03
Schwellkraft, Schwellwirkung степень бучения; степень нажора; бучащее действие 51/19
Schwellmittel бучащие средства 51/17
schwer beschädigt с большим повреждением 13/29
Schwerspat сернокислый барий 49/10
Schwiele мозоль 69/01
schwitzen потеть 11/28
— швицовать / нагревать шкуры для разрыхлеиня волоса путем складывания в штабели во влажномвиде / 27/03
Schwitzen, durch unsachgemäßes, hervorgerufene Zerstörung der Narbenschicht разрушение лицевого слоя шкуры, вызванное нецелесообразным швицеванием 27/08
Schwitzkammer швиц-камера 27/07
Schwödebrei кашица для намазывания с целью обезволашивания 27/02
schwöden намазывать / сернистым натрием для разрыхления волоса 27/01

Sp

Spalt спилок, шпальт 86/10
Spalte шпальты, спилки 61/21
— und Abfälle спилки и отбросы 61/20
spalten двоить / двоение толстых шкур на верхний и нижний слой при помощи двоильной машины / 27/24
Spaltfleck набойка из шпальта 74/30
Spaltleder спилок 61/25
Spaltmaschine двоильная машина 28/05
Spaltmesser двоильный нож 28/06
Spaltmesserschleifmaschine точильная машина для ножей двоильной машины 28/10
Spaltsohlen подошвы из спилка 70/46
Spangenschuhe башмаки с пряжками 68/03
Spanische Eiche „кверкус фалката“ / испанский дуб / 41/10
Spann подъем ноги 68/40
spannen натягивать, натянуть / растягивание шкур для сушки путем прибивания на рамы или натяжного шкурования / 36/02
Spannrahmen сушильные рамы 36/03
Spannung напряжение 75/26
Spermacetiöl, Walratöl спермацетовое масло 53/18
Spezialmaschine специальная машина 73/08
spezifisches Gewicht удельный вес 53/14
Spiegel шпигель / плотная часть хаза, из которого готовая кожа блестит / 2/17
Spiritus, Weingeist алкоголь, винный спирт 53/19
Spitzen eindampfen пропускать носки через пар 80/33
— zwicken затягивать носки 80/32
Spitzenzwickmaschine затяжная машина для носков 75/09
spitze Vorderkappe остроконечный носок 72/10
spitzköpfig с острой башкой 15/10
Splintholz заболонь 52/18
Sporenstich уколот шпоры 21/26
Sportkipse спортивные кипсы 58/19
Sportleder спортивная кожа 59/27
Sportschuhe спортивная обувь 68/05
Sportstiefel спортивные сапоги или ботинки 67/21
Sporttasche сумка для спортивных принадлежностей 65/17
springen (Leder) лопаться, трескаться / о коже / 63/29
spritzen вспрыскивать; разбрызгивать 39/14
Spritzleder кожаный фартук; полость в экипаже 56/34
spülen, abspülen полоскать, промывать 29/19
Spulengarn шпульные нитки 70/34
Spülung промывка 29/20

St

Stacheldraht колючая проволока 20/28
Stacheldrahtrisse разрывы, причиненные колючей проволокой 20/30
Stadtköfferchen маленький городской чемодан 65/13
Stadtschlachtung убой скота в городе 6/06
Stadttalg, Schlachthaustalg сало из бойни 50/50

T

Täckskanal канальчик для тексов / обувных гвоздиков / 79/03
Täckszieher инструмент для вытягивания тексов / обувных гвоздиков / 78/20
Talg einlassen пропитывать салом 34/09
Talgöl саломас; гидрогенизированное растительное масло 54/06
Talg, Fett, Gerberfett, Schmiere, Unschlitt сало, жировальная смесь, жир, дегра 53/24
Talkum, Federweiß тальк 48/34
Tannin, Reingerbstoff таннин, танниды 48/03
Tanzschuhe бальные туфли 68/08
Tasche mit Reißverschluß сумка с застежкой-молнией 66/25
Taubenmist голубиный помет 28/18
Taubenmistbeize шакша из голубиного помета 28/16
Techniker техник 25/18
technische Gelatine технический желатин 85/15
technisches Leder техническая кожа 56/14
Teer деготь, смола 54/14
in Teig пастообразный, тестообразный 43/03
Tennisetui чехол для теннисных ракеток 65/19
Tenniskoffer чемодан для теннисных принадлежностей 65/18
Terpentin терпентин 54/25
Terpentinöl терпентинное масло; скипидарное масло 50/37
Texasfieber техасская лихорадка 18/10
Tierarzt ветеринар 20/21
Tierkohle животный уголь 44/14
Tierkörper тело животного 14/16
Titankaliumoxalat щавелевокислый калий-титан 54/19
Tornisterleder кожа для ранцев 59/29
toter Äscher мертвый зольник 26/18
totgeborene Kalbfelle шкуры с мертворожденных телят 1/06
Tragant гумми-трагант 54/22
Tragantgummi гумми-трагант 49/08
Tran рыбий жир, ворвань 48/25
Transmission трансмиссия 76/30
Traubeneiche, Wintereiche зимний дуб 41/04
Traubenzucker, Glukose виноградный сахар, глюкоза 49/02
Treibriemenleder кожа для приводных ремней 56/15
Treibstachelstiche уколы, вызванные погонщиком 20/36
Tresor денежный шкап 66/31
Trethorde решетка 40/23
trocken сухой 10/22
Trockenapparat сушильный аппарат 36/05
trocken beschädigt сухо поврежденный 12/31
Trockenboden сушильня 36/06
trockenfaul с подсочинами 12/30
Trockenfäule подсочины 12/29
Trockenflecke von der Stange пятна, образовавшиеся от сушки на шестах 64/24
trocken gesalzene Häute und Felle сухо соленые шкуры / сперва посолены, затем высушены на воздухе / 8/06
Trockenheit сухость 10/23
trocknen сушить 10/24
trocknendes Öl высыхающее масло 47/25
Trocknung сушка 12/20
Trocknung auf Stangen сушка на шестах 12/21
— im Rahmen сушка на рамах 12/22
Trommelfell пергамент; кожа для барабана 59/31
trübes Haar тусклый волос / безжизненный / 11/17
Tse-Tse-Fliege муха „тсе-тсе“ 18/26
Tuche für Schäfte сукна для голенищ 72/22
Türkischrotöl турецкое красное масло 54/23
Tuberkulose туберкулез 20/20
Turnschuhe гимнастическая обувь 68/15
typgerecht, dem Muster entsprechend соответственно образцу 6/30

U

überäschert перезоленный 64/08
über den Rücken gefaltet сложенный по хребтовой линии 12/16
überfettet пережированный 64/29
übergerbt передубленный 64/20
Überholen обтягивать, обтяжка 79/15
Überholmaschine обтяжная машина 75/07
übermangansaures Kali перманганат, марганцевокислый калий 51/30
Überschuhe галоши, ботики 68/14
überschüssiges Salz избыточная соль 10/28
überschwellt перебученный 64/10
überschwere Kipse сверхтяжелые кипсы 1/15
Überstemmleinen полотно для подкладки 69/30

übertrocknet пересушенный 64/28
über vier Quartiere krispeln накатывать мерею в четырех направлениях 38/20
Überziehen обтяжка 81/08
Überzüge покрышки 69/31
Uhrenetui футляр для часов 66/16
Ulme, Rüster вяз 42/15
umbiegen загибать, завертывать, перегибать 72/24
Umbra умбра 54/26
Umgestaltung изменение, преобразование, трансформация 72/25
umschlagen der Beize скисать, портиться / о мягчительной жидкости / 29/03
unbeschädigt неповрежденный 6/39
ungebadete Häute немытые шкуры 6/29
Ungeborene, Schürflinge слизок; шкура нерожденного теленка 1/07
ungeeignete Konservierung непригодное консервирование 9/09
ungegerbt недубленый 24/11
ungelöschter Kalk, gebrannter Kalk негашеная известь, жженая известь 54/28
ungesalzene grüne Häute несоленые парные шкуры / свежие / 8/03
ungesättigte Fettsäure ненасыщенная жирная кислота 48/13
—, schwache Salzlake ненасыщенный, слабый тузлук 10/03
ungewaschene Haare немытый мокрый волос 85/19
Ungeziefer вредные насекомые 18/35
unköpfig без башки / башка отрезана позади ушей по прямой линии / 15/08
unlöslich нерастворимый 47/20
unregelmäßig, ungleich нерегулярный; неравномерный; неравный 7/39
unteräschert недостаточно золенный 64/09
unterchlorigsaures Natron хлорноватистокислый натрий 53/04
Unterfaden нижняя нитка 69/50
Unterfleck нижняя набойка 70/14
Unterkante нижний кант 72/26
unterlegt подложенный, подстеленный 73/16
unter sich ziehen накатывать, мереить с бахтармы 38/17
unterschwefligsaures Natron серноватистокислый натрий, антихлор 53/07
unterste Haut нижняя шкура / в штабеле / 10/38
unverseifbar неомыляемый 54/27
unzugerichtet неотделанный 61/38
Urin моча 21/18

V

Vachetten вашеты 57/16
Valonea-Gerbung дубление валонеей 31/22
Valonea валонея / чашечка дубового желудя / 42/31
Vaseline вазелин 54/30
vegetabilische Gerbstoffe растительные дубители 40/01
Velin велиновый пергамент 54/31
veloutieren, buffen буффировать / шлифование лица кожи для его пушения / 38/06
verbeizen перемягчить 64/15
verblassen, verbleichen слинять, поблекнуть 64/04
verbrennen сжигать 13/05
— in der Beize сварить при мягчении 64/17
verbrüht обваренный 13/04
Verdeckleder кожа для покрытия верха экипажей 56/32
verderblich скоропортящийся 12/23
verdünnen разбавлять, разжижать 47/16
vereidigter Verwieger присяжный весовщик 8/11
verfallen machen вызывать опадение 26/25
verfälschen фальсифицировать, подделывать 43/24
Verfälschungsmittel фальсифицирующие вещества 43/23
verflüssigen разжижать; делать жидким 49/45
vergällt (z. B. Hautesalz) денатурированный 47/11
vergiften отравлять 13/10
vergolden золотить 39/11
Vergütung возмещение 23/40
verheilen заживать 20/35
Verkrustungen струп 19/12
Verladegewicht, Abladegewicht, Verschiffungsgewicht вес нагрузки 8/17
verlängerte Vorderkappe продолговатый носок 72/11
verlaust вшивый 21/14
Verlust потеря / хромовой кислоты в восстановительной ванне, красителя в красительной ванне / 64/22
vermischen смешивать 10/14
vernarbt, narbig рубцеватый 20/32
vernietet соединенный заклепками; заклепанный 73/17
Verputzen чисто заделать, зачистить 82/29
Versatz сыпня насухо 30/04

W

Wasserbeständigkeit водостойкость 64/32
wasserdicht непромокаемый, водонепроницаемый 64/31
wasserdichter Kanevas непромокаемая канва 74/24
Wasserdichtmachungsmittel средства для придания коже свойства непромокаемости 64/34
Wasserdurchlässigkeit водопроницаемость 64/33
Wasserenthärter смягчитель воды 24/33
wasserfrei безводный 10/21
wasserfreie Soda безводная сода / кальцинированная сода / 10/10
Wassergehalt, Feuchtigkeit содержание воды, влажность 36/17
Wasserglas растворимое стекло / кремнекислый натрий / 54/39
Wasserkraft гидравлическая сила 54/40
Wasserschlange водяная змея 4/52
Wasserschlangenleder кожа водяной змеи 61/16
Wasserstiefel непромокаемые сапоги 67/17
Wasserstoffsuperoxyd перекись водорода 49/16
Wasserwerkstatt отделение для водяных работ 24/16
Wau вау, желтая капуста 55/02
Webervögel гонки 57/04
Wechselmappe портфель для векселей 66/19
Weekendsuitcase небольшой несессер для экскурсий 65/12
weich мягкий, нежный 62/32
—, locker мягкий, рыхлый 7/40
Weiche, die отмока; замочка 24/19
weichen размачивать; замачивать 24/18
weiches Wasser мягкая вода 24/29
Weichgewicht отмочный вес / вес после размочки / 9/02
Weichhaspel отмочный гашпель 24/22
Weichheit мягкость 62/33
Weichkasten отмочный чан; отмочная ванна 24/21
weichmachen, erweichen делать мягким, размягчать 53/09
Weichmacher пластификатор 55/22
Weichwasser отмочная вода 24/23
Weideland пастбище 5/18
Weidenrinde ивовая кора 42/11
weinige Gärung, geistige Gärung винное брожение 54/34
Weinsäure винная кислота, виннокаменная кислота 54/16
weinsaures Kalinatron виннокислый кали-натрий; сегнетовая соль 51/31
Weinstein винный камень 54/15
weiße Eiche белый дуб 41/15
weißer Schimmel белая плесень 12/25
weißgares Handschuhleder перчаточная кожа, дубленная квасцами 60/25
weiß gegerbt дубленный квасцами 60/14
Weißgerbedegras, Urläuter дегра; моеллон; окисленный жир, снятый с замшевых кож 53/08
weißgerben, weißgarmachen дубить квасцами; квасцовать 32/04
Weißgerber сыромятник, квасцовщик 24/09
Weißgerberei квасцовальня/помещение/; дубление квасцами / ремесло / 32/05
Weißgerbermesser струг для сыромяти 34/28
Weißkalk жирная известь 55/07
Weiß- oder Alaungerbung квасцовое дубление 32/03
weitbauchig широкобрюхий 7/22
Weizen пшеница 55/04
Weizenkleiebeize кисель из пшеничных отрубей 45/20
Weizenmehl пшеничная мука 55/05
Wendemaschine машина для шитья выворотной обуви 76/08
Wendeschuhe вывернутая обувь 68/10
Werkmeister мастер 25/16
Werkzeugetui футляр для инструментов 66/02
Wichsbürste вощильная щетка 38/01
wichsen вощить, ваксить 37/35
Wichsspalt ваксовый спилок 61/34
Widder баран 3/23
wiegen взвешивать 39/31
Wienerpapp клей 70/03
Wiesel ласка 4/32
Wildfelle меховые шкуры диких животных 4/06
Wildhäute шкуры внеевропейского рогатого скота 1/18
Wildkanin-Nudeln лапша дикого кролика 86/03
Wildleder замша; кожа из шкуры дикого животного 60/26
Wildschweinfelle кабаньи шкуры 4/04
Wildvacheleder полувал из шкур внеевропейского скота 55/30
Winterhaar, Langhaar зимняя шерсть, длинная шерсть 5/37
Winterhase заяц зимний 4/20
Winterhäute зимние шкуры 5/32
Wolf волк 4/17
Wolle шерсть 55/15

Wollfett шерстяной жир 55/16
Woll- oder Flaumeiche мохнатый дуб / Крайн, Адрия / 41/07
Wollschaffelle овчина с шерстью 3/16
wunde Stellen раны 19/11
wurmbeschädigt поврежденный червями; червивый 18/21
Wurzelrinde der Kermes-oder Scharlacheiche кора с корней кошенильного или кермесоносного дуба 41/20

Z

zäh жесткий, вязкий, тягучий 62/18
Zahmhäute шкуры домашних животных / европейских животных / 1/17
Zahmvacheleder полувал из шкуры домашнего / европейского / животного 55/29
Zahnholz, Karrierrolle зубчатый ролик; рифленый валик из букового дерева для нанесения на лицо кожи рисунка из пересекающихся линий / 38/22
zart (vom Narben) нежный, слабый / с лица / 7/12
Zebra зебра 4/36
Zebu зебу 4/05
Zecke клещ 18/07
Zeckenausrottung уничтожение клещей 18/13
zeckenbehaftet пораженный клещами 18/09
Zeckenschaden повреждения, вызванные клещами 18/06
zeckenschadhaft поврежденный клещами 18/08
zeckentötende Mittel средства для уничтожения клещей 18/14
Zeichen тавро 21/03
zeichnen тавровать; клеймить 21/02
Zelluloseauszug сульфитцеллюлозный экстракт 51/36
Zementieren цементирование 81/18
Zementiermaschine машина для цементирования 72/39
zerkratzt исцарапанный 20/41
zerquetschen, zermahlen размеливать, раздроблять, толочь 47/05
Zerr- oder Zirneiche бургундский дуб / восточный, русский, бургундский дуб / 41/06
zerschnitzeln, zerschneiden раздроблять, разрезать 86/07
zersetzen разлагать 11/22
Zerstörung разрушение 20/15
Zickel, alaungare für Handschuhe кожа, перчаточная, из шкуры козленка, дубленная квасцами 60/24
Zickel, Kitzen козлята-сосунки 3/05
Zickelfelle in Kreuzform шкуры козлят, сшитые крестообразно 3/33
ziegelrote Verfärbung кирпично-красное изменение цвета 12/06
Ziegenfelle козьи шкуры; козлина 3/03
Ziegenhäute in Rockform козьи шкуры, сшитые в виде куртки 3/32
Ziegenleder козловая кожа 59/32
Zigarettenetui папиросница; портсигар; сигарочница 66/37
Zinkazetat уксуснокислый цинк 55/08
Zinkoxyd окись цинка 55/19
Zinktafel оцинкованный стол 55/20
Zinkvitriol, Zinksulfat сернокислый цинк 55/09
Zinnchlorür, Zinnsalz хлористое олово 46/08
Zinnober киноварь 46/23
Zitronensäure лимонная кислота 46/24
Zitze сосок 15/33
zottiges Haar косматый волос 6/18
zubessern подкреплять; добавлять 31/17
Zuchttiere племенной скот 5/12
zuckerartige Stoffe сахаристые вещества 53/25
Zufluß приток 24/34
Zügelleder сбруйная кожа, шорная кожа 56/26
zugerichtet отделанный 56/13
zugig тягучий, эластичный 62/38
Zugigkeit тягучесть 62/37
Zugschuhe башмаки на резинах 67/38
Zugstiefel сапоги на резинах 67/07
Zugtiere рабочий скот 5/13
Zunge язычок 69/23
Zurichten отделка, отделывать 36/19
Zurichterei отделочное помещение 36/20
Zurichtung отделка / сводка всех работ для отделывания выдубленной кожи, готовой для продажи / 36/18
zurückgezogenes Los снятая доля 22/05
zusammenfalten zum Färben in der Mulde складывать для крашения в корыте 35/06
Zuschneiden, Stanzen раскрой, штампование 72/12
Zuschneidebretter закройные доски 71/30
Zuschneidemodell выкройка-модель 72/20
Zuschneiderei закройная 71/16
zuspitzen заострять 72/29

Russisch — Deutsch — Русско — Немецкий

Die Ziffern verweisen auf Seite und Nummer der Wortgruppe im I. Teil des Buches

Цифры указывают на смраницу и номер группы слов в первой части книги

А

Б

барбарисовый экстракт Berberitzenauszug 54/33
баркас Haspelgefäß 30/35
баркометр, ареометр Barkometer, Brühmesser, Spindel 44/31
барсук Dachs 4/25
бархатистая поверхность sammetartige Oberfläche 63/33
бастард / индийская овчина с шерстью / indisches Haarschaffell (Bastard) 3/24
бахтарма; мездряная сторона Aasseite 15/03
бахтарма, старая матовая Fleischseite, alte, matte 11/15
бацилла сибирской язвы Milzbrandbazillus 19/21
бациллы, бактерии Bazillen, Bakterien 20/04
башка / шкуры /; голова Kopf 15/06
башка / шкуры /; голова Schlitzkopf 15/09
башки Köpfe 56/04
башковый спилок Kopfspalt 61/39
башмаки „Дерби“ Derbyschuhe 68/01
башмаки на пуговицах Knöpfschuhe 67/37
— — резинах Zugschuhe 67/38
— — шнурках Schnürschuhe 67/36
— с заставками Schnallenschuhe 68/02
— — пряжками Spangenschuhe 68/03
без башки / башка отрезана позади ушей по прямой линии / unköpfig 15/08
безводная сода / кальцинированная сода wasserfreie Soda 10/10
безводный wasserfrei 10/21
безволосый haarlos 19/28
бездождное время года regenlose Zeit 6/01
без клейма ohne Brand 21/10
— подрезок schnittfrei 17/09
— пороков, без повреждений fehlerfrei 13/27
— рога ohne Horn 15/15
безрогий скот enthorntes, (hornloses) Vieh 5/22
без следов от седла satteldruckfrei 21/24
без следов от ярма jochdruckfrei 21/23
без сортировки ohne Sortierung 22/14
белая плесень weißer Schimmel 12/25
беление на солнце; луговое беление Sonnenbleiche, Rasenbleiche 32/17
— перманганатом Permanganatbleiche 32/19
беление свинцовым сахаром и серной кислотой Bleiche mit Bleizucker und Schwefelsäure 32/18
белильная известь Bleichkalk, Chlorkalk 45/06
белка Eichhorn 4/34
белковые вещества Eiweißstoffe 43/27
белковый, альбуминозный eiweißartig 43/26
белодушка, каменная куница Hausmarder, Steinmarder 4/28
белок; яичный альбумин Eiweiß 43/25
белый дуб weiße Eiche 41/15
беляк Stollpfahl, Stollbock 36/24
бензин Benzin 44/38
березовый деготь Birkenteeröl 45/02
— — Birkenöl 45/01
биолог Biologe 20/06
биржа шкур Häuteterminbörse 22/27
бисульфит; кислый сернистокислый натрий saures schwefligsaures Natron 52/44
бланковая кожа, глянцевая кожа, шорно-седельная кожа Blankleder, Geschirrleder 56/23
бланшир; нож для бланшировки Blanchiereisen 34/26
бланшировальная машина Blanchiermaschine 34/27
бланшировальные стружки Blanchierspäne 85/07
бланшировать / удаление неровностей на лице или также на бахтарме выдубленной кожи бланширом или бланшировальной машиной / blanchieren 34/24
блеклая, белесоватая кожа falbes Leder 58/06
блестящая, чистая бахтарма glänzende, lebhafte, blanke Fleischseite 11/11
блестящие шкуры glänzende Häute 6/27
блестящий волос glänzendes Haar 11/16
— glänzend 51/22
блоха Floh 18/29
бобр Biber 4/29
бойня Schlachthaus 14/01
боковая подкладка Seitenfutter 69/40
— шкура штабеля Eckhaut (des Stapels) 10/39
боксхальф Boxkalb 59/20
болезнь животного Krankheit des Tieres 20/07
больной krank 20/08
большой палец Daumen 61/08
— — ноги große Zehe 68/44
бордюр Bordüre 69/25

В

винное брожение weinige Gärung, geistige Gärung 54/34
виннокислый кали-натрий; сегнетовая соль weinsaures Kalinatron 51/31
винный камень Weinstein 54/15
виноградный сахар, глюкоза Traubenzucker, Glukose 49/02
винтовые сапоги geschraubte Stiefel 77/09
вкладка Einlage 77/17
вкладывать задний капик Fersenkappenstück einlegen 82/27
вкладывать наклейку Deckbrandsohlen einlegen 84/35
влажность Feuchtigkeit 10/20
влажный, сырой feucht 10/19
внешние стежки äußere Stiche 78/36
внешняя сторона ноги Außenseite des Fußes 68/36
внутренняя сторона ноги Innenseite des Fußes 68/35
водная окись натрия, едкий натр Natronhydrat, Ätznatron 53/03
водопроницаемость Wasserdurchlässigkeit 64/33
водостойкий wasserbeständig 54/41
водостойкость Wasserbeständigkeit 64/32
водяная змея Wasserschlange 4/52
возбудители / зародыши / болезни Krankheitskeime 20/09
воздушная ванна Luftbad 36/11
воздухопроницаемый luftdurchlässig 62/29
воздушносухие шкуры, пресносухие шкуры lufttrockene Häute und Felle 8/05
воздушносухой lufttrocken 12/07
возмещение Vergütung 23/40
возмещение веса Gewichtsvergütung 8/22
войлок Filz 79/02
волк Wolf 4/17
волокнистый faserig 16/38
волос Haare, Haar 16/31
волосатник Haarlinge 18/31
волосо-грибковое разъедание / раньше ошибочно называлось солевым разъеданием / Haarpilzstippen 19/23
волосогонная машина Enthaarmaschine 27/17
волосогонные средства; обезволашивающие средства Enthaarungsmittel 47/12
волосяная сторона Haarseite 7/25
волосяная сумка Haartasche 16/32
волосяной стороной наружу Haarseite außen 10/44
ворвань из морских свиней Meerschweintran 51/23
воротки Hälse 56/02
воротковой спилок Halsspalt 61/41
воротки конины Hälse 59/07
— — / часть конины выше задней лапы до башки /, шея Hals 2/15
воск Wachs, Wachse 54/42
воспаление, раздражение Entzündung, Reizung 19/14
воспаляться, раздражать entzünden, reizen 19/15
восприниматься, браться / о краске / fassen (der Farben) 35/15
вошь Laus 18/30
вощение Wachsen 79/34
вощеные кипсы gewichste Kipse 58/11
вощеный опоек gewichste Kalbleder 59/15
вощеный спилок Wichsspalt 61/34
вощильная щетка Wichsbürste 38/01
вощить, ваксовать wichsen 37/35
брак Brack, Ausschuß 13/33
брак-брак Brack-Brack 13/34
вредные насекомые Ungeziefer 18/35
временная жесткость / воды / vorübergehende Härte (des Wassers) 54/17
время убоя Schlachtperiode 6/10
вспрыскивать, разбрызгивать spritzen 39/14
вставка Einsatz 69/19
вторая ванна/восстановительная ванна/ 2. Bad (Reduktionsbad) 31/29
— — из пикеля 2. Pickelbad 29/24
вторично валять; вторично мять nachwalken 31/08
вторичное мездрение / после золки / nachfleischen 27/09
вторично красить, докрасить nachfärben 35/22
— мереить nachpantoffeln 38/19
— подбривать; очищать nachstreichen 29/17
— разбивать nachstollen 36/28
второй сорт Sekunda 13/31
вшивная тесьма Nahtband, Nahtstäbchen 73/19
вшивый verlaust 21/14
вывернуть, вышивать / с загибом кромки / stürzen 73/21
выворотная обувь Wendeschuhe 68/10
выгиб, кривизна каблука Absatzschweifung 78/25
выгрузчик; экспедитор Ablader 23/07

Г

гемлоковое дубление и дубление дубовой корой/американское дубление/ Hemlock- und Eichenrindengerbung 31/20
гибкие крупонные спилки flexible Spaltkernstücke 62/07
гибкий gelenkig, geschmeidig, biegsam 75/03
гидравлическая сила Wasserkraft 54/40
гидрат окиси бария, едкий барий Barythydrat, Ätzbaryt 46/01
гидроокись хрома Chromoxydhydrat 46/21
гимнастическая обувь Turnschuhe 68/15
гиппопотам Nilpferd 4/44
гипс Gips 9/18
гипсовые пятна Gipsflecken 11/29
гистологический histologisch 20/14
гладильный аппарат Bügelapparat 78/16
гладкая бахтарма glatte Fleischseite 11/12
— проволока glatter Draht 20/29
гладкие шкуры glatte Häute 6/26
гладкий glatt 63/25
—, блестящий волос glattes, glänzendes Haar 6/19
глажение и апретирование Bügeln und Appretieren 82/30
— / рантового шва / Glätten (Einstechnaht) 81/13
глауберовая соль schwefelsaures Natron 53/27
глицерин Glyzerin 49/03
глотка; горло Kehle 15/28
глянец Glänze 51/21
глянцевая кожа для дорожных принадлежностей glatte Rindleder 57/27
гнейст; слизь Schmutz, Schleim 29/18
гниение, разложение, распад Fäulnis, Zersetzung 11/21
гнилая отмока faule Weiche 24/20
гнилой, прелый faul, faulend, faulig 11/23
гнилостное брожение faulige Gärung 48/17
гнить, сгнивать faulen, verfaulen 11/26
гной Eiter 20/16
гнойный eiterig 20/17
говяжье сало Rindertalg 44/36
годовалые жеребята / в возрасте свыше 6 месяцев / Halbroß, Jährling 2/21
— козлята, питающиеся сухим кормом после прекращения сосания молока Heberlinge 3/04
голландский нож для подбривки niederländisches Streicheisen 29/12
голье / обезволошенная и мягченная шкура / Blöße 29/08
гольевое вещество Hautsubstanz 16/35
гольевой вес / вес шкур после удаления башки, ног, волоса и. т. д., однако перед двоением / Blößengewicht 9/03
— порошок Hautpulver 49/13
голубиный помет Taubenmist 28/18
гонки Webervögel 57/04
гонковая кожа для текстильной промышленности Kammstuhllaufleder 57/07
горб Höcker 15/34
городская сумка Citybag 65/31
горчичное масло Senföl 50/25
горькая соль, сернокислый магний, сульфат магния Bittersalz, schwefelsaure Magnesia 47/36
готовая кожа Fertigleder 39/28
градирование Gradieren 71/32
грива, хребет Mähne, Kamm 2/19
грубошерстый grobwollig 6/23
грузить, погрузить verstauen 23/12
—, слизь Grund, Grundschleim 52/34
грунтовать grundieren 39/15
грунтовая, подпочвенная вода Grundwasser 24/26
грунт / сандаловый отвар при чернении / Grund 45/18
грязный, нечистый schmutzig, beschmutzt, kotig 21/12
—, сальный schmierig 11/20
грязь, нечистота Schmutz, Unreinlich keit 6/35
губа Lefze 15/24
гумми-арабик Gummiarabikum 49/07
гумми-трагант Tragant, Tragantgummi 54/22, 49/08
густой волос dichtes, volles Haar 6/21

Д

давать гладкую отделку, давать финиш glatt zurichten 37/21
— глянец, лощить einen Stoßglanz geben, glanzstoßen 37/26
давление хомута, нажим хомута Kumtdruck 21/25
дамская сумка Damentasche 66/23
дамские полуботинки Damenschuhe 68/20
— сапоги Damenstiefel 67/26
дать стечь abtropfen lassen 25/14
двоение клином Keilspalten 74/32
двоильная машина Spaltmaschine 28/05
двоильный нож Spaltmesser 28/06
двоить лицо / замшевое дубление / den Narben spalten 28/02

двоить / двоение толстых шкур на верхний и нижний слой при помощи двоильной машины / spalten 27/24
— шиворот / отделение толстых частей шиворота / Nacken spalten 28/01
двойная подошва doppelte Sohle 74/29
— строчка, двойной шов Doppelsteppstich 77/14
двойные нитки Doppelgarn 70/33
двусернистокалиевая соль saures schwefligsaures Kalium 51/27
двусернонатриевая соль; кислый сернокислый натрий saures schwefelsaures Natron 52/43
двууглекислый аммоний Ammoniumbikarbonat . . . 44/07
— кальций Calciumbikarbonat 45/26
— натрий saures kohlensaures Natron 52/41
двухванное дубление Zweibadgerbung 31/27
двухромокислый натрий doppeltchromsaures Natron 52/42
двухромокислый калий Kaliumbichromat 44/40
деготь, смола Teer 54/14
дегра Abfett 32/25
—; моеллон; окисленный жир, снятый с замшевых кож Weißgerbedegras, Urläuter 53/08
дезинфекция Desinfektion 13/12
дезинфицирующая ванна Desinfektionsbad 18/15
дезинфицирующее средство Desinfektionsmittel 13/13
декстрин Dextrin, Stärkegummi 47/13
декстроза Dextrose 47/14
делать мягким, размягчать weichmachen, erweichen 53/09
дельфиновая ворвань Delphintran 45/03
денатурирование соли Salzdenaturierung 10/07
денатурированный vergällt (z. B. Häutesalz) 47/11
денатурировать denaturieren 10/08
денежные расходы по засолке Salzgeld 22/03
денежный мешок для трамвайных кондукторов, извозчиков и т. д. Geldtasche für Fuhrleute . . . 66/14
деревянная труба для отвода дубильного сока Holzrohr zum Fortleiten 30/09
деревянные кольца (для изготовления деревянных обувных гвоздей) Pflockholz 70/30
деревянные подошвы Holzbesohlung 71/08
деревянные подошвы ка шарнирах Scharniersohlen 71/12
деревянный молот Fleischerkeule, Holzbeil 14/08
— станок, в котором зажимаются кожи, подвергаемые шлихтовке Schlichtbaum 37/03
дерматолог; врач по накожным болезням Hautspezialist 20/22
детская сумка Kindertasche 66/29
детские ботинки Kinderschuhe 68/23
— сапоги Kinderstiefel 67/29
дефекты волоса Haardefekte 19/22
диви-диви Dividivi 42/34
дигалловая кислота Digallussäure 47/15
дистиллировать destillieren 47/21
дистилляция, перегонка Destillation 47/22
длинная зимняя шерсть langes Winterhaar 5/37
— рана lange Wunde 20/33
длиннолапый / ноги отрезаны выше задних когтей / langklauig 16/10
длиннорогий скот langhorniges Vieh 5/19
длиннохвостые овчины Langschwanzschaffelle 3/30
добавочное апретирование Nachappretieren 80/16
договорный бланк, формуляр Kontraktformular 22/41
длинношерстый langwollig 6/24
догрузка Beiladung 23/17
додубливать nachgerben 31/09
додубливать желтком nachgerben mit Eigelb 32/12
дождевая вода Regenwasser 24/28
дождливое время года Regenzeit 5/33
дойный скот Milchvieh 5/14
доля, часть Los 22/04
домашняя обувь Hausschuhe 68/06
домашние туфли Pantoffel 68/06
донголовое дубление / комбинированное дубление квасцами и гамбиром / Dongola-Gerbung 31/24
дополнительно стеклить каблук Absatz nachglasen 82/09
— чистить щеткой подошву, каблук и шнит Boden, Absatz und Schnitt nachbürsten 82/31
доппель-машина Doppelmaschine 75/38
— — Doppelnahtmaschine 73/07
дорожный дамский и мужской саквояж Reisetasche für Damen und Herren 65/29
— несессер Reisenecessaire 65/33
досаливать nachsalzen 9/26
доска фальцбока Falzplatte 33/18

достраrивать nachfalzen, egalisieren 33/16
дощило, гладило Poliereisen 78/17
древесина каштана Kastanienholz 42/19
древесная зола Holzasche 55/10
древесные опилки Sägespäne 52/19
древесный уксус Holzessigsäure 55/12
дрожжевые грибки Hefepilze 55/17
дубильная кислота Gerbsäure 48/04
— кора Gerbrinde 40/35
— установка Gerbanlage 24/15
— яма, дубильный чан Lohgrube 30/06
дубильные материалы Gerbemittel 54/11
дубильный барабан Gerbfaß, Gerbtrommel 30/25
— сок Gerbebrühe 54/07
— хромовый экстракт Chromgerbeextrakt 46/15
— чан Gerbgrube 30/03
дубить gerben 24/12
— квасцами; квасцевать, выделывать сыромятную кожу weißgerben, weißgar machen 32/04
— корьем; дубить дубильной корой mit Lohe gerben 30/01
дубление Gerbung 24/13
— валонеей Valonea-Gerbung 31/22
— в ямах; сыпочное дубление Grubengerbung 30/02
— дубовой корой Eichenlohgerbung 29/28
— дымом Rauchgerbung 32/29
дубленый gar 64/19
дубленный квасцами weiß gegerbt 60/14
— суммахом sumachgar 31/11
дубовая древесина Eichenholz 42/21
— кора Eichenrinde 41/01
— — со стволов кошенильного или кермесоносного дуба Stammrinde der Kermes- oder Scharlacheiche 41/19
дубо-дубильная кислота Eichenrindengerbsäure 51/40
дубящая способность Gerbvermögen 54/13
дубящие свойства gerbende Eigenschaft 54/13
дустер / соковый ход / Versteck, Versteckfarbe 47/01
дымящая серная кислота rauchende Schwefelsäure 53/35
дыра Loch 17/11
— в крупоне / дыра на линии, идущей от плечевой впадины вертикально к огузку / Kernloch 17/13
— на краях / дыра вне линии крупона / Randloch 17/14
дырявый, свищавый löcherig 17/12

Е

едкая известь, жженая известь Ätzkalk, gebrannter Kalk 54/28
едкие краски Ätzfarben 21/01
едкий ätzend 45/41
— барий; гидрат окиси бария Ätzbaryt, Barythydrat 46/01
— калий Ätzkali 46/04
— натр Ätznatron 53/03
еловая кора Fichtenrinde 41/02
ель Fichte, Rottanne 41/28

Ж

желатин Gelatine 85/14
желатинообразный gallertartig 85/13
желвак, вызванный оводом Dasselbeule 17/30
железная чернь Eisenschwärze 47/08
железнодорожный чемодан Coupékoffer 65/07
железное дубление Eisengerbung 32/27
железные квасцы Eisenalaun 49/24
железный каблук Eisenabsatz 77/29
— купорос; сернокислое железо Eisenvitriol, schwefelsaures Eisenoxydul 48/22
железо для выжигания клейма Brandeisen 21/06
железы Drüsen 16/28
желтое дерево Gelbholz 48/37
желток Dotter, Eidotter, Eigelb 55/18
желтые персидские ягоды Gelbbeeren, Kreuzbeeren 51/07
желудевая чашечка; плюска Eichelbecher 42/26
жеребята Fohlen 2/22
жестеобразный blechig 62/25
жесткая вода hartes Wasser 24/30
жесткий, вязкий, тягучий zäh 62/18
жесткий капик Steifkappe 75/27
жесткий носок vordere Steifkappe 69/15
жесткость Steifheit 62/31
жесткость воды Härte des Wassers 24/32
— капика Kappensteife 70/22
жестяные марки; жестяные клейма Blechmarken 23/22
жженная слоновая кость gebranntes Elfenbein 49/27
живодер; съемщик шкуры Abdecker, Schinder 14/15
живодерня Abdeckerei 14/14
животноводство Viehhaltung 5/07
животный уголь Tierkohle 44/14
жидкий flüssig 50/01

жидкий экстракт flüssiger Extrakt 47/42
жила; кровеносный сосуд Ader 17/05
жилистый aderig 17/06
жир, жировая смазка Fett, Schmiere, Schmierfett 48/08
— из хребта лошади; конский жир Kammfett, Pferdefett 49/15
жирная известь Weißkalk 55/07
— кислота Fettsäure 48/11
жирное масло fettes Öl 48/10
жирнохвостые овчины Fettschwanzfelle 3/31
жирный, сальный fettig 7/31
жировальная смесь Schmiere 47/26
— — для смазывания кож Lederschmiere 34/11
— эмульсия; мыльная эмульсия Seifenschmiere 52/38
жировальный барабан Schmierwalkfaß 34/14
жированная кожа / смазанная жиром / geschmiertes Leder 58/03
жированный gefettet 57/32
жировать fetten, fettlickern, degrassieren 34/17
— в барабане im Faß schmieren 34/13
— — вручную schmieren mit der Hand 34/12
—, смазывать ölen 37/12
жировая эмульсия, жировая смазка Fettlicker, Fettschmiere 48/09
жировое дубление Fettgerbung 32/15
жир-отброс при отделке кожи, снятой платиром Abstoßfett 54/02
жир, сало Fett 17/04
—, топленый из жир-отброса, полученного при отделке кожи, снятой платиром, и из бланшировальных стружек Fett, aus Abstoßfett und Blanchierspänen ausgeschmolzen 54/12
жолудь Eichel 42/25
жук Käfer 18/33

З

заболонь Splintholz 52/18
заворачивать, загибать лезвие фальца Schneide des Falzes umlegen 34/04
загиб, заворот лезвия фальца Faden des Falzmessers 34/03
загнивший angefault, verstunken 11/25
загнуть, завернуть, перегнуть umbiegen 72/24
загоночная машина Anklopfmaschine 75/11
заготовка с дырами ausgelochtes Oberteil 72/31
—, союзка Schaft 69/10
— сырья Gefälle 6/11
загрязненная бахтарма schmutzige Fleischseite 13/19
задние берцы Hinterteil 72/03
— ноги Hinterbeine 16/14
задний бортик Hinterbesatz 69/20
— вкладочный ремешок Biesen 69/46
— капик, задник Hinterkappe 69/17
— ремешок Hinterriemen 69/21
— — для жокеев Jokei-Hinterriemen 72/05
— сустав hinteres Gelenk 75/04
задубливать, закрашивать angerben, anfärben 31/03
заживать verheilen 20/35
зазубривать капики Kappen auszacken 83/14
заклепки Nieten 69/39
закрепитель, закрепляющее средство Fixierungsmittel 48/28
закрепка для пуговиц Knopfhalter 69/35
закрепление низа обуви Bodenbefestigung 75/36
закреплять скобками стельку Brandsohlen klammeraufheften 80/22
закреплять, фиксировать fixieren 35/16
закрепляющая машина для вкладочной стельки Einlageaufheftmaschine 81/16
закройная Zuschneiderei 71/16
закройные доски Zuschneidebretter 71/30
закройщик колодок Leistenschneider 78/39
закрыть рисс, надрез Riß schließen 81/29
заличный ход Farbengang 31/04
заличный чан Angerbefarbe 31/06
заменитель кожи Ersatzmittel, Lederersatz 62/08
замороженный gefroren 13/08
замша; кожа со шкуры дикого животного Wildleder 60/26
замшевая кожа, кожа не теряющая своих свойств при мытье водой Waschleder 60/28
замшевое дубление / дубление окисляющими жирами / sämische Gerbung 32/13
замшевый опоек sämisch Kalbleder 59/26
замшевщик Sämischgerber 24/10
заострять zuspitzen 72/29
запас шкур, предложение шкур Häutevorrat, Häuteangebot 22/26
заплесневшая бахтарма; бахтарма, покрытая плесенью schimmelige Fleischseite 13/20

И

кожа пресмыкающихся Reptilleder 61/15
— с волосм Haarleder 59/30
— — пушеным лицом Narbenplüsch 59/25
— ящерицы Eidechsleder 61/17
кожаная подкладка Lederfutter 69/28
кожаный картон /спецкартон из кожаных волокон/ Lederpappe 62/09
— чемодан Lederkoffer 65/04
— — без устройства Lederkoffer ohne Einrichtung 65/06
— — с устройством Lederkoffer mit Einrichtung 65/05
— фартук; полость в экипаже Spritzleder 56/34
кожаный порошок Ledermehl 85/29
кожевенное масло Lederöl 37/13
кожевенный завод, дубильня Gerberei 24/14
кожевник Gerber 24/06
— по растительному дублению; кожевник по краснодубному дублению Lohgerber, Rotgerber 24/07
— — хромовому дублению Chromgerber 24/08
кожеед /жук/ Fellschabe, Speckkäfer 18/27
кожемит, искусственная кожа Kunstleder 62/10
кожеподобный, кожеобразный lederartig, lederähnlich 62/11
кожное вещество Ledersubstanz 62/17
— волокно Hautfasern 16/37
козловая кожа Ziegenleder 59/32
козлы Böcke 3/08
— Schragen 17/25
— /для накладывания шкур/ Bock 25/13
козлята, шкуры которых пригодны для изготовления обувной кожи Schuhkitz 3/06
— -сосунки Zickel, Kitzen 3/05
козуля /дикая коза/ Reh 4/08
козьи шкуры Geißfelle (Mutterziegen) 3/07
— —; козлина Ziegenfelle 3/03
— —, сшитые в виде куртки Ziegenhäute in Rockform 3/32
кокл = болезнь овец /болезнь, при которой под шкурой образуются гнойные пузырьки, которые появляются на лицевой стороне шкуры, как многочисленные шишкообразные сгущения/ Krankheit der Schafe, Cockle 19/16
кокглед = овчина, пораженная пороками, приведенными под „кокл" cockled 19/17
колено Knie 16/12
коллодий Kollodium 46/31
колода Gerberbaum 24/37
— для мездрения шкур Schabebaum 24/38
— — обивки шерсти; колода для дернения шерсти Haarbaum 27/15
— — штрейхования Streichbaum 29/13
колодезная вода Brunnenwasser 24/25
коллекция Sammlung 21/32
коллодиальная вата Kollodiumwolle 46/32
колодки Leisten 76/10
колодковынимательная машина Ausleistmaschine 76/12
колониальные шкуры Kolonialhäute 5/30
колотый /в противоположность умерщвлению по еврейскому ритуалу / gestochen 15/13
колофоний; канифоль Kolophonium 46/33
„кольт" = болезнь коз и овец /болезнь, появляющаяся весной у коз и овец и обнаруживающаяся в изменении содержания сальных желез/ colt 19/18
колючая проволока Stacheldraht 20/28
комбинированное дубление /дубление различными дубителями, также хромом и растительными дубителями одно за другим / gemischte Gerbung 31/23
комиссариатские кипсы; шкуры кипсов, битых на крупных бойнях /кипсы из государственных боен, фактически только обозначение сортимента особенно высококачественных „кипсов-Агра" / Kommissariat- Kipse 2/10
конины сырые /лошадиные шкуры/ Roßhäute 2/14
консервирование Konservierung 9/07
консервировать konservieren 9/06
консервирующее средство Konservierungsmittel 9/08
конская кожа Roßleder 58/25
конский волос Roßhaar 2/20
— каштан /обычный/ Roßkastanie 42/17
контрпривод Vorgelege 76/31
конфискация Beschlagnahme 23/42
конфисковать beschlagnahmen 23/43
копаловый лак Kopallack 46/38
копытное масло Klauenfett 50/27
копыто Hufe, Huf 16/19

краснодубленые отходы от спилков lohgare Spaltabfälle 62/06
краснодубленый; выдубленный растительными дубителями lohgar 56/17
— спилок lohgarer Spalt 62/05
краснодубные стружки Lohfalzspäne 85/08
красное бразильское дерево Rotholz, Brasilholz 45/21
красно-пятнистые опойки Rotschecken 2/05
красный дуб Roteiche 41/05
— мышьяк roter Arsenik 51/42
крахмальная мука, крахмал Stärkemehl, Stärke 53/20
крашение Färben 84/17
— в гашпели Färben in der Haspel 35/10
— погружением Färben durch Eintauchen 35/14
— под мрамор Marmorierung 64/26
края, полы Seiten 55/34
— ушей Ohrränder 15/20
кремневая кислота Kieselsäure 52/31
кремневовтористая соль Silicofluorid 53/01
кремневый мел Kieselkreide 52/32
креозот Kreosot 47/02
креозотиновая кислота Kresotinsäure 47/03
крепкий, прочный, твердый/например, дубильный экстракт/fest 62/19,53/11
—, — /о лице/ festnarbig 63/14
креповая резина Kreppgummi 62/12
криоло / шкура испанско-американской первоначальной породы / Criollo 6/12
кристалл соли Salzkristall 10/06
— —; крупинка соли Salzkorn 9/13
кристаллизировать kristallisieren 10/05
кристаллическая сода Kristallsoda 10/11
кристаллизованная соль; соль в кристаллах kristallisiertes Salz 9/23
кровеносный сосуд Blutgefäß 15/05
кровь Blut 45/07
кровяная сыворотка Blutserum, Blutwasser 10/17
кровяной альбумин Blutalbumin 45/09
кровяные пятна Blutflecke 12/04
кроенный; порезанный schnittig 17/16
крокодил Krokodil 4/47
крокодиловая кожа Krokodilleder 61/18
кроличья лапша Kanin-Nudeln 86/01
— шкурка Kaninfell 4/22
крот Maulwurf 4/30
кротоновое масло Krotonöl 47/04
кроющие шкуры шкурного тюка Deckelfelle der Häuteballen 13/21
круглошвейная машина Zylindermaschine 73/04
круглый, лунообразный тупик Schlichtmond 37/04
крупная соль grobes Salz 9/20
—, шероховатая, потрескавшаяся кора старых дубов /диаметр стволов свыше 24 см/ Altholz- oder Grobrinde 41/26
крупное корье; крупная дубильная кора grobe Lohe 40/31
крупноплодовой дуб großfrüchtige Eiche 41/14
крупон Croupon 55/35
крупон, чепрак, огузок, хаз Croupon, Schild, Kernstück 16/01
крупонировать; вырезать крупон crouponieren 16/06
крупонный спилок Kernspalt 61/42
крупоны для приводных ремней Riemenkernstücke 56/21
крученый ременный канат gedrehter Riemen 56/20
куколка Puppe 18/02
куница Marder 4/27
куриный помет, куриная шакша Hühnerkot, Hühnermist 28/17
куркума Kurkuma 54/24
в кусках in Stücken 43/05
кустарь Heimarbeiter 71/06
кюйрот / сухое голье овечьих шкур, обесшерстенное путем швицевания, как это обычно применяется в Южной Франции / Cuirots 3/26

Л

лаборатория Laboratorium 25/20
ладонь Handfläche 61/07
лайковая кожа Glacé-Leder 60/22
лайковый обжор; эмульсия /квасцовое дубление/ Nahrung, Emulsion 32/11
лак, олифа Lack, Firnis 54/29
лаквашеты Lackvachetten 57/20
лак для кожи Lederlack 39/22
лакированная кожа из шкур рогатого скота Rindleder lackiert 58/22
лакированный lackiert 59/19
— спилок Lackspalt 61/31
лакировать lackieren 39/21
лакированная кожа Lackleder 58/21
лакировочная фабрика Lackierfabrik 39/17
лакмус Lackmus 50/03

M

мебельные вашеты Möbelvachetten 57/18
медный купорос; сернокислая медь Kupfervitriol, schwefelsaures Kupfer 46/39
международные условия доставки internationale Lieferungsbedingungen 23/01
международный контракт; международный договор internationaler Kontrakt 22/40
— союз кожевников Internationale Gerbervereinigung 22/38
— — торговцев шкурами Internationale Häutehändlervereinigung 22/39
межклеточное, междуволоконное вещество Zwischengewebesubstanz 16/40
межподкладка Zwischenfutter 69/27
мездра, идущая на варку клея Leimleder, Leimgut 85/32
— — — — —, волос, отбросы Leimleder, Haare, Abfälle 85/02
—, срезанная со шкуры Aas, Scherfleisch 85/03
— — — — вручную handgeschorenes Leimleder 85/35
— — — — машиной maschinengeschorenes Leimleder 85/36
мездрение Entfleischung 25/07
мездрильная машина Entfleischmaschine 25/08
— — Streckmaschine 25/05
мездрить /удаление остатков мяса и сала со шкуры валом со стиральными ножами или ручной скобелью/ entfleischen, auf dem Aas ausstoßen 25/06
— /удалять перед двоением слишком толстые места шкуры машиной или острым мездряком / scheren 25/12
мездряная сторона, бахтарма Fleischseite 7/24
мездряной спилок Fleischspalt 3/28
— стороной наружу; бахтармой наружу Fleischseite außen 10/43
мелкая соль feines Salz 9/21
мелкий скот Kleinvieh 5/23
мельница для измельчения дубильной коры Mühle zum Zerkleinern der Lohe 40/09
— — — коры Lohmühle 40/11
— с дробильным механизмом конической формы Glockenmühle 40/21
— — эксцельзиор Excelsiormühle 40/17
мелясса, патока Melasse 50/19
мереить; накатывать; наводить мерею /накатывание лица мерейной доской из пробкового дерева или машиной для того, чтобы восстановить естественный рисунок лица шкуры / pantoffeln, krispeln, krausen 38/15
мерейная одубная кожа из шкуры яловки, с глянцом genärbtes Rindschuhleder 58/01
— машина Krispelmaschine 38/25
— юфть /с круглой мереей/ Juchtenleder, runder Narben 58/08
мерейный genarbt, gekörnt 63/26
мерейный ролик Narbenrolle 39/03
мерка Meßband 68/28
мерлушки /меховые шкуры овец и коз/ Sammelnamen für Pelzfelle 4/02
мертвый зольник toter Äscher 26/18
места трения Scheuerstellen 20/43
мести fegen 10/26
местицо / шкура испанско-американской первоначальной породы скота, скрещенного с английским скотом/ Mestizo 6/13
местные шкуры einheimische Häute 5/25
местный товар, товар собственной страны Inlandware 5/28
метиловый спирт, древесный спирт Holzgeist 50/12
метод взбалтывания Schüttelverfahren 40/30
— с применением гольевого порошка Hautpulververfahren 49/14
меха Pelze 61/02
меха, меховые товары Pelzwerk, Rauchware, Rauchwerk 5/04
механическая съемка /резание механически, передвижным ножом и защитным приспособлением от подрезов/ mechanischer Abzug 14/19
меховые шкурки Pelzfelle 5/05
— шкуры диких животных Wildfelle 4/06
мешалка Rührstange, Krücke 30/12
мешочный язычок Beutelzunge 72/01
мешочек для денежного транспорта /носится на теле/ Geldtransporttasche 66/15
мешочное дубление Sackgerbung 32/32
микробный mikrobisch 20/05
микроорганизмы Mikroorganismen 20/03
мимоза, кора мимозы Mimosa, Mimosenrinde, Wattlerrinde 42/07
минеральная кислота Mineralsäure 50/13

минеральное дубление mineralische Gerbung 32/26
— масло Mineralöl 50/14
мирбановое масло, нитробензол Mirbanöl, Nitrobenzol 50/15
миробаланы Myrobalanen 42/37
модель Modell 71/31
модный, элегантный modisch, elegant 67/02
моеллон, дегра Moellon, Degras 50/18
мозоль Schwiele 69/01
— Hühnerauge 68/37
мокросоленые шкуры gesalzene Häute und Felle 8/04
мокрый naß 10/18
молот, молоток Hammer 75/19
молот для уплотнения кожи Klopfhammer 37/11
молотая кора gemahlene Rinde 40/37
молотая соль gemahlenes Salz 9/22
молоть корье lohmahlen 40/12
молочная кислота Milchsäure 49/30
молочнокислое брожение Milchsäuregärung 49/31
молочнокислый антимон, молочнокислая сурьма milchsaures Antimon 44/15
моль /шкурная моль, меховая моль/ Motte, Fellmotte, Pelzmotte 18/32
морда /губы и нос/ Vormaul, Schnauze 15/21
морж Walroß 4/40
моржовая ворвань Waltran 55/03
моржовые шкуры Walroßhäute 4/41
морская соль Seesalz, 9/16
морской лев Seelöwe 4/43
мостовье Fahlleder 58/05
— /выдубленная, высушенная, но не отделанная кожа/ Leder in der Kruste 56/12
мохнатый дуб /Крайн, Адрия/ Woll- oder Flaumeiche 41/07
моча Harn, Urin 21/18
мужские полуботинки Herrenschuhe 68/19
— сапоги Herrenstiefel 67/25
мука Mehl 50/11
— при разбивке /шлихтовке/ Stollmehl 36/29
мулы Maulesel, Maultiere 3/01
муравьиная кислота Ameisensäure 48/33
муха-„тсе-тсе" Tse-Tse-Fliege 18/26
мыло Seife 52/36
мыльная чернь Seifenschwärze 52/37
мытые шкуры gebadete Häute 6/28
мытый волос gewaschene Haare 85/18
мышьяк Arsenik, Arsen 44/19
мышьяковая кислота Arsensäure 44/20
мышьяковистая кислота arsenige Säure 44/22
мышьяковистый arsenhaltig 44/21
мышьяковый зольник Arsenäscher, Giftäscher 26/11
мягкая вода weiches Wasser 24/29
мягкий на ощупь griffig, geschmeidig 62/35
—, нежный weich 62/32
—, рыхлый weich, locker 7/40
мягкость Weichheit 62/33
мягчитель Beize 28/13
мягчильная машина путем протягивания Stollmaschine 36/27
мягчитель для воды Wasserenthärter 24/33
мягчитель из собачьего помета; собачья шакша Hundekotbeize 28/20
мягчительный барабан Beiztrommel 29/06
— гашпель Beizhaspel 29/07
мягчить /удаление зольных остатков, одновременно разрыхление шкуры перед дублением/ beizen 28/15
мякоть /коры/ Fleisch (der Rinde) 51/35
мясистый fleischig 7/23
мясная лавка Metzgerei 14/07
мясник Metzger 14/06
мясо, мездра Fleisch, Aas 17/03

Н

набойка для каблука Absatzfleck 70/15
— из шпальта Spaltfleck, Spaltlederfleck 74/30
набухать, бучить quellen, schwellen 26/24
навага Dorsch 47/24
навозная жижа Jauche 21/19
навозный; грязный; загрязненный пометом mistig, mit Mist behaftet 21/16
навощить, вощить Wachs auftragen 84/19
нагрев Erhitzung 13/02
нагреваться sich erhitzen 13/03
нагретый erhitzt 13/01
надрез Riß 74/35
надрезание Einschneiden 77/18
надрезать aushöhlen, rissen 74/37
— носки стельки Brandsohlenspitzen einschneiden 81/05
— стельку Brandsohlen rissen 81/04
надрезочная машина Rißöffnermaschine 75/16
надрезочный нож Rißmesser 77/02
наемное дубление; дубление за сдельную плату Lohngerbung 39/36

наждачная бумага Sandpapier 52/12
наждачные камни Schmirgelsteine 38/12
наждачный круг Schmirgelscheibe 38/11
название шкуры, толстой на животе и воротке, сравнительно тонкой на хребте Bezeichnung für eine Haut, die im Bauch und Hals dick ist 6/31
накатанный вручную handgenarbt 38/16
накатная доска Krispelholz 38/23
— — с продырявленной оловянной обойкой/для накатывания тюленьих шкур/Krispelholz mit durchlöchertem Zinnbeschlag 38/26
— мерейная доска из пробкового дерева Pantoffelholz 38/21
накатывать, мереить с бахтармы unter sich ziehen 38/17
— мерею в четырех направлениях über vier Quartiere krispeln 38/20
—, наводить мерею aufkrausen 38/18
наклейка Deckbrandsohle 70/21
накожные болезни Hautkrankheiten 19/04
наколонная машина Säulenmaschine 73/03
налет жира Fettausschlag 12/33
намазывать / сернистым натрием для разрыхления волоса/schwöden 27/01
наносить краску Farben auftragen 34/35
напитанный мышьяком /дезинфицированный раствором мышьяка и затем высушенный на воздухе/ arseniziert 13/11
наполнитель, наполняющий материал Füller, Füllstoff 48/23
наполнять ямы; заливать водой или дубильным соком die Grube abtränken 30/08
„наппа" Nappa 60/21
напряжение Spannung 75/26
насекомое Insekt 18/18
насос для соков Brühpumpe 40/28
насыщать sättigen 31/18
насыщенная жирная кислота gesättigte Fettsäure 48/12
насыщенный тузлук gesättigte Salzlake 10/02
натирать канты рисса, надреза Rißkanten bereiben 82/02
натриевые квасцы Natronalaun 52/39
натурального цвета naturfarbig 35/25
натуральное лицо Naturnarben 63/19
— положение natürliche Form, natürliche Stellung 12/12
натягивать aufziehen, aufzwicken 30/14
—, натянуть /растягивание шкур для сушки путем прибивания на рамы или натяжного шкурования / spannen 36/02
научно-исследовательская работа Forschungsarbeit 25/21
нафталин Naphthalin 10/13
нашатырный спирт Ammoniakflüssigkeit 44/06
невысыхающее масло nicht trocknendes Öl 50/30
негашеная известь ungelöschter Kalk, gebrannter Kalk 54/28
недостаточно золенный unteräschert 64/09
недубленый ungegerbt 24/11
нежный, слабый /с лица/ zart (vom Narben) 7/12
незаконный убой Schwarzschlachtung 14/12
незаполистый gut gestellt 7/04
незначительный; подчиненный gering, untergeordnet 7/38
нейтрализовать neutralisieren 32/02
некислое дубление nichtsaure Gerbung 31/16
немецкий каблук deutscher Absatz 77/28
немытые шкуры ungebadete Häute 6/29
немытый /мокрый/ волос ungewaschene Haare 85/19
ненасыщенная жирная кислота ungesättigte Fettsäure 48/13
ненасыщенный, слабый тузлук ungesättigte, schwache Salzlake 10/03
необеззоленная мездра, идущая на варку клея frisches Leimleder 85/33
неомыляемый unverseifbar 54/27
неотделанный unzugerichtet 61/38
неотделанные воротки unzugerichtete Hälse 56/10
неповрежденный unbeschädigt 6/39
неполный вес Mindergewicht 8/23
неправильное бронзирование fehlerhaftes Bronzieren 64/06
непригодное консервирование ungeeignete Konservierung 9/09
непродубленный notgar, nicht durchgegerbt, ungar 64/21
непромокаемая канва wasserdichter Kanevas 74/24
непромокаемый, водонепроницаемый wasserdicht 64/31
непромокаемые сапоги Wasserstiefel 67/17

О

оскребки Schabsel 86/05
основание Base 44/33
основная модель Grundmodell 71/33
основной basisch 44/34
основной краситель basischer Farbstoff 44/35
оспа Pocken 19/13
оставлять кожи в кучах для лучшего впитывания жира die geschmierten Leder ablagern 34/22
— кожи вылеживаться, созревать ablagern lassen, altern 33/04
остиндийские кипсы ostindische Kipse 2/09
остроконечный носок spitze Vorderkappe 72/10
острый мездряк Scherdegen 25/09
отбеленный рыбий жир Blanktran 46/30
отбеливающее вещество Bleichmittel 45/05
отбросы Abfall 52/03
отвар глянца Glanzabkochung 37/20
отвес Gewichtszertifikat 8/16
отвлаживать кожи протягиванием через воду или засыпкой в увлажненные опилки die Leder dampf werden lassen 36/16
отделанный zugerichtet 56/13
отделение для водяных работ Wasserwerkstatt 24/16
отделка Ausputz 77/36
отделка, отделывать zurichten 36/19
— / сводка всех работ для отделки выдубленной кожи, готовой для продажи/ Zurichtung 36/18
— пигментами Pigmentfinish 51/15
отделочное помещение Zurichterei 36/20
отжимная машина Abwelkmaschine 35/33
отжимной гладильный камень Glättstein 29/14
— пресс Abwelkpresse 35/32
отклонение веса Gewichtsabweichung 8/21
открытый; незаживший offen, unverheilt 20/34
открыть рисс Riß öffnen 81/23
отмока, замочка die Weiche 24/19
отмочная вода Weichwasser 24/23
отмочный вес /вес после размочки/ Weichgewicht 9/02
— гашпель Weichhaspel 24/22
— чан /отмочная ванна/ Weichkasten 24/21
отопление одубиной Lohfeuerung 40/25
отработанная вода Abwasser 24/35
отравлять vergiften 13/10
отрезать башки и лапы Köpfe und Beine abschneiden 27/21
отруби Kleie 45/19
отскакивать /о лаке/ abspringen (vom Lack) 63/30
отслаивание Selbstspalten 12/32
отстойный чан; отстойник Klärbecken 24/36
оттенить при крашении abdunkeln beim Färben 35/18
оттенять abtönen 32/23
оттеняющие средства, средства для оживления красок Schönungsmittel, Nuancierungsmittel 53/23
отходы верхней кожи Oberlederabfälle 62/03
— лаковой кожи Lackabfälle 62/01
— кож Lederabfälle 61/36
— —, пригодные еще для кожаных изделий Lederabfälle noch für Lederwaren brauchbar 85/27
— пергаментной кожи Pergamentlederabfälle 85/26
— подошвенной кожи Sohllederabfälle 62/02
охлаждать abkühlen, kühlen 14/30
охлаждение Abkühlung 14/04
охотничьи сапоги Jagdstiefel 67/22
охра Ocker 50/35
оцинкованный стол Zinktafel 55/20
очищать, обрабатывать шликером reinmachen mit dem Schlicker 27/22
очищенное от коры дерево Schälholz, geschältes Holz 40/05
очищенный от помета abgemistet 21/17
— рыбий жир Helltran 46/29
ощупь, щуп Griff 62/36

П

падать в валяльном барабане im Walkfaß fallen 30/31
палата третейского суда Arbitragekammer 22/33
палец Finger 61/09
пальмитиновая кислота Palmitinsäure 50/51
папиросница, портсигар, сигарочница Zigarettenetui 66/37
паразиты Parasiten 18/36
парафин Paraffin 51/01
парафиновое масло Paraffinöl 51/02
„Парижские", „Гамбургские" подрезы /длинные, параллельно идущие на боках подрезы/ Pariser, Hamburger, flammierte Schnitte 17/20

плавить, растворять schmelzen, auflösen 10/04
пластификатор Weichmacher 55/22
платировать /разглаживание бахтармы или лица после дубления или крашения шликером или валом со спиральными ножами/ aufsetzen, plattieren 33/11
племенной скот Zuchttiere 5/12
плесневеть; покрываться плесенью schimmeln 12/27
плетеная обувь Flechtschuhe 68/11
плечо /шкуры/ Schulter an der Haut 15/29
плешной лишай Ringflechte 19/27
плита для тиснения лица Narbenplatte 39/06
плоская пуговица gerader Knopf 69/36
— стопа Plattfuß 69/03
плоский чемодан Suitcase 65/11
плоско грузить flach verstauen 23/13
— — на корабль flach verschiffen 23/15
плоскошвейная машина с несколькими иголками Mehrnadelflachmaschine 72/45
— — — одной иголкой Einnadelflachmaschine 72/44
плотное лицо geschlossener Narben 7/19
плотный, полный kernig 62/21
— /с лица/ dicht, geschlossen 7/18
плохо консервированный schlecht konserviert 11/06
— разрезанный schlecht aufgeschnitten 14/27
— снятый schlecht abgezogen, verschlachtet 14/29
плюшевая кожа Plüschleder 59/24
плюшевый спилок Plüschspalt 61/28
побочный продукт Nebenprodukt 85/38
поваренная соль Kochsalz 52/45
повесить, развесить на шесты auf Stangen aufhängen 36/08
повреждение, вызванное бактериями Bakterienschaden 12/03
— лица Narbenschäden 20/24
—, — морской водой Seewasserschaden 23/35
—, — пресной водой Süßwasserschaden 23/36
повреждения, вызванные клещами Zeckenschaden 18/06
—, причиненные насекомыми Insektenfehler 17/27
поврежденный schadhaft, beschädigt 6/38
— клещами zeckenschadhaft 18/08
— молью mottenbeschädigt 18/20
поврежденный червями; червивый wurmbeschädigt 18/21
погружать, купать eintauchen, baden 18/17
погрузка Stauen, Verstauung 23/14
подбивка подметки Besohlung 77/35
подготовка шкур к водяным работам Einarbeitung 24/17
подгрудок Wamme, Wampe 15/31
поджелудочная железа Bauchspeicheldrüse 44/25
подкислять ansäuern 43/19
подкладочная кожа Futterleder 59/28
подкладочный спилок Futterspalt 61/29
подкреплять; добавлять zubessern 31/17
подлинный вес погрузки на корабль Originalverschiffungsgewicht 8/15
подложенный, подстеленный unterlegt 73/16
подметка Halbsohle 74/28
подошва Außensohle, Laufsohle 74/36
подошвенная кожа Sohlleder 55/25
— — — полувал/выражение для жесткой подошвенной кожи для обувной промышленности в противоположность стародубленой подошвеной коже для починки обуви/ Sohlleder (Vacheleder) 55/28
— — с кислотным нажором säuregeschwelltes Sohlleder 55/27
— — /старого, чисто растительного дубления/ Sohlleder (altgegerbt) 55/31
подошвенный крупон Sohllederkernstücke 55/33
— спилок Sohlspalte 61/22
подошвы из плетеной соломы Sohlen aus Strohgeflecht 71/14
— — спилка Spaltsohlen 70/46
подрез от неправильной съемки Schächtschnitt 17/17
— — ножниц Scherenschnitte 14/35
— плоский, иногда выстриженный Ausheber 17/19
—, прорез, вызванный мясником Metzgerschnitte, Fleischerschnitte 17/18
подсосные ягнята Sauglämmer 3/13
подсочины Trockenfäule 12/29
подставка, штатив Gestell 79/01
подходить, быть в пору passen 78/34
подымать из ям aus den Gruben ziehen 26/22
подъем ноги Rist, Spann 68/40
поколотый погонной колючкой durch Treibstachel verstochen 20/37
покрытые кипсы belegte Kipse 13/16

покрытые краской Farbüberzug 35/01
покрышка Überzüge 69/31
пола шкуры Seite, Hälfte der Haut 16/02
полировать каблук Absatz polieren 80/04
— — Bodengelenk und Oberfleck polieren 82/19
—, плюшевать polieren 37/16
— подошву Boden polieren 84/25
— — и геленку Boden und Gelenk polieren 80/07
— шейку Hals polieren 84/21
— шнит, разрез Schnitt polieren 79/33
полировочный диск Polierscheibe 78/18
политура Poliertinte 70/36
полка, этажерка Regal 78/22
полнота Körper, Kernigkeit 7/32
полный, зернистый kräftig im Kern 7/36
— футляр Etui gefüllt 65/35
половинки крупонов halbe Croupons 56/01
полоска для кольчиков Ösenstreifen (Ösenriemen) 69/22
полоскать, промывать spülen, abspülen 29/19
полотно для подкладок Überstemmleinen 69/30
полуботинки для девочек Mädchenschuhe 68/22
— — мальчиков Knabenschuhe 68/21
полувал из шкур внеевропейского скота Wildvacheleder 55/30
— — — домашних / европейских/ животных Zahmvacheleder 55/29
полувысокие гамаши, гетры halbhohe Gamasche 67/33
полуконсервированный, полупарной halbgrün 11/07
полукороткая шерсть kleines Halbhaar 5/38
полуостроконечный носок halbspitze Vorderkappe 72/09
полуразмер halbe Größe 68/32
полурастянутое положение halbgestreckt 12/11
получатель, приемщик Empfänger, Konsignatar 23/08
полуязычок Halbzunge 71/34
полы, боковые части, брюха Seiten, Flanken, Bäuche 16/03
помесь Bastard, Cabretten 59/43
— durchkreuzt 5/17
— Kreuzung 5/16
помет, навоз, удобрение Kot, Mist, Dünger 50/10
помещать на колоде auf den Baum schlagen 25/01
помещение для лакировки Lackierraum 39/18
— — отволашивания древесными опилками Sägemehllager 36/13
помощник, подающий шкуры рабочим, обрабатывающим их на колоде Zuträger für Baumarbeiter 24/40
помпон Pomponschleife 78/28
поперечный разрез Querschnitt 47/06
поплин /материя/ Poplin 74/26
порода скота Viehrasse 5/11
пораженный клещами zeckenbehaftet 18/09
пористый porös 62/30
пороки консервирования Konservierungsfehler 11/08
— лица Narbenfehler 7/28
порошкообразный; в виде порошка; в порошке in Pulver 43/04
порошок пемзы Bimsstaub 48/31
портмоне Portemonnaie 66/32
порт отправления; порт нагрузки Verschiffungshafen 23/09
— прибытия; порт назначения Ankunftshafen 23/10
портфель Aktenmappe 66/17
— для векселей Wechselmappe 66/19
— — дипломатов Diplomatenmappe 66/18
— — нот Musikmappe 66/22
портфельная кожа Aktenmappenleder 57/23
— — Portefeuilleleder, Täschnerleder 57/10
портфельный спилок Portefeuillespalt 61/32
посадить, сажать на колоду Leisten aufstellen 79/09
последнее валяние das letzte Walken 30/30
последний глянец letzter Glanz 37/19
— зольник letzter Äscher 54/05
— экстрактор; последний чан для выщелачивания letzter Auslaugbottich 54/04
посредник, скупщик Zwischenhändler 22/22
посторонние составные части fremde Bestandteile 9/19
постройка каблука Absatzbau 70/12
поташ Pottasche 51/24
—, углекислый калий Pottasche, kohlensaures Kali 45/35
потеря в весе, убыль веса Gewichtsabnahme, Gewichtsverlust 8/24

Р

регенерированная подошва Regeneratsohle 62/15
регулирующее кольцо Stellring 78/33
регулярный ассортимент reguläres Sortiment 22/13
резальная машина для кранцев Kederschneidemaschine 74/19
резаная кора geschnittene Rinde 41/23
резать schneiden 17/21
— мельбо-полосы для косых набоек Melvostreifen schneiden 83/07
резина Gummizug 69/44
резиновая обувь Gummischuhe 68/13
— подошва Gummisohlen 62/13
резиновые каблуки Gummiabsätze 62/14
рекламация Reklamation 22/25
репейник Klette 21/21
репное масло Rüböl 51/41
речная вода Flußwasser 24/27
решетка Trethorde 40/23
—, брусчатый ростверк Lattenrost 10/27
ржавые пятна Rostflecken, Eisenflecken 13/26
ржаная мука Roggenmehl 52/09
рифленая юфть / раньше — лицо, тянутое вручную циклей с зубцами, теперь — прессованное / Juchtenleder, gezogener Narben 58/09
ровэ, бассорские орешки Rove, Bassoragalle 42/27
рог Horn 15/14
рогатый скот gehörntes Vieh 5/21
роговой hornig 7/29
рожь Roggen 52/08
ролик, каток из самшита или гваякового дерева Rolle aus Buchsbaum oder Pockholz 37/29
ромбоидальное лицо rautenförmiger Narben 63/22
росс-бокс Roßbox 59/06
— -шевро Roßchevreaux 59/05
рубец, шрам Narbe 20/31
— /1-ый отдел желудка жвачных/ Pansen 16/18
рубленая кора gehackte Rinde 40/36
рубцеватый vernarbt, narbig 20/32
рукавица Fäustling 61/14
рулет для украшения Verzierungsrädchen 82/21
руно, шерсть Vließ 3/11
ручной чемодан-шкаф Handschrankkoffer 65/10
рыбий жир Lebertran, Dorschlebertran 46/27
рыбий жир, ворвань Fischöl, Tran 48/25
рыбий клей Hausenblase 49/26
рыбки Hechte 16/05
рыбьи шкуры Fischhäute 5/01
рыбья кожа Fischleder 61/19
рысь Luchs 4/24
рыхлое лицо, текучее лицо losnarbig, rinnender Narben 63/15
рыхлость, вялость Schwammigkeit, Lappigkeit 7/20
рыхлый, губчатый schwammig, lose, locker 7/21

С

сажа Ruß 52/35
салициловая кислота Salizylsäure 52/11
сало, жировальная смесь, жир, дегра Talg, Fett, Gerberfett, Schmiere 53/24
сало из бойни Stadttalg, Schlachthaustalg 50/50
саломас; гидрогенизированное растительное масло Talgöl 54/06
салонная обувь, роскошная обувь Salonschuhe 68/09
сальные железы Fett-, Talgdrüsen 16/30
самоклад Aufleger 75/35
сандал, кампешевое дерево Blauholz, Campecheholz 45/32
сандалеты Sandaletten 68/16
сандалии Sandalen 68/12
сандаловое дерево, сандал Sandelholz 52/13
санитарное удостоверение Gesundheitszertifikat 23/05
сапоги, ботинки Stiefel 67/04
сапоги „Дерби“ Derbystiefel 67/08
— или ботинки для горнорабочих /шахтерская обувь/ Grubenstiefel 67/18
— — — — рабочих /рабочая обувь/ Arbeitsstiefel 67/16
— — — с заставками Schnallenstiefel 67/14
— на пугоицах Knopfstiefel 67/06
— — резинах Zugstiefel 67/07
— на шнурках Schnürstiefel 67/05
— с голенищами Schaftstiefel 67/12
— с отворотами Stulpenstiefel 67/23
сапожник Schuhmacher 71/05
сатинированный опоек satiniert 57/31
сатинировать satinieren 37/23
сатиновый глянец Satinglanz 37/24
сафьян Saffianleder, Maroquinleder 60/05
сахаристые вещества zuckerartige Stoffe 53/25

с бахтармой, загрязненной землей mit erdiger Fleischseite 13/18
— башкой /куглая башка/ без более подробных указаний-кругло резанные, полные щеки без морды köpfig 15/07
— большим повреждением schwer beschädigt 13/29
сборные пункты Sammelplätze 21/31
сборщик шкур Häutesammler 21/33
сбруйная кожа, шорная кожа Zügelleder 56/26
сбруя для собак Hundesportartikel 67/01
с брюхом, загрязненным мочей pißbauchig 21/20
сварить при мягчении verbrennen in der Beize 64/17
свежая кровь Frischblut 45/08
свежий зольник frischer Äscher 26/15
—, сырой, парной frisch 7/27
свернувшееся молоко, творог geronnene Milch, Quark 47/07
сверхтяжелые кипсы überschwere Kipse 1/15
светлого цвета hellfarbig 59/23
светоустойчивый lichtecht 63/35
свиная кожа Schweinsleder 60/17
свинцовые белила Bleiweiß 55/06
свинцовый глет; окись свинца Bleiglätte 50/02
— уксус Bleiessig 49/34
свиные шкуры Schweinehäute 4/03
свищ Dassellarvenloch 17/32
сводчатая пуговица gewölbter Knopf 69/37
свойства Eigenschaften 5/24
— и пороки кожи Ledereigenschaften und Fehler 62/16
связанная кислота gebundene Säure 48/27
связанный смоляными веревками mit Teerstricken gebündelt 23/24
связка; пачка; пакет Bündel 10/42
— Binden 77/32
— Einbinden 77/16
связывание Bündelung 10/40
сгибающиеся составные подошвы bewegliche, gegliederte Sohlen 71/13
с грубым лицом grobnarbig 7/09
сгущать, экстрагировать eindicken, extrahieren 30/18
сдаточный, приемный вес ausgeliefertes Ankunftsgewicht 8/18
сдирание вручную Abzug von Hand 14/18
— локтем без ножа Abziehen mit Ellbogen ohne Messer 14/21
сдирание ножом Abziehen mit Messer 14/20
—; съемка Abzug 14/17
— шкуры в виде мешка Kullen 14/24
сдирать кулаком mit der Faust ausstoßen 14/22
— молотом Ausschlagen mit Hilfe von Hammer 14/23
— шкуру abziehen, häuten 14/13
северный олень Renntier 4/11
седина, трещина Riß, Sprung 63/18
сезамовое масло Sesamöl 52/24
сезонносухой saisontrocken 12/17
селедочный жир Heringstran 49/12
семихром; полухромовая кожа /комбинированного растительного и хромового дубления/ Semichromleder 58/02
сера Schwefel 53/32
сердцевина дерева Kernholz 46/40
серебрить versilbern 39/12
серна Gemse 4/09
серная кислота, купоросное масло Schwefelsäure, Vitriolöl 50/38
сернистая кислота schweflige Säure 53/34
— щелочь Schwefelalkali, Alkalisulfid 43/37
сернистокислый кальций saurer schwefelsaurer Kalk 45/27
сернистый ангидрит Schwefligsäureanhydrid 53/33
— кальций Schwefelkalzium 53/28
— натр Schwefelnatrium 53/05
серноватистокислый натрий, антихлор unterschwefligsaures Natron 53/07
серное дубление Schwefelgerbung 32/28
сернокислая окись железа schwefelsaures Eisenoxyd 51/08
сернокислый алюминий schwefelsaures Aluminium 53/26
— —, сернокислый глинозем schwefelsaure Tonerde 44/01
— аммоний schwefelsaures Ammoniak 44/11
— барий schwefelsaures Barium, Schwerspat 44/30
— кальций schwefelsaurer Kalk 45/30
— магний schwefelsaure Magnesia 47/36
— натр, глауберовая соль Natriumsulfat, Glaubersalz 53/27
— свинец Bleisulfat, schwefelsaures Blei 49/35
— цинк Zinkvitriol, Zinksulfat 55/09
сернохромистая соль Chromsulfat 46/22
серный зольник grauer Äscher 26/17

сероводород; сернистый водород Schwefelwasserstoff 49/17
сероуглерод Schwefelkohlenstoff 45/37
серповидная железная скоба беляка Stolleisen 36/25
сетка для вытаскивания одубины Lohnetz 40/16
с жестким лицом hartnarbig 7/11
сжигать verbrennen 13/05
сибирская язва Milzbrand 19/19
сиккатив Sikkativ 52/29
сильно вымездренный starkausgefleischt 11/30
сильно высушенный kerntrocken 36/09
синтетические дубители synthetische Gerbstoffe 47/45
— жиры synthetische Fette 52/30
система работы вручную Handarbeitssystem 72/23
— трехзольников Dreiäscherverfahren 26/32
скашивание Abschrägung 78/32
скисать, портиться / о мягчительной жидкости / umschlagen der Beize 29/03
склад для кожсырья Rohhäutelager 10/29
складка Falte 12/13
— в шкуре Hautfalte 63/31
— от откармливания Mastfalten 7/33
складывание в штабели Aufsetzen 10/32
складывать в штабели stapeln, auf Stapel setzen 10/31
— для крашения в корыте Zusammenfalten zum Färben in der Mulde 35/06
—, хранить aufbewahren 10/33
склеивающее вещество /клей/ Klebestoff 70/24
склизок; шкура нерожденного теленка Ungeborene, Schärflinge 1/07
скоба для разбивки кож Stollkrücke 36/26
скобель Schabeisen 25/11
скобки, скобы Klammern 77/07
скользкий ремень Rutschriemen 69/24
скорняк; меховщик Kürschner 61/03
скорое дубление Schnellgerbung 33/01
скоропортящийся verderblich 12/23
скот, откормленный на убой Mastvieh 5/15
скотный двор Viehhof 14/05
скотовод Viehzüchter, Viehhalter 5/08
скотопромышленник Viehhändler 5/09
скрепление Befestigung 77/31
скреплять пятки, задники Fersen heften 79/14
скручивать drehen 79/06
слабый зольник milder Äscher 26/12
сладкий сок süße Lohbrühe 54/01
слепень; овод Bremse, Pferdebremse 18/04
слизистый schleimig 50/23
слинять, поблекнуть verblassen, verbleichen 64/04
сложенный в виде четырехугольника im Viereck gefaltet 12/14
— книгообразно buchförmig gefaltet 12/15
— по хребтовой линии über den Rücken gefaltet 12/16
слон Elefant 4/38
смазка для обуви Schuhschmiere 71/01
смазывать жиром schmieren 34/10
смазывать раствором резины, покрывать раствором резины mit Gummilösung bestreichen 39/23
с малым повреждением leicht beschädigt 13/28
сметочная машина для пяток Fersenheftmaschine 75/06
смешанные краски Mischfarben 50/16
смешанный экстракт gemischter Extrakt 47/44
смешивать vermischen 10/14
— краски Farben mischen 34/34
смола Harz 52/05
—, вар Pech 51/16
смолистый harzig 52/07
смоляное масло Harzöl 52/06
смоляные пятна Pechflecken 13/25
сморщенная бахтарма schrumpflige Fleischseite 11/14
сморщенный, в складках schrumpfig, runzelig 7/30
смягчать /воду/ enthärten 53/10
— зольник den Äscher abschwächen 26/13
смягченная вода enthärtetes Wasser 24/31
снимать пену abschäumen der Beize 29/02
с ногтями или с задними когтями или задними пальцами mit Nägeln oder Kieten 16/11
снятая доля zurückgezogenes Los 22/05
снятие Abnehmen 77/26
снять борку с коры entborken 40/04
— кору; сдирать кору entrinden, schälen 40/03
— лицо стругом den Narben abstoßen 34/29
— мерку Maß nehmen 68/30

снять секвестр / с засеквестрованных товаров/ freigeben (beschlagnahmte Waren) 24/01
собачий помет Hundekot 28/19
собачья кожа Hundeleder 60/15
совер; хаз /задние лапы и круп конской шкуры/ Schild, Schilder 2/16, 59/08
совершенно сухой volltrocken 12/08
совсем короткая шерсть; „волос крысы" ganz kurzes Haar, Rattenhaar 6/04
сода, углекислый натрий Soda, kohlensaures Natron 52/40
содержание воды, влажность Wassergehalt, Feuchtigkeit 36/17
содержимое рога Hornschlauch 85/22
содержимое рога Hornschlauch, Hornpeddig 15/17
соединенный заклепками; заклепанный vernietet 73/17
соединительная ткань Bindegewebe 17/02
соединять попарно в корыте Paaren in der Mulde 35/07
сожженный солнцем sonnverbrannt 13/06
сок барбарисовых ягод Berberitzensaft 44/26
—, дубильный сок Brühe, Lohbrühe 50/42
—, жидкость Brühe, Flüssigkeit 49/46
соки /в деревьях/Saft (in Bäumen) 52/14
соковое дубление; дубление экстрактом Extraktgerbung 30/17
солдатские сапоги или ботинки /военная обувь/ Militärstiefel 67/20
солеварня Saline 9/24
солевое разъедание Salzfraß 11/35
солевые пятна Salzflecke 11/33
— ямочки /образовавшиеся на шкуре вследствие давления крупных кристаллов соли; в ямочках скапливаются кровь и бактерии и образуют солевые пятна/ Salzgrübchen 11/36
соленая мездра, идущая на варку клея gesalzenes Leimleder 85/34
соление в соляном растворе Salzung in Salzbrühe 9/32
соление; засолка Salzung 9/10
соленосухой salzhart, salztrocken 11/05
соленый salzig 9/29
соленый с добавкой селитры gepökelt 11/31
солить salzen 9/25
— с прибавлением селитры aufpökeln 9/30
соль Salz 9/12
— закиси железа Eisenoxydulsalz 48/21
— кадмия Cadmiumsalz 45/24
соль хрома Chromsalz 46/17
— щелочи Alkalisalz 43/36
соляная кислота Salzsäure 50/24
соответственно образцу typgerecht, dem Muster entsprechend 6/30
сорт Sorte 22/07
сортировать голенища Schäfte sortieren 79/10
сортировка Sortierung, Wahl 22/11
сортировочная машина Sortiermaschine 74/18
сортировщик Sortierer 22/10
соскабливать / удаление с бахтармы имеющихся еще остатков мяса и сала / abschaben 25/10
сосна Föhre, Kiefer 42/02
сосновая древесина Fichtenholz 42/01
сосок Zitze 15/33
со спорами /зародышами бактерий/ sporig 12/28
состав скота Viehbestand 5/06
составление договора Kontraktbeschreibung 23/02
состояние, при котором волос „идет" Haarlässigkeit 11/19
— шкуры Stellung der Haut 7/06
с острой башкой spitzköpfig 15/10
со щеками /башка вырезана „U"-образно из морды, позади ушей, так что остаются только щеки / backig 15/11
союзка Blatt, Vorderblatt 69/13
спекулянт кожсырьем Häutespekulant 22/23
спекуляция кожсырьем Häutespekulation 22/20
спермацет Walrat, Spermacet 53/17
спермацетовое масло Spermacetiöl, Walratöl 53/18
специальная лента для измерения Stichmaß 68/29
— машина Spezialmaschine 73/08
специальные условия; особые условия besondere Bedingungen 23/04
спецлен для капиков Kappensteifleinen 75/29
спилки и отбросы Spalte und Abfälle 61/20
спилок Spaltleder 61/25
спилок для гамаш Gamaschenspalt 61/35
— — поясных ремней Gürtelspalt 61/30
— из пиккелеванного голья gepickelter Spalt 86/12

струг для сыромяти Weißgerbermesser 34/28
стружки Falzspäne 85/10
струпья Verkrustungen 19/12
стручок Hülse, Schote, Samenhülse 42/33
стряхивать соль Salz ausschütteln 10/25
ступня Fußsohle 68/43
стягивать einschnurren 63/28
сублимат, хлорная ртуть Sublimat 44/39
субстантивный краситель substantiver Farbstoff 47/17
сукно для голенищ Tuche für Schäfte 72/22
сульфгидрат кальция Calciumsulfhydrat 45/31
сульфированное копытное масло sulfoniertes Klauenöl 53/31
— масло sulfoniertes Öl 53/30
сульфит натрия, сернистокислый натр schwefligsaures Natron 53/06
сульфитцеллюлозный экстракт Sulfitzelluloseauszug 53/29
сульфитцеллюлозный экстракт Zelluloseauszug 51/36
сумах /листья различных растений „Rhus" / Sumach 42/39
сумахировать mit Sumach nachgerben 31/10
сумаховый сок Sumachbrühe 53/36
сумка „Дерби" Derbytasche 65/32
— для купальных принадлежностей Badetasche 65/22
— — покупок Einkaufstasche 65/30
— — рубашек Hemdenmappe 65/28
— — спортивных принадлежностей Sporttasche 65/17
— с застежкой-молнией Tasche mit Reißverschluß 66/25
— — ручкой Bügeltasche 66/24
сумка в виде пледа для завертывания купальных принадлежностей Baderolle 65/23
сундук — шкаф Schrankkoffer 65/09
сурок Murmeltier 4/33
суспендер / чан для залички вразвес/ Hängefarbe 31/05
сустав, сгиб, геленок Gelenk 68/34, 75/02
— руки Handgelenk 61/10
сухожилья Flechsen 16/15
сухой trocken 10/ 22
сухоповрежденный trocken beschädigt 12/31
сухоповрежденный соленые шкуры сперва посолены затем высушены на воздухе/trocken gesalzene Häute und Felle 8/06
сухость Trockenheit 10/23
сушильные рамы Spannrahmen 36/03
сушильный аппарат Trockenapparat 36/05
сушильня Trockenboden 36/06
сушить trocknen 10/24
— лакированную кожу на вольном воздухе Lackleder im Freien trocknen 39/24
— на шесте auf der Stange trocknen 36/07
сушка Trocknung 12/20
— на рамах Trocknung im Rahmen 12/22
— — шестах Trocknung auf Stangen 12/21
с чистым лицом narbenrein 63/20
с шероховатым лицом rauhnarbig 7/10
сшитый проволокой drahtgenäht 77/12
сыворотка Molke 50/17
сыпь Hautausschlag 19/10
сыпня наплаву Versenkgrube 30/05
— насухо Versatz 30/04
сыромятник, квасцовщик Weißgerber 24/09

T

„Таб" / фабричная марка / Tab 79/04
тавро Zeichen 21/03
тавровать zeichnen 21/02
тальк Talkum, Federweiß 48/34
таннат gerbsauer 31/13
— кальция gerbsaurer Kalk 54/09
—; соль дубильной кислоты gerbsaures Salz 54/08
таннин, танниды Tannin, Reingerbstoff 48/03
твердый hart 62/28
— экстракт fester Extrakt 47/41
тело животного Tierkörper 14/16
телята-сосуны; подсосные телята Saugkälber 1/04
телячьи шкуры с мертворожденных телят totgeborene Kalbfelle 1/06
темные воздушные пятна на краснодубленых кожах dunkle Luftflecken auf lohgaren Ledern 64/23
— места, получающиеся при недостаточном мягчении dunkle Stellen bei ungenügender Beize 64/18
тенеобразное пятно Schattenfleck 64/14
теплоьамый lauwarm 50/04

терпентин Terpentin 54/25
терпентинное масло; скипидарное масло Terpentinöl 50/37
терять /хромовую кислоту в восстановительной ванне, краситель в красильной ванне/ Verlust 64/22
тесьма Einfaßbänder 73/27
техасская лихорадка Texasfieber 18/10
техник Techniker 25/18
техническая кожа technisches Leder 56/14
технический желатин technische Gelatine 85/15
тигельная накипь /загрязнения, осаждающиеся при испарении соляного раствора на тигеле/ Pfannensteine 9/17
тиковая подкладка Drellfutter 69/26
тиснение лица narbenpressen 39/05
тисненое лицо; шагреневое лицо aufgepreßter Narben, Chagrinnarben 39/08
тиснено-мерейная глянцевая кожа gepreßt genarbtes Glanzleder 58/04
тисненый geprägt 78/29
ткань Gewebe 16/39
толстый, круглый dick, rund 6/32
толчея Stampfe 40/26
толщина кожи, диаметр Lederdicke, Durchmesser 39/34
тонкий, ровный, плоский flach 62/23
—, плоский dünn, platt, flach 6/33
тонко стеклить каблук Absatz fein glasen 79/39
тонкошерстый feinwollig 6/22
тополь Pappel 42/18
топор для снятия коры с дерева Schälbeil 40/06
торговец мехами Pelzhändler 61/03
торговля кожами Lederhandel 39/35
— кожсырьем Häutehandel 22/19
точильная машина для ножей двоильной машины Spaltmesserschleifmaschine 28/10
точильный камень Schleifstein 28/11
точильный, шлифовальный материал Schleifmittel 38/14
— станок; аппарат для сточки концов Schärfmaschine 72/38
точка затвердевания, точка замерзания Erstarrungspunkt 46/37
тощий, пустой hungrig 63/04
туалетный несессер Schönheitskasten 66/42
трансмиссия Transmission 76/30
трескаться brechen, springen 17/23
третейский суд Schiedsgericht 22/28
третий сорт Schuß, Tertia 13/32
трещины вследствие холода Kältesprünge 64/01
тростниковый сахар Rohrzucker 45/33
труба в сыпном чану /для наливания соков, воды и их выкачивания/ Pfaffen 30/10
трюм Laderaum 23/11
туберкулез Tuberkulose 20/20
туземный, местный einheimisch 5/27
тузлук; раствор поваренной соли Salzlake 9/28
тузлучить einsalzen in Salzlake 9/31
тупик Haareisen, Haarmesser, Putzmesser 27/16
турецкое красное масло Türkischrotöl 54/23
тусклый волос /безжизненный/ trübes Haar 11/17
тушеный чересчур / перетушенный / verschmort 12/34
тщательно обработанный sorgfältig behandelt 11/01
тюлень Robbe 4/42
тюленья ворвань Seehundstran, Robbentran 47/23
тягучесть Zugigkeit 62/37
тягучесть, растяжимость, расширяемость Streckbarkeit, Dehnbarkeit 63/01
тягучий, эластичный zugig 62/38
тяжелый товар для мужской обуви schwere Ware für Herrenschuhe 68/25
тянуть, разбивать / мягчение путем протягивания по острой скобе / stollen 36/21

У

убивать, колоть, резать schlachten 14/10
убой Schlachtung 14/09
— скота в городе Stadtschlachtung 6/06
— по нужде Notschlachtung 14/11
— скота в селе Landschlachtung 6/08
— — и пороки убоя Schlachtung und Schlachtfehler 13/35
убыток; ущерб; вред, повреждение Schaden 23/33, 6/37
увлажнять anfeuchten 36/12
углеаммиачная соль, углекислый аммоний Hirschhornsalz 49/09
углекислая щелочноземельная соль Erdalkalikarbonat 43/34
— щелочь kohlensaures Alkali 43/31
углекислота, двуокись углерода Kohlensäure, Kohlendioxyd 45/36

Ф

X

— съемка, хорошее сдирание guter Abzug 14/28
хорошо консервированный, высоленный, просоленный насквозь gut konserviert, ausgesalzen, durchgesalzen 11/02
— обрезанные шкуры gut beschnittene Häute und Felle 14/33
хранение, складывание Lagerung 21/34
хранить кожи, складывать Leder lagern 39/27
хребет; спина Rücken 15/04
хром Chrom 46/12
хромированный гольевой порошок chromiertes Hautpulver 46/14
хромовая верхняя кожа из шкур рогатого скота Rindoberleder chromgar 58/12
— кидская кожа Chromkidleder 59/40
— кислота Chromsäure 46/18
— кожа Chromleder 58/13
— — из шкур внеевропейского рогатого скота Chromrindleder aus Wildhäuten 58/17
— — — — домашних животных /риндбокс / Chromrindleder aus Zahmhäuten 58/16
— — — — рогатого скота chromgare Rindleder 58/14
— козловая кожа /шевро/ Chromziegenleder 59/33
— овечья кожа Chromschafleder 60/03
— подошвенная кожа Chromsohlleder 55/32
хромового дубления; выдубленный хромовыми солями chromgar 59/13
хромовое дубление Chromgerbung 31/25
хромовые вашеты Chromvachetten 57/21
— квасцы Chromalaun 46/13
— кипсы Chromkipse 58/18
— стружки Chromfalzspäne 85/09
хромовый сок Chrombrühe 46/16
хромодубленый chromgar, chromgegerbt 56/18
хрящ Knorpel 16/16

Ц

царапины на шкуре, сделанные скребницей Striegelrisse 20/39
— от шипов колючих растений Heckenrisse 20/26
цвета кожи, кожецветный lederfarbig 63/07
цвет, налет /дубителя и жира/ Blume, Ausschlag 64/30
цветной farbig 58/24
цветные пятна Farbflecken 13/24
цвиковочная машина, затяжная машина Zwickmaschine 75/08
цвиковочные, затяжные клещи Zwickzangen 75/20
цемент; мастика Kitt 46/05
цементирование Zementieren 81/18
цементировать губы Lippen zementieren 81/06
— подошвы Sohlen zementieren 83/05
— рисс, надрез Riß zementieren 81/28
цепной шов Kettenstich 78/37
церезин Ceresin 46/06
цех мясников Metzgerinnung 21/30

Ч

чан, чанок Kufe, Bottich 35/12
— для выщелачивания Auslaugbottich 30/22
— — отрубного киселя Beizbütte 29/05
части обуви Schuhteile 69/09
частный договор Privatkontrakt 23/03
человечья кожа Menschenhaut 5/03
челюсть Kinnbacke 15/25
чемодан для купальных принадлежностей Badekoffer 65/21
— — теннисных принадлежностей Tenniskoffer 65/18
чемоданная кожа Kofferleder 56/36
чемоданчик для пикника Picknickkoffer 65/24
чепрак; кожа, у которой обрезаны шиворот и полы Schabrackenleder 56/30
червь волосяной сумки Haarbalgmilbe 19/24
черная подошва schwarzer Boden 78/35
— протрава Schwarzbeize 29/04
чернение Anschwärzen 82/16
черненый geschwärzt 57/30
чернить schwärzen 35/21
— каблук Absatz schwärzen 80/03
— шниты Schnitte schwärzen 82/12
чернопятнистые опойки Schwarzschecken 2/04
черный schwarz 58/23
чернь для каблуков Absatzschwärze 78/31
— /слой грунта, на который наносится лак / Schwärze 45/04
чесотка Krätze 19/06
чехол для палок хоккея Hockeyetui 65/20
— — пневматической подушки Luftkissenetui 66/04

чехол для теннисных ракеток Tennisetui 65/19
чешуйчатый in Schuppen, schuppig 43/06
число омыления Verseifungszahl 52/17
— продуба Durchgerbezahl, Durchgerbungszahl 33/03
чистая, белая бахтарма saubere, weiße Fleischseite 11/13
чистить верхнюю набойку Oberflecke reinigen 82/23
— кожу после крашения nach dem Färben reinmachen 35/23
— обувь Schuh reinigen 80/17
— обувь Schuhe putzen 84/27
— подкладку Futter reinigen 80/12
— подсед; подбривать; отжимать; разводить отжимным камнем /очистка лица от подседа и остатков извести и мягчительной жидкости/ glätten, ausstreichen, stoßen 29/10
— скребницей striegeln 20/38
— штифты верхней набойки Oberfleckstifte reinigen 82/22
— щелочной машиной Abbürsten mit der Maschine 84/40
— щеткой bürsten 38/02
чисто заделывать, зачищать Verputzen 82/29
чистота Reinlichkeit, Sauberkeit 11/04
чистый rein, sauber 11/03
чрезмерная тягучесть Zugigkeit (übermäßige Dehnbarkeit) 62/37
чрезмерно тягучий zugig 62/38
чума рогатого скота Rinderpest 20/10

Ш

шаблоны для отметки Markierschablone 72/30
шагреневальная машина Chagriniermaschine 39/10
шагреневальный ролик Chagrinierrolle 39/09
шагреневый chagriniert 59/18
шагренировать chagrinieren 39/07
шайба, шкив /для привода/Scheibe (für den Antrieb) 77/01
шакша Kotbad 47/27
— из голубиного помета Taubenmistbeize 28/16
— — куриного помета; мягчитель из куриного помета Hühnermistbeize, Hühnerkotbeize 28/16
— — птичьего помета Vogelmistbeize 28/21
шакша; мягчительная жидкость из помета Kotbeize, Mistbeize 47/28
— /настой из куриного или голубиного помета/ Beize aus Hühner- oder Taubenmist 28/16
шапка Lohhut 30/11
шапочная кожа Hutleder 60/08
швицкамера Schwitzkammer 27/07
швицовать /нагревать шкуры путем складывания в штабели во влажном виде для разрыхления волоса/ schwitzen 27/03
швицовать паром mit Dampf schwitzen 27/06
шелк Seide 69/47
шелковая сумка Seidentasche 66/27
шеллак Schellack 52/28
шелуди, парша Grind, Räude 19/05
шелудивый, паршивый grindig, krätzig, räudig 19/07
шероховатый rauh 63/03
шероховатый волос rauhes Haar 6/20
шерстомойная машина Haarwaschmaschine 27/18
шерсть Wolle 55/15
шерстяной жир Wollfett 55/16
шило Ahle 77/04
широкая выкройка Breitschnitt 72/17
широкобрюхий weitbauchig 7/22
шитая союзка genähtes Vorderteil 73/33
шить nähen 73/34
шкатулка для драгоценностей Schmuckkasten 66/41
шкварка Griebe 49/06
школьная сумка Schulmappe 66/20
школьный ранец Schulranzen 66/21
шкура без изъяна, безукоризненная fehlerfreie Haut 17/10
—, пораженная свищами; свищавая шкура mit Dassellarven behaftete Haut 18/01
— соленая в тузлуке in Salzlake gesalzene Haut 9/33
— со складками faltige Haut 63/32
— тюленя Seehundsfelle, Robbenfelle 4/39
шкурки выпоротка и шкурки ягнят, убитых после рождения Schmaschen 3/15
шкуры Häute und Felle 1/01
— внеевропейского рогатого скота Wildhäute 1/18
— выростков Fresser 1/10
— —; соломники Strohbeißer 1/12
— —; травники Grasfresser 1/11
— высокого качества Prima, Gute (Rohfelle) 13/30

шкуры горного скота Gebirgshäute 5/31
— дождливого времени года Häute der nassen Jahreszeit 5/34
— домашних животных /европейских животных/ Zahmhäute 1/17
— из бойни Schlachthaushaut 6/07
— — деревни Landhaut 6/09
— — крестьянского убоя и убоя из-за болезни скота Bauernfelle 2/07
— козлят, сшитые крестообразно Zickelfelle in Kreuzform 3/33
— откормленных животных Mastfelle 1/08
— палых животных Sterblinge 2/08
—, пораженные репейником klettenbehaftete Felle 21/22
— пресмыкающихся Reptilhäute 4/45
— с нанесенным соляным слоем / солью, иногда известью, глиноземом и др., затем высушенные на воздухе/ Salzstrichhäute 13/15
— снятые в живодерне Abdeckerhäute 2/06
— с подрезами verschnittene Felle 7/02
— — прирезами мяса fleischige Häute 7/01
— сухого времени года Häute der trockenen Jahreszeit 6/02
шкуры телят, убитых тотчас после рождения Nüchterne 1/05
шкуры толстокожих животных Dickhäuterfelle 4/37
— для упаковки Packerfelle 2/12
шкуры ягнят Lammfelle 3/12
— — стриженые Lammfelle geschorene, Scherlinge 3/19
шлам, помет, грязь Schlamm, Kot, Schmutz 21/11
шлифовальная бумага Schleifpapier 38/13
— машина для верхней набойки Oberfleckschleifmaschine 76/25
— — — капиков Kappenschleifmaschine 74/20
— — — фрезеров Fräsmesserschleifmaschine 76/20
—, пушильная, пемзовальная машина Schleifmaschine, Doliermaschine 38/07
шлифовальный порошок Schleifmehl 85/28
шлифованное лицо abgeschliffener Narben 60/30
шлифовать, пемзовать, точить /шлифование шероховатостей, неровностей с бахтармы/schleifen, bimsen, wetzen, schärfen, dolieren 28/12, 38/05
шлихтовать; удалять пороки лица schlichten, Narbenfehler ausschlichten 37/01
шляпная картонка Hutkoffer 65/25
шнурки Schnürsenkel 70/43
шнуровать сапоги, ботинки Stiefel schnüren 82/32
шов Naht 73/35
шортхорн / шкура безрогой породы английского скота/ Shorthorn 6/14
шпальты, спилки Spalte 61/21
шпигель /плотная часть хаза, которая в готовой коже блестит/ Spiegel 2/17
шпиление деревянными штифтами Holznageln 79/26
шпилечные сапоги / с деревянными штифтами/ holzgenagelte Stiefel 77/10
шпилькованный /растягивание шкур на досках или рамах. Лапы растягиваются деревянной шпилькой в противоположность сушке, при которой материал развешивают только на шестах/gespeilt 12/09
шпульные нитки Spulengarn 70/34
шрамы; царапины на лице Narbenrisse 20/27
штабель шкур Häutestapel 10/34
штамп для верхней кожи Oberlederstanze 71/25
штамповальная колода Stanzklötze 74/22
штамповальное отделение Stanzerei 74/01
штамповальный нож Stanzmesser 74/23
штампование, раскрой Stanzen, Zuschneiden 74/34
штемпелевальная машина Stempelmaschine 71/23
штемпелевание величины, номера краской Größenstempelung 78/30
штемпелевать картон и укладывать туда обувь Karton stempeln und einkartonieren 82/34
штемпелевать подошвы Sohlen stempeln 82/25
штифтовальная машина Stiftmaschine 76/16
— — для верхних набоек Oberfleckstiftmaschine 76/17
штифтованный gestiftet 77/34
штифты Stifte 70/26
— для каблуков Absatzstifte 70/28
штрейховочный нож; нож для подбривки подседа Streicheisen 29/11

Щ

Э

Ю

Я

GPSR Compliance

The European Union's (EU) General Product Safety Regulation (GPSR) is a set of rules that requires consumer products to be safe and our obligations to ensure this.

If you have any concerns about our products, you can contact us on ProductSafety@springernature.com

In case Publisher is established outside the EU, the EU authorized representative is:

Springer Nature Customer Service Center GmbH
Europaplatz 3
69115 Heidelberg, Germany

Batch number: 10682323

Printed by Printforce, the Netherlands